Adobe Animate CC 动画设计与制作

主　编　徐　艳

副主编　张秀生　李　涛　张忠华

北京希望电子出版社
Beijing Hope Electronic Press
www.bhp.com.cn

内容简介

本书以应用案例的讲解为主，以理论知识的阐述为辅，对 Animate CC 2019 软件进行了全面介绍。全书共 10 章，分别讲解了 Animate 入门必学，绘图工具的应用，时间轴与图层的应用，文本的应用，元件、库与实例的应用，基本动画的创建，音/视频的应用，常见组件的应用，交互动画的创建，动画的输出与发布等内容。每章最后都安排了两个有针对性的拓展案例，以供练习使用。

本书结构合理，图文并茂，易教易学，适合作为动画制作相关课程的教材，也可作为广大平面设计人员和美术设计爱好者的参考用书。

图书在版编目（CIP）数据

Adobe Animate CC 动画设计与制作 / 徐艳主编. --北京 ：北京希望电子出版社, 2021.2 （2025.1重印）

ISBN 978-7-83002-812-1

Ⅰ. ①A… Ⅱ. ①徐… Ⅲ. ①超文本标记语言－程序设计－教材 Ⅳ. ①TP312.8

中国版本图书馆 CIP 数据核字(2021)第 026292 号

出版：北京希望电子出版社

地址：北京市海淀区中关村大街 22 号
中科大厦 A 座 10 层

邮编：100190

网址：www.bhp.com.cn

电话：010-82620818（总机）转发行部
010-82626237（邮购）

传真：010-62543892

经销：各地新华书店

封面：黄燕美

编辑：李小楠

校对：安 源

开本：787mm×1092mm 1/16

印张：17

字数：403 千字

印刷：三河市骏杰印刷有限公司

版次：2025 年 1 月 1 版 5 次印刷

定价：59.80 元

前言
PREFACE

“十三五”期间，数字创意产业作为国家战略性新兴产业蓬勃发展，设计、影视与传媒、数字出版、动漫游戏、在线教育等数字创意领域日新月异。“十四五”规划进一步提出“壮大数字创意、网络视听、数字出版、数字娱乐、线上演播等产业”。

计算机、互联网、移动网络技术的迭代更新为数字创意产业提供了硬件和软件基础，而Adobe、Corel、Autodesk等企业提供了先进的软件和服务支撑。数字创意产业的飞速发展迫切需要大量熟练掌握相关技术的从业者。2020年，中国第一届职业技能大赛将平面设计、网站设计与开发、3D数字游戏、CAD机械设计等技术列入竞赛项目，这一举措引领了高技能人才的培养方向。

职业院校是培养数字创意技能人才的主力军。为了培养数字创意产业发展所需的高素质技能人才，我们组织了一批具备较强教科研能力的院校教师和富有实战经验的设计师，共同策划编写了本书。本书注重数字技术与美学艺术的结合，以实际工作项目为脉络，旨在使读者能够掌握视觉设计、创意设计、数字媒体应用开发、内容编辑等方面的技能，成为具备创新思维和专业技能的复合型人才。

写/作/特/色

1. 项目实训，培养技能人才

对接职业标准和工作过程，以实际工作项目组织编写，注重专业技能与美学艺术的结合，重点培养学生的创新思维和专业技能。

2. 内容全面，注重学习规律

将数字创意软件的常用功能融入实际案例，便于知识点的理解与吸收；采用“案例精讲→边用边学→经验之谈→上手实操”编写模式，符合轻松易学的学习规律。

3．编写专业，团队能力精湛

选择具备先进教育理念和专业影响力的院校教师、企业专家参与教材的编写工作，充分吸收行业发展中的新知识、新技术和新方法。

4．融媒体教学，随时随地学习

教材知识、案例视频、教学课件、配套素材等教学资源相互结合，互为补充；二维码轻松扫描，随时随地观看视频，实现泛在学习。

课/时/安/排

全书共10章，建议总课时为62课时，具体安排如下：

章　节	内　　容	理论教学	上机实训
第 1 章	Animate 入门必学	2 课时	2 课时
第 2 章	绘图工具的应用	4 课时	2 课时
第 3 章	时间轴与图层的应用	4 课时	4 课时
第 4 章	文本的应用	3 课时	4 课时
第 5 章	元件、库与实例的应用	4 课时	4 课时
第 6 章	基本动画的创建	4 课时	4 课时
第 7 章	音 / 视频的应用	3 课时	2 课时
第 8 章	常见组件的应用	4 课时	2 课时
第 9 章	交互动画的创建	4 课时	2 课时
第 10 章	动画的输出与发布	2 课时	2 课时

本书结构合理，讲解细致，特色鲜明，侧重于综合职业能力与职业素质的培养，融“教、学、做”于一体，适合应用型本科院校、职业院校、培训机构作为教材使用。为方便教学，我们还为用书教师提供了与书中内容同步的教学资源包（包括课件、素材、视频等）。

本书由徐艳担任主编，张秀生、李涛和张忠华担任副主编。这些老师在长期的工作中积累了大量的经验，在写作的过程中始终坚持严谨细致的态度，力求精益求精。由于水平有限，书中疏漏之处在所难免，希望读者朋友批评指正。

编　者

目录
CONTENTS

第1章 Animate入门必学

第2章 绘图工具的应用

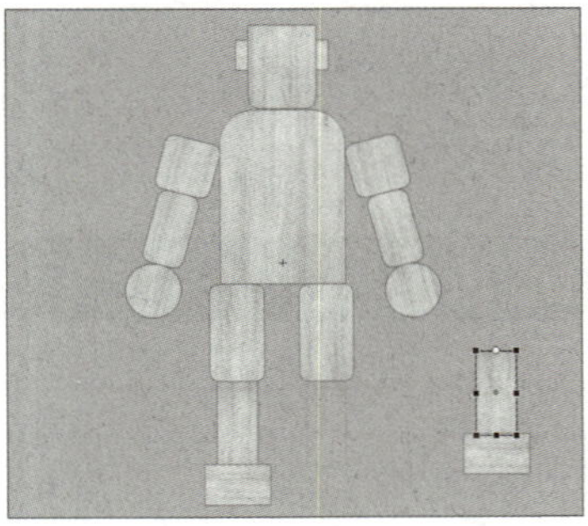

家居

德胜
地产

Like a Star

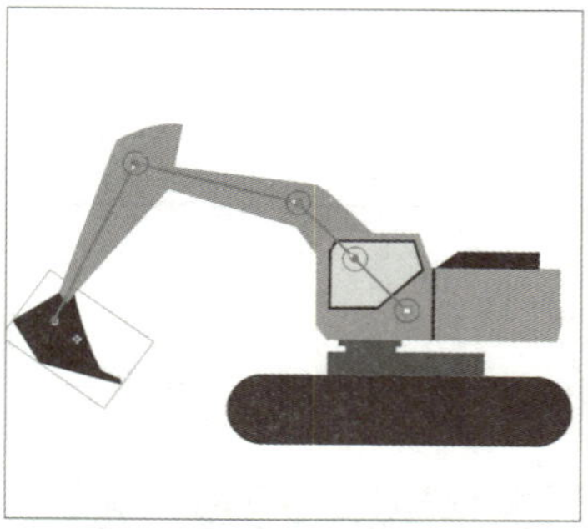

您就像蒲公英

像海一样深远

像山一样威严

将我们送向更广阔的天地

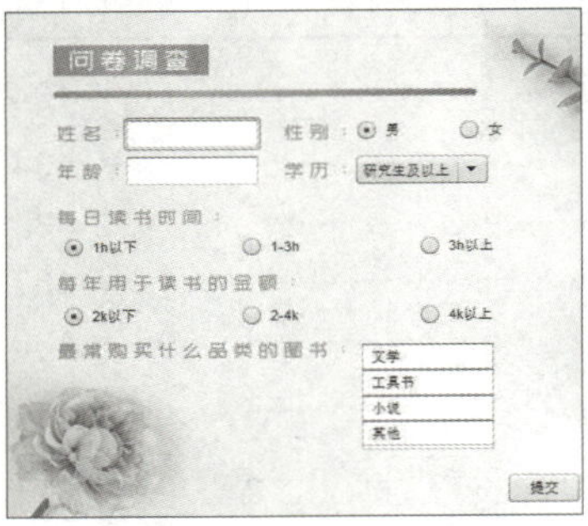
问卷调查
姓名
性别 男 女
年龄
学历 研究生及以上
每日读书时间：
1h以下 1-3h 3h以上
每年用于读书的金额：
2k以下 2-4k 4k以上
最常购买什么品类的图书
文学
工具书
小说
其他
提交

CAD
Animate
Photoshop
Illustrator
Premiere

第9章 交互动画的创建

第10章 动画的输出与发布

附录 Adobe Animate CC常用快捷键汇总

第1章 Animate入门必学

内容概要

Adobe Animate是一款优秀的多媒体矢量动画制作软件。利用它制作的动画质量高、体积小，并且多被应用于网页设计中。本章将对Animate这一软件进行全面介绍。通过对本章内容的学习，可以了解Animate的操作界面与新功能，熟悉图形文件的基础知识，掌握新版软件动画文档的操作方法与应用技巧。

知识要点

- 了解Animate软件。
- 学会Animate软件的基础操作。
- 了解图像相关知识。

数字资源

【本章案例素材来源】："素材文件\第1章"目录下

【本章案例最终文件】："素材文件\第1章\案例精讲\制作我的第一个动画.fla"

案例精讲 制作我的第一个动画

案/例/描/述

本案例将通过打散文本，再分别编辑每一帧中文字的显示来制作打字效果。播放动画时，文字将随着占位符的隐现一个一个显示出来，以模拟打字的效果。本案例主要涉及的知识点包括关键帧和普通帧的插入、“文本工具”的使用、元件的新建等。其中，帧的相关知识可以查看本书第3章的内容；“文本工具”的使用可以查看本书第4章的内容；元件的相关知识可以查看本书第5章的内容。

扫码观看视频

案/例/详/解

下面将详细介绍如何制作打字动画。

步骤01 打开Animate，执行“文件”→“打开”命令，打开本章素材文件“背景.fla”，如图1-1所示。

步骤02 在图层的第120帧处按F5键插入普通帧，如图1-2所示。

图 1-1

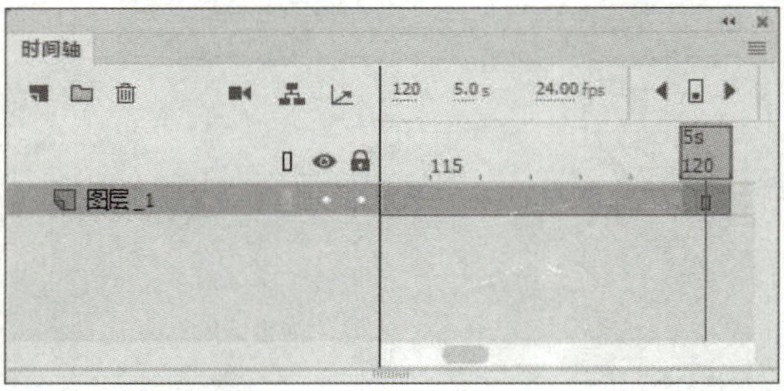

图 1-2

步骤03 单击“时间轴”面板中的“新建图层”按钮，新建“图层_2”，在新建的“图层_2”中使用“文本工具” T 在舞台中单击输入文字，如图1-3所示。

步骤04 将“图层_2”的第1帧拖至第5帧的位置，如图1-4所示。

图 1-3

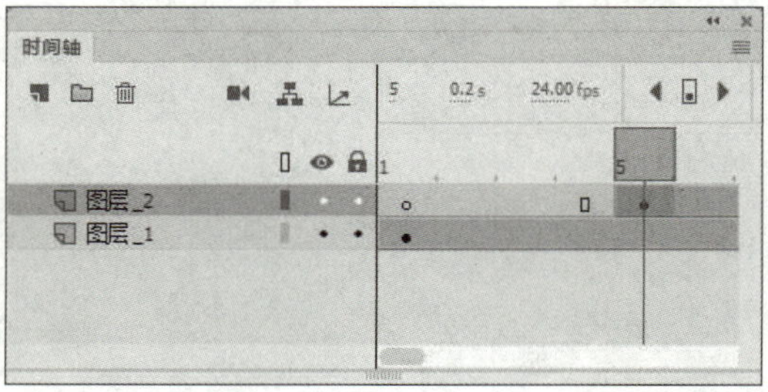

图 1-4

步骤05 移动时间线至第10帧，按F6键插入关键帧，如图1-5所示。使用相同的方法每隔5帧插入一个关键帧，直至第40帧，如图1-6所示。

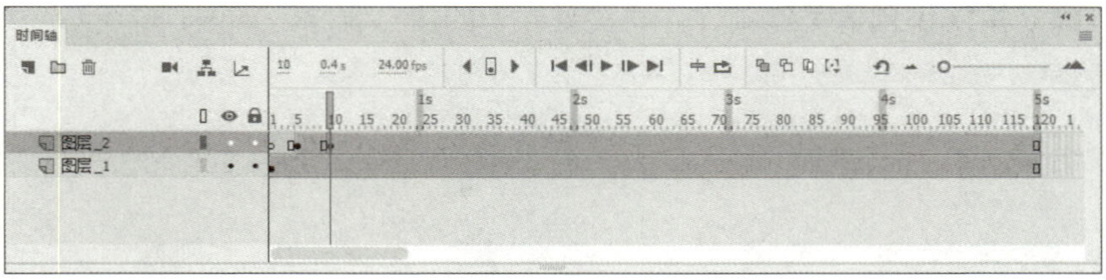

图 1-5

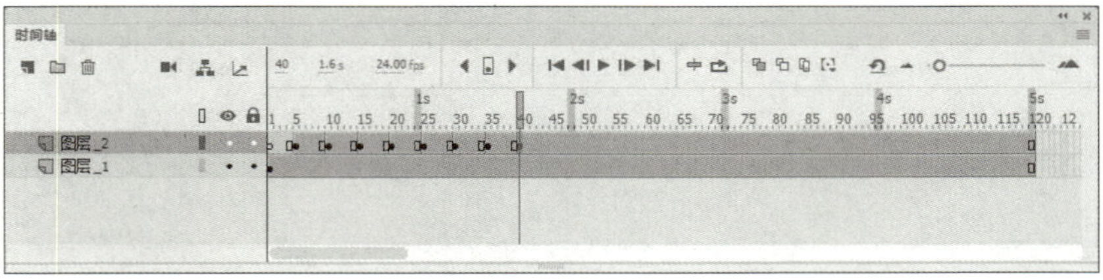

图 1-6

步骤06 选择“图层_2”第5帧中的文本，删除第一个字以外的其他文字，如图1-7所示。

步骤07 选择“图层_2”第10帧中的文本，删除前两个字以外的其他文字，如图1-8所示。

图 1-7

图 1-8

步骤08 使用相同的方法，依次在相邻的关键帧中删除多余的文字，如图1-9所示。

步骤09 单击“时间轴”面板中的“新建图层”按钮，新建“图层_3”。执行“插入”→“新建元件”命令，打开“创建新元件”对话框，并进行设置，如图1-10所示。

图 1-9

图 1-10

步骤10 完成后单击“确定”按钮，新建元件，此时进入影片剪辑元件编辑窗口，使用“线条工具”绘制一根直线，如图1-11所示。

步骤11 在第2帧处按F6键创建关键帧，并将关键帧中的图形删除，如图1-12所示。

图 1-11

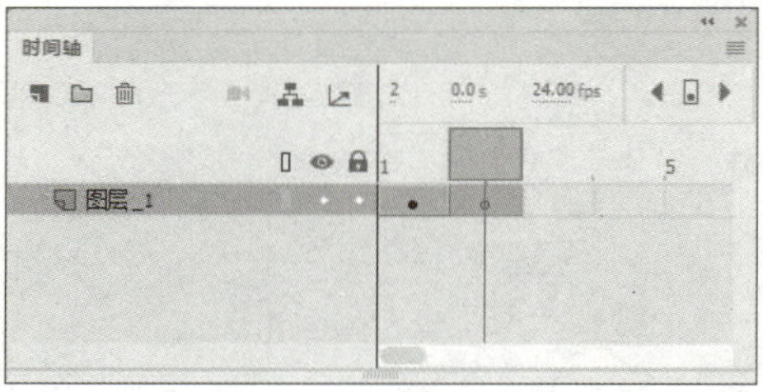

图 1-12

步骤12 单击“编辑场景”按钮，在弹出的快捷菜单中选择“场景1”，返回“场景1”，在“图层_3”的第5帧处按F7键插入空白关键帧，将“库”面板中新建的元件拖动至合适位置，如图1-13所示。

步骤13 每隔5帧插入关键帧，并调节关键帧中元件的位置，如图1-14所示。

图 1-13

图 1-14

你学会了吗?

边用边学

1.1 初识Animate CC

Adobe Animate由Adobe Flash更名而来，是一款集多种功能于一体的二维动画软件。随着功能的不断增强，该软件被广泛应用于动画设计领域。本小节将对新版本的工作界面及新功能进行介绍。

1.1.1 Animate CC 的界面展示

Animate CC的工作界面主要包括菜单栏、工具箱、时间轴、舞台与工作区，以及一些常用的面板等，如图1-15所示。

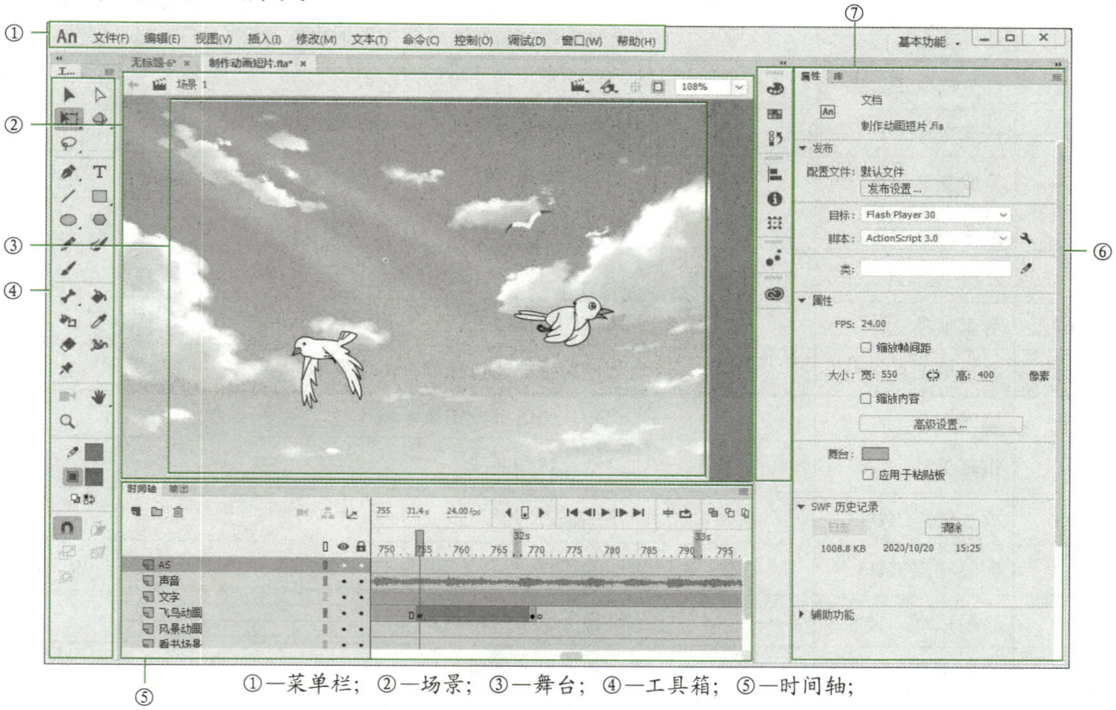

①—菜单栏；②—场景；③—舞台；④—工具箱；⑤—时间轴；

⑥—“属性”面板和“库”面板；⑦—浮动面板。

图 1-15

下面将针对Animate工作界面中各部分的作用进行介绍。

1. 菜单栏

菜单栏的最左侧是Animate的图标按钮，从左向右依次是“文件”“编辑”“视图”“插入”“修改”“文本”“命令”“控制”“调试”“窗口”“帮助”菜单项。在这些菜单中几乎可以执行Animate中的所有操作命令。

2. 场景与舞台

场景是Animate中所有对象的最大活动空间。在Animate中，可以有多个场景。单击场景中的“编辑场景” 按钮，可以在弹出的下拉列表中进行切换。

舞台是创建和编辑Animate文件时放置内容的矩形区域，默认为白色，在“属性”面板中可以修改舞台的颜色。

提示：在使用Animate制作文件时，只有舞台中的对象才能够作为影片输出或打印。

3. 工具箱

默认情况下，工具箱位于窗口的左侧，其中包含选择工具、文本工具、变形工具、绘图工具及填充颜色工具等。将鼠标指针移动到工具按钮上，可显示该工具按钮的名称。若单击其中的工具按钮，则可将相应的工具激活。其中工具的使用功能描述如表1-1所示。

表1-1

序　号	工　具	图　标	说　明
01	选择工具		选择图形、拖动或改变图形形状
02	部分选取工具		选择图形、拖动或分段选取
03	任意变形工具		变换图形形状
04	渐变变形工具		改变渐变色的形状
05	3D旋转工具		使对象沿x、y、z轴进行三维空间的旋转操作
06	3D平移工具		使对象沿x、y、z轴进行三维空间的移动操作
07	套索工具		选择部分图像区域
08	多边形工具		创建直边选区选择部分图像区域
09	魔术棒		选择位图的部分图像区域
10	钢笔工具		绘制直线和曲线
11	添加锚点工具		添加锚点
12	删除锚点工具		删除锚点
13	转换锚点工具		转换平滑点与转角点
14	文本工具	T	创建和修改字体
15	线条工具		绘制直线条
16	椭圆工具		绘制椭圆形
17	基本椭圆工具		绘制基本椭圆
18	矩形工具		绘制矩形
19	基本矩形工具		绘制基本矩形
20	多角星形工具		绘制多边形和星形
21	铅笔工具		绘制直线和曲线
22	画笔工具（Y）		绘制风格化的路径
23	画笔工具（B）		绘制矢量路径
24	骨骼工具		可以像3D软件一样，为动画角色添加骨骼

续表

序　号	工　具	图　标	说　明
25	绑定工具		编辑单个骨骼和形状控制点之间的连接
26	墨水瓶工具		改变线条的颜色、大小和类型
27	颜料桶工具		填充和改变封闭图形的颜色
28	滴管工具		选取颜色
29	橡皮擦工具		擦除涂抹区域内容
30	宽度工具		变化笔触宽度
31	资源变形工具		变形形状、绘制对象和位图
32	摄像头		模拟真实的摄像机
33	缩放工具		缩放舞台显示比例
34	手形工具		当舞台中的内容较多时，使用该工具可以平移舞台
35	旋转工具		旋转舞台
36	时间划动工具		移动时间线

4. 时间轴

时间轴主要由图层、帧和播放头组成，用于组织和控制文档内容在一定时间内播放的帧数。“时间轴”面板可以分为左右两个区域：左侧是图层控制区域，右侧是帧控制区域，如图1-16所示。

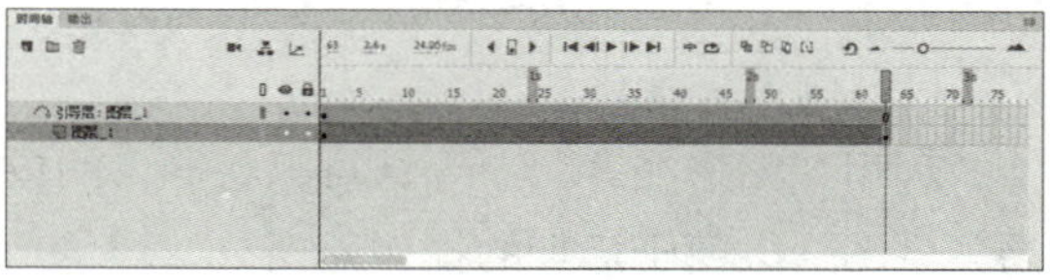

图 1-16

其中，图层控制区域用于设置整个动画的“空间”顺序，包括图层的隐藏、锁定、插入、删除等。在时间轴中，图层就像堆叠在一起的多张幻灯片，每个图层都包含一个显示在舞台中的不同图像。

帧控制区域用于设置各图层中各帧的播放顺序。它由若干帧单元格构成，每一格代表一个帧，一帧又包含若干内容，即所要显示的图片及动作。将这些图片连续播放，就能观看到一部动画影片。帧控制区域的上方是帧工作区域，用于给出各帧的属性信息。

5. 常用面板

Animate CC中还提供了许多浮动面板，用于帮助用户快速、准确地执行特定命令。

(1)“颜色”面板。

“颜色”面板用于修改Animate中的调色板并更改笔触和填充的颜色，如图1-17所示为“颜色”面板。

(2)“对齐”面板。

“对齐”面板中的按钮用于对齐和分布Animate舞台中的对象，如图1-18所示为“对齐”面板。勾选“与舞台对齐”复选框后，单击按钮可以对齐选中的对象与舞台。

(3)“属性”面板。

“属性”面板用于显示选中对象的属性。单击选中不同的对象或工具时，会自动显示相应的属性面板，如图1-19所示为图形元件的“属性”面板。

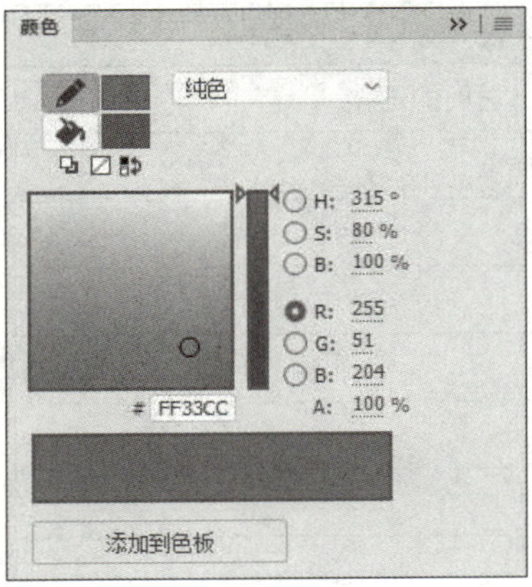

图 1-17

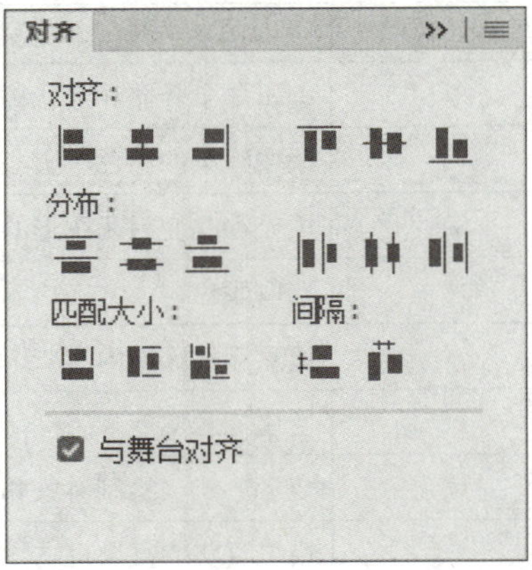

图 1-18

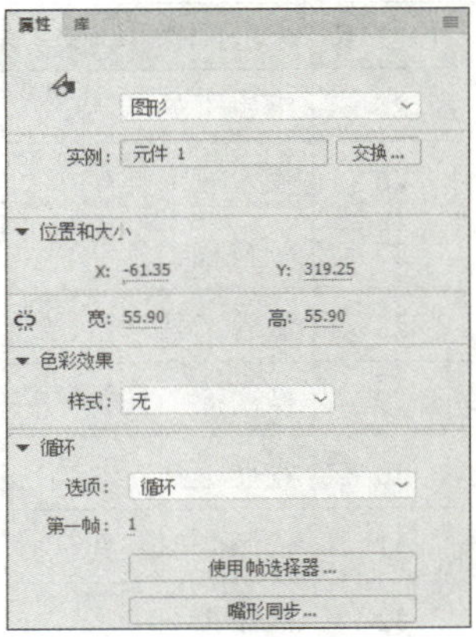

图 1-19

■1.1.2　Animate CC的新功能

Animate CC可用于制作交互式矢量动画和位图动画，并将其应用到移动设备、网页、电视等平台中。随着版本更新，Animate中也新增了一些功能，更便于用户操作。下面对其新功能进行简要介绍。

（1）图像矢量化。

利用“图形描摹”命令，可以将导入的位图转换为矢量图，以便于后期的操作处理。

（2）音频效果。

该版Animate中，分割音频可以保留其效果。

（3）画笔镜像。

可以同步“画笔工具”和“橡皮擦工具”的设置，便于以同步的方式进行操作。

（4）资源变形。

通过“资源变形工具”，更好地控制手柄和变形结果，制作图形变形动画。

（5）嘴型同步。

利用自动嘴型同步功能，可以根据音频轻松、便捷地放置合适的嘴型。如图1-20所示为“嘴型同步”对话框。

（6）VR的创建和输出。

创建Animate文档时，可以选择创建VR 360和VR Panorama来制作虚拟现实动画，如图1-21所示。

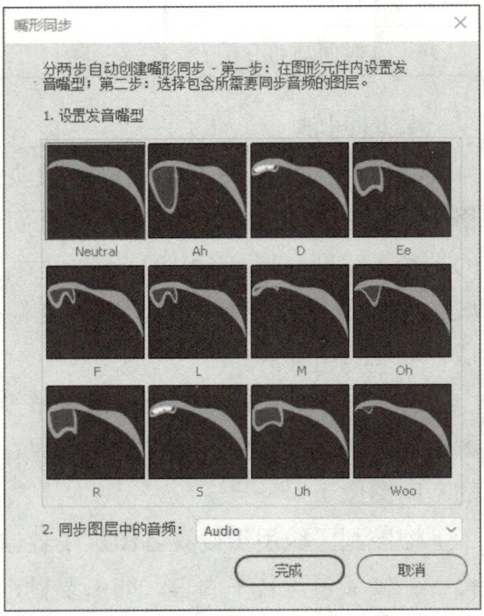

图 1-20

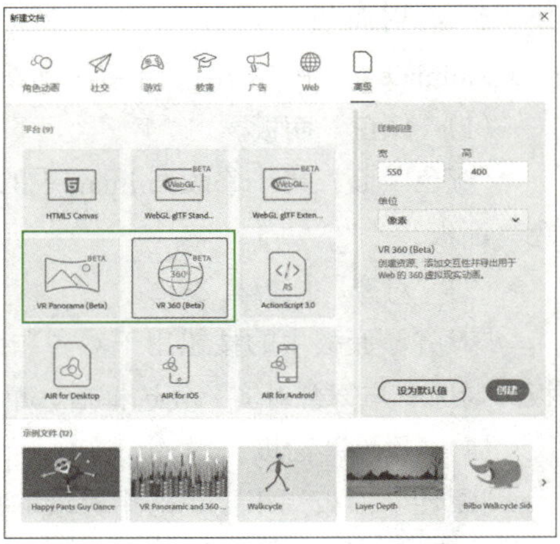

图 1-21

1.2 Animate CC的基本操作

在使用Animate制作动画之前，可以先了解Animate的一些基本操作，包括Animate文档的属性设置、打开、保存及导入素材等。

1.2.1 文档属性的设置

设置文档属性是制作动画的第一步，通过“属性”面板可以设置舞台大小、舞台颜色、帧频等参数。在此将针对如何设置文档属性进行介绍。

单击“属性”面板中的“高级设置”按钮，打开“文档设置”对话框，如图1-22所示。在该对话框中设置相关参数后单击“确定”按钮，即可改变舞台的大小、颜色等，如图1-23所示。

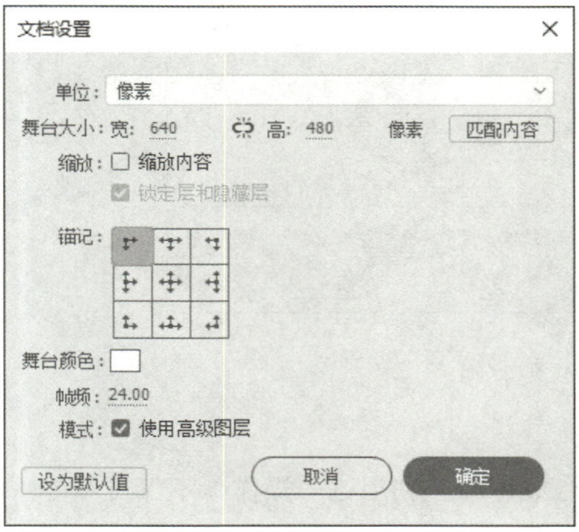

图 1-22

图 1-23

1.2.2 打开已有文档

在Animate CC中，可以使用很多种方法打开文档，如下所示。

- 在Animate的初始界面中单击“打开”按钮，打开“打开”对话框，选择要打开的素材文件打开即可。
- 直接双击文件夹中Animate格式文件的图标将其打开。
- 选择“文件”→“打开”命令，或按Ctrl+O组合键。打开“打开”对话框，如图1-24所示，选择要打开的文件打开即可。

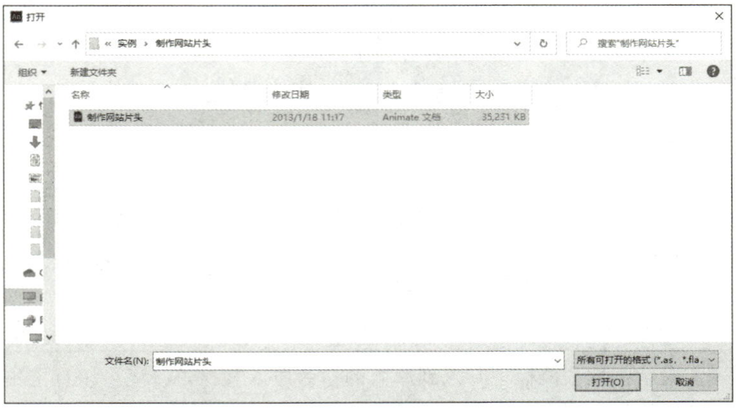

图 1-24

■1.2.3　保存新建文档

在Animate CC中，可以使用多种保存文档的方法，如下所示。

- 执行“文件”→“保存”命令或按Ctrl+S组合键，将以最近一次保存的设置保存文档。
- 选择“文件”→“另存为”命令或按Ctrl+Shift+S组合键，打开“另存为”对话框保存文档。如图1-25所示为打开的“另存为”对话框。
- 选择“文件”→“全部保存”命令，保存全部文档。

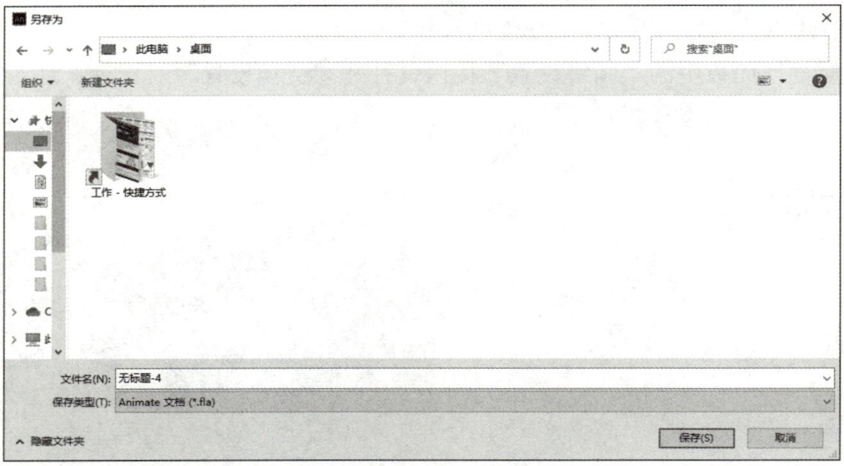

图 1-25

■1.2.4　将素材导入到库

在Animate中，可以将素材导入至当前文档的舞台或库中。利用这一操作，不仅可以导入单个素材，还可以同时导入多个素材。

执行“文件”→“导入”→“导入到库”命令，打开“导入到库”对话框，如图1-26所示，在该对话框中选中要导入的素材文件，单击“打开”按钮，即可将选中的文件导入到库中，如图1-27所示，然后将其拖动至舞台中即可使用。

图 1-26

图 1-27

提示： 除了执行“导入到库”的命令导入素材外，还可以直接拖动文件夹中的素材至舞台或库中，将其导入。

1.3 图形的基础知识

使用Animate时，可以导入图像辅助操作。在Animate CC中可以导入的图像格式有多种，如JPEG、PNG、GIF和BMP等。在制作Animate动画之前，可以先了解一些图像的基础知识，包括图像的像素和分辨率、矢量图和位图等。

■1.3.1 图像文件格式

在制作完成动画作品后，可以将图像导出为多种格式，如JPEG、PNG、GIF等。下面将对其特点分别进行介绍。

1. JPEG格式

JPEG格式是一种压缩效率很高的存储格式，其最大特色是文件比较小，可以进行高倍率的压缩，是目前所有格式中压缩率最高的格式之一。此格式的图像通常用于图像预览和一些超文本文档中（HTML文档）。但JPEG格式在压缩保存的过程中会以失真最小的方式丢掉一些肉眼不易察觉的数据，是一种有损压缩格式，保存后的图像与原图像有所差别，没有原图像质量好，因此，印刷品最好不要用此图像格式。

2. GIF格式

GIF是一种压缩位图格式，分为静态GIF和动态GIF两种。GIF格式支持透明背景图像，适用于多种操作系统。其实它是将多幅图像保存为一个图像文件，从而形成动画，最常见的就是通过一帧帧的动画串联起来的GIF图，所以归根到底，GIF格式仍然是图片文件格式。GIF格式只能显示256色，与JPEG格式一样，是一种在网络上非常流行的图形文件格式。

3. PNG格式

PNG格式结合了GIF与JPEG格式的特性，不但使用破坏较少的压缩方式，而且可用于制作透明背景的效果。此外，PNG图片还可以同时保留矢量图与文字信息。

PNG格式支持含一个单独Alpha通道的RGB和灰度模式、索引颜色、位图模式，以及含Alpha通道信息的文件。

■1.3.2 矢量图与位图

根据显示原理的不同，可以分为位图和矢量图。矢量图和位图各有利弊，根据不同的情况可使用不同的图片格式。

1. 矢量图

矢量图使用直线和曲线来描述图形，这些图形的元素是一些点、线、矩形、多边形、圆和弧线等，都是通过数学公式计算获得的。矢量图文件占用的内存空间较小，因为这种类型的图形文件包含独立的分离图形，可以自由无限制地重新组合。

矢量图的特点是放大后图像不会失真，与分辨率无关，文件占用空间较小，适用于图形设计、文字设计，以及一些标志设计、版式设计等。矢量图放大前后的效果对比如图1-28和图1-29所示。矢量图最大的缺点是难以表现色彩层次丰富的逼真图像效果。常见的矢量图绘制软件有

CorelDRAW、Illustrator、Freehand、AutoCAD等。

图 1-28

图 1-29

2. 位图

位图也被称为“像素图”，它由像素或点的网格组成，利用这些点可以进行不同的排列和染色以构成图案。当放大位图时，可以看见构成整幅图像的无数单个方块。扩大位图尺寸的效果是增大单个像素，从而使线条和形状显得参差不齐。如果将这类图形放大到一定的程度，就会发现它是由一个个小方格组成的，这些小方格被称为“像素点”，如图1-30和图1-31所示。

一个像素点是图像中最小的图像元素。一幅位图图像包括的像素可以达到百万个，因此，位图的大小和质量取决于图像中像素点的多少，常见的位图编辑软件有Photoshop、Painter等。

图 1-30

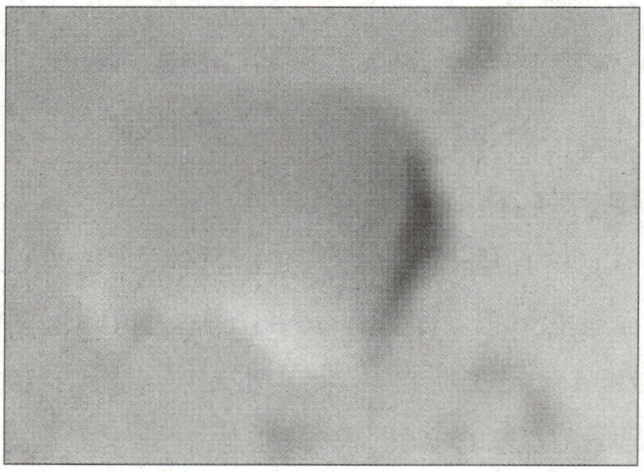

图 1-31

■1.3.3 像素与分辨率

“像素”和“分辨率”是与图像相关的重要概念，是衡量图像细节表现力的技术参数。掌握这些基本概念，有助于更好地学习Animate的动画制作。

1. 像素

Pixel（像素）是由Picture（图像）和Element（元素）这两个单词衍化而来的，是用来计算数字影像的一种单位，是构成图像的最小单元，是图像的基本元素。若将图像放大数倍，会发现其中的连续色调其实是由许多色彩相近的小方点组成的，这些小方点就是构成图像的最小单元——像素（Pixel）。这种最小的图形单元在屏幕上显示的通常是单个的染色点。越高位的像素其拥有的色板越丰富，也越能表达颜色的真实感。

在计算机编程中，像素组成的图像被称为“位图”或者“光栅图像”。位图化图像可用于编码数字影像和某些类型的计算机生成艺术。简单地说，像素就是图像的点的数值，点画成线，线画成面。

2. 分辨率

图像分辨率是指单位长度内所含像素点的数量，单位为“像素每英寸”（ppi）。显示分辨率是屏幕图像的精密度，是指显示器所能显示的像素的多少。由于屏幕上的点、线和面都是由像素组成的，显示器可显示的像素越多，画面就越精细，同样的屏幕区域内能显示的信息也越多，所以分辨率是非常重要的性能指标之一。如果将整个图像想象成是一个大型的棋盘，那么分辨率的表示方式就是所有经线和纬线交叉点的数目。由此可见，图像的分辨率可以改变图像的精细程度，直接影响图像的清晰度，也就是说，图像的分辨率越高，图像的清晰度就越高，图像占用的存储空间也越大。

分辨率不仅与显示尺寸有关，还受显像管点距、视频带宽等因素的影响。其中，它和刷新频率的关系比较密切，严格地说，显示器能达到的最高分辨率数，即为这个显示器的最高分辨率。分辨率的种类有很多，其含义也各不相同，正确理解分辨率在各种情况下的具体含义，弄清不同表示方法之间的相互关系是至关重要的。

1.4 Animate动画的应用

Animate动画的应用非常广泛，从网络广告到网站Logo，再到导航按钮、站点片头，甚至整站设计，都可以使用Animate制作。除了网站的基本应用外，Animate技术还广泛应用于多媒体课件、MTV、在线游戏等的制作中。

1.4.1 教学课件

Animate为远程教育的网络教学提供了技术支持。利用Animate的交互性，结合ActionScript，可以制作各种测试题、调查问卷等，为多媒体课件的效果呈现增添了光彩。使用Animate制作的多媒体课件可以生成通过光盘单机独立运行的EXE文件。多媒体课件集图像、文字、声音、视频于一体，实现了传统书面教材的立体化，同时也推动了教学手段、教学方法的多样化，如图1-32和图1-33所示为语文课件。

图 1-32

图 1-33

■1.4.2 网络广告

与传统的广告相比，通过Animate制作的广告有着显著的优势。Animate广告具有很强的视觉冲击力，能够将整体节奏控制得恰到好处，让人过目不忘。速度感是Animate广告视觉吸引力的最好表现，可以在很短时间内将自己的整体信息传播给访问者，并增强访问者的印象。网络广告有很多种类，如横幅式、插播式、按钮式、文本链接广告等，如图1-34和图1-35所示为网页片头广告。

图 1-34

图 1-35

■1.4.3 电子贺卡

利用Animate可以制作图文并茂并且伴有音乐的电子贺卡，是目前网络中比较流行的一种祝福方式。许多大的网站中都有专门的贺卡专栏，还有许多专业从事贺卡制作与销售的网站。如图1-36和图1-37所示为端午节祝福贺卡。

图 1-36

图 1-37

■1.4.4 音乐短片

现在很多网站流行Animate 音乐短片，因其具有动画的特点，又配有歌曲，文件较小，上传、下载快，在网络上深受人们的喜爱。同样一首歌曲，在广播里听，无形无影，在电视上看，不过是真人的几个镜头切换，但制作成Animate动画效果就大不一样了。如图1-38和图1-39

所示为校园歌曲短片。

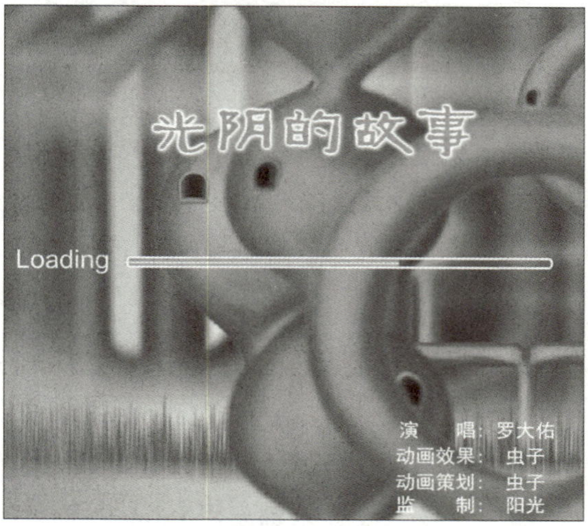

图 1-38

图 1-39

■1.4.5 动态网站

Animate是一种非常优秀的多媒体和动态网页的设计工具，可用于制作后缀名为.swf的文件。这种文件可以插入HTML里，也可以单独成为网页，在连接互联网时边下载边播放，避免了用户长时间的等待，因此，十分适合在网络上传输。同时，制作精美的Animate动画具有很强的视觉和听觉冲击力，网站可以借助Animate动画的精彩效果吸引访问者的注意力，从而达到比以往静态页面更好的宣传效果，如图1-40和图1-41所示。

图 1-40

图 1-41

■1.4.6 动画短片

使用Animate可以制作各种风格的动画，并且可以为动画配声音效果。目前已经涌现出许多出色的Animate动画，很多公益广告也通过Animate动画进行推广，电视台也开始播放Animate动画。Animate拥有的互动能力及动画制作的简捷性可以节省大量的绘制时间，使用户更快地制作动画短片作品。如图1-42和图1-43所示为动画短片。

图 1-42

图 1-43

■1.4.7　益智游戏

通过ActionScript可以增加Animate作品的交互性。大部分手机游戏都应用Animate进行开发。网络游戏的种类也越来越多，如图1-44和图1-45所示为利用Animate制作的互动式小游戏。

图 1-44

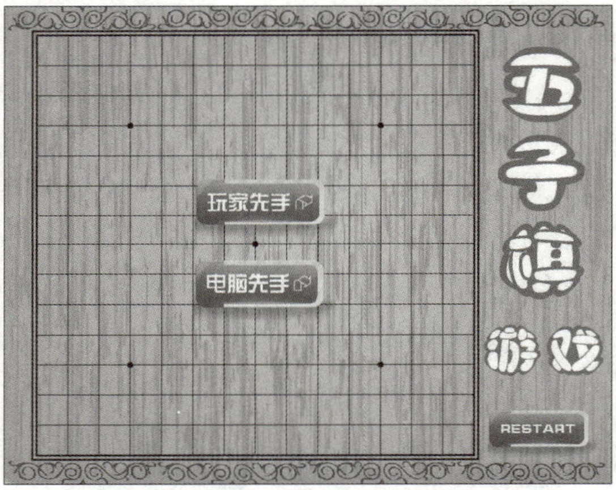

图 1-45

学习体会

经验之谈 简析色彩基础知识

色彩是视觉艺术中最为点睛的元素，是制作优秀动画作品不可或缺的重要组成部分之一。通过不同的色彩，可以奠定动画的基调、强化主题，也可以塑造不同的动画人物性格。下面将针对色彩的基础知识进行介绍。

1. 色彩属性

色彩由色相、明度、纯度三种元素构成。其中，色相是指色彩的相貌，如红色、绿色等；明度是指色彩的明暗差别，如深红、浅红等；纯度是指色彩的鲜艳程度。

(1) 色相。

色相是有彩色的最大特征，是区分色彩的主要依据。

(2) 明度。

色彩的明度分为同一色相的明度差别和不同色相的明度差别两种。同一色相的明度差别是指某一色相的深浅变化，如深绿、浅绿、草绿等；不同色相的明度差别即不同颜色的深浅差别，如黄色、橙色、紫色等。

按照色彩的明暗差别可以将色彩分为低调、中调、高调3种基调。低调是指深色系1到3级，中调是指中间色系4到6级，高调则是指浅色系7到9级，如图1-46所示。每种调性又有长、中、短对比，通过将高中低调和长中短调进行搭配，构成“明度九调构成”。

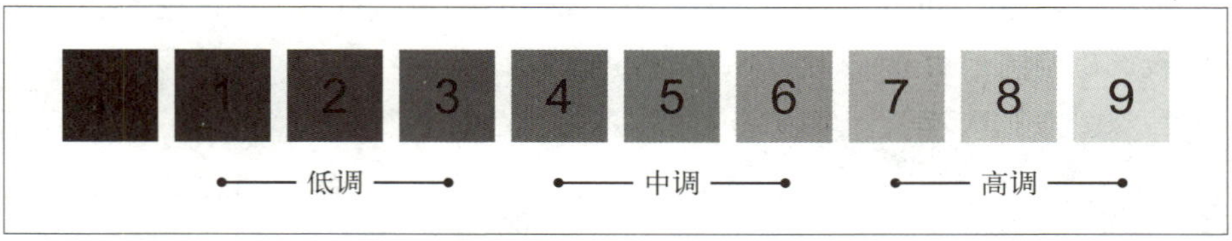

图 1-46

(3) 纯度。

纯度是色彩感觉强弱的标志。在色彩中，原色纯度最高，随着纯度降低，色彩会变得暗淡。

2. 色彩搭配

在动画制作过程中，通过搭配不同的色彩，可以制作出不同的视觉效果。下面针对原色、互补色、邻近色等来讲解色彩搭配的相关知识。

(1) 原色。

原色是指不能通过其他颜色混合调配出的基本色。颜料的三原色是指红、黄、蓝，原色是色环中所有颜色的“父母”，三原色是平均分布在色相环中的，如图1-47所示。

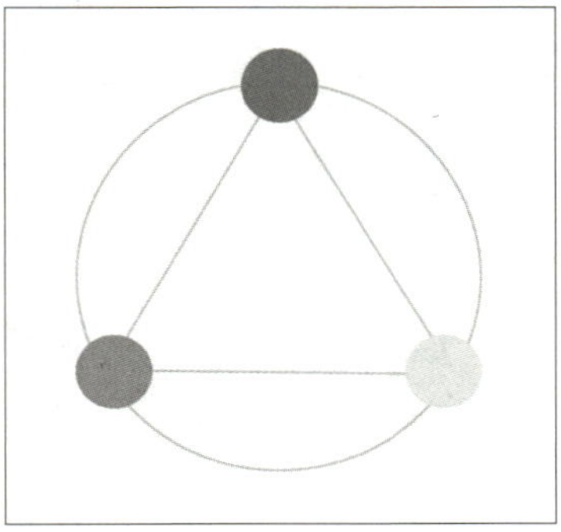

图 1-47

提示： 除了颜料三原色，在色彩中还有光学三原色，即红、绿、蓝，光学三原色混合后会形成白色。

（2）冷暖色。

冷暖色是指色彩在心理学上的冷热感觉。暖色调给人温暖的感觉，如红色、橙色等；冷色调给人凉爽的感觉，如蓝色等。如图1-48和图1-49所示分别为冷色调和暖色调的图像。

图 1-48

图 1-49

提示：色彩的冷暖感觉是相对的，除橙色与蓝色是色彩冷暖的两个极端外，其他许多色彩的冷暖感觉都是相对存在的。例如，紫色中的红紫色较暖，而蓝紫色则较冷。

（3）邻近色。

邻近色是指色相环中相距60°～90°的色彩，如红色与黄橙色等。邻近色的色相彼此近似，冷暖性质一致，色调统一和谐，如图1-50和图1-51所示。

图 1-50

图 1-51

提示：邻近色一般有两个范围，绿、蓝、紫的邻近色大多数是在冷色范围里，红、黄、橙的邻近色大多数是在暖色范围里。

（4）互补色。

互补色是指色相环中相距180°的色彩，如红色与绿色等。互补强烈时，会产生对比鲜明的色彩感觉，如图1-52和图1-53所示。

图 1-52

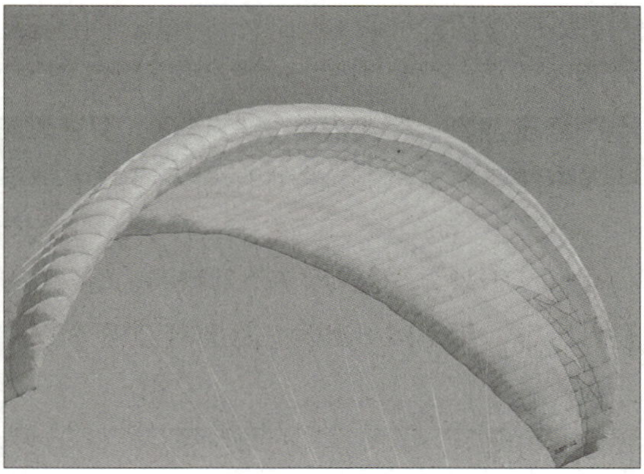

图 1-53

（5）对比色。

对比色是指色相环中相距120°~180° 的色彩。对比色搭配起来会给人饱满、华丽的视觉感受，易使人兴奋、激动，如图1-54和图1-55所示。

图 1-54

图 1-55

你学会了吗？

上手实操

实操一：绘制卡通蘑菇

本案例将练习绘制一个卡通蘑菇形象，如图1-56所示为绘制效果。本案例涉及的知识点包括“钢笔工具”“直线工具”“颜料桶工具”的使用，其中绘图工具的相关知识可以查看本书第2章。

图 1-56

设计要领

- 使用“钢笔工具”和“直线工具”绘制轮廓及线条。
- 删除多余的线条。
- 使用“颜料桶工具”进行填色。

实操二：绘制自然景物

本案例将练习绘制蓝天白云，如图1-57所示为绘制效果。本案例涉及的知识点包括“矩形工具”“钢笔工具”等绘图工具，以及“库”面板的使用。其中，绘图工具的相关知识可以查看本书第2章；“库”面板的相关知识可以查看本书第 5章。

图 1-57

设计要领

- 打开本章素材文件，使用“颜色”面板、“矩形工具”和“渐变变形工具”绘制蓝天。
- 使用“钢笔工具”绘制白云。
- 将“库”面板中的元件导入至舞台。

第2章 绘图工具的应用

内容概要

与使用Illustrator绘制图像类似，使用Animate也可以绘制矢量图形。本章将针对绘制图形时常用的工具进行介绍。通过对本章内容的学习，可以掌握绘制和编辑各类图形文件的方法，从而使自己的设计作品更加生动、形象。

知识要点

- 学会绘图工具的使用。
- 学会辅助工具的使用。
- 熟悉图形的编辑操作。

数字资源

【本章案例素材来源】："素材文件\第2章"目录下

【本章案例最终文件】："素材文件\第2章\案例精讲\绘制卡通少女形象.fla"

案例精讲 绘制卡通少女形象

案/例/描/述

本案例将绘制一个卡通少女形象，包括绘制人物的衣着、装饰等。绘制完成的少女衣着简约，时尚可爱，手持酒杯使整体形象略显优雅。本案例涉及的知识点包括“椭圆工具”“钢笔工具”“渐变变形工具”“画笔工具”等。

扫码观看视频

案/例/详/解

下面将详细介绍绘制卡通少女形象的步骤。

步骤01 启动Animate，执行“文件”→“新建”命令新建Animate文档，如图2-1所示。选择工具箱中的“椭圆工具”，在“对象绘制”模式下绘制一个合适大小的椭圆，如图2-2所示。

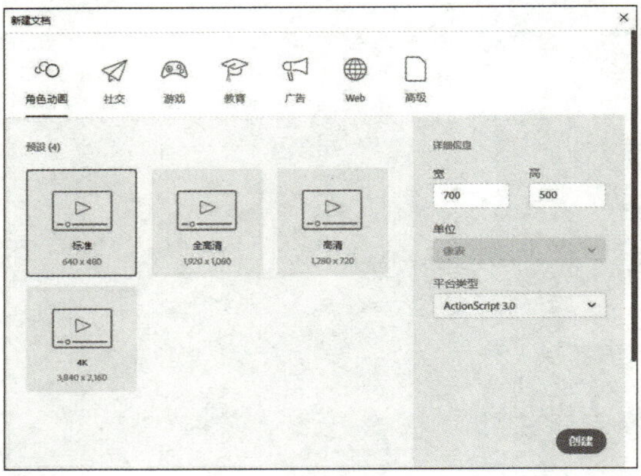

图 2-1

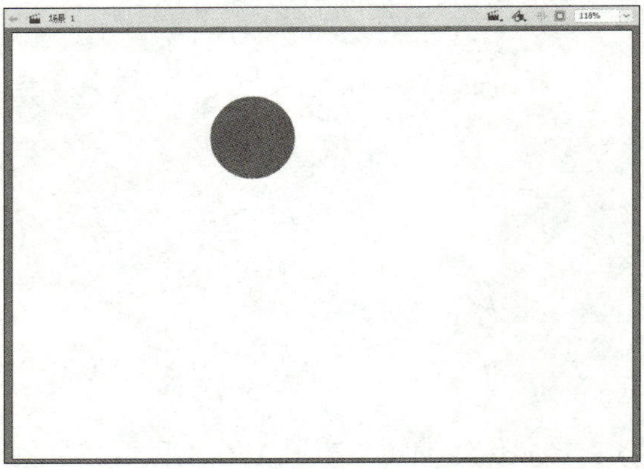

图 2-2

步骤02 选择“钢笔工具”，按住Ctrl键单击椭圆进入编辑状态，调整其锚点，将椭圆修改成人物头部，如图2-3所示。

步骤03 选择人物头部，在“颜色”面板中设置其填充色为#F1D0AD至#E3AF87的径向渐变，如图2-4所示。单击“添加到色板”按钮，将该渐变色作为样本保存。

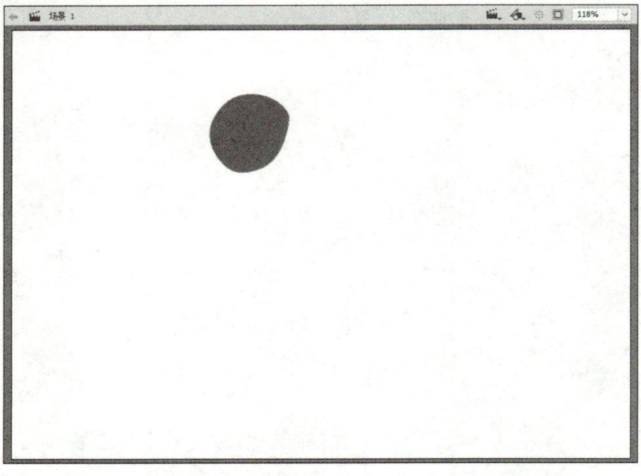

图 2-3

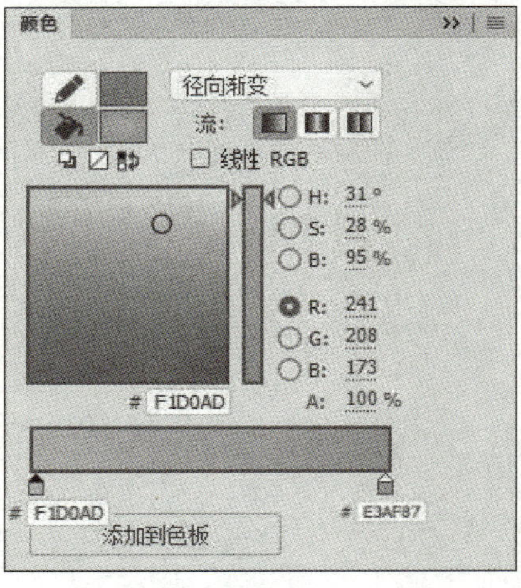

图 2-4

步骤04 使用“渐变变形工具”调整渐变的大小和位置，效果如图2-5所示。修改“图层_1”的名称为“头”。

步骤05 单击“时间轴”面板中的“新建图层”按钮，新建图层并重命名为“颈”，移动“颈”图层置于“头”图层的下方，使用“钢笔工具”绘制闭合路径，如图2-6所示。

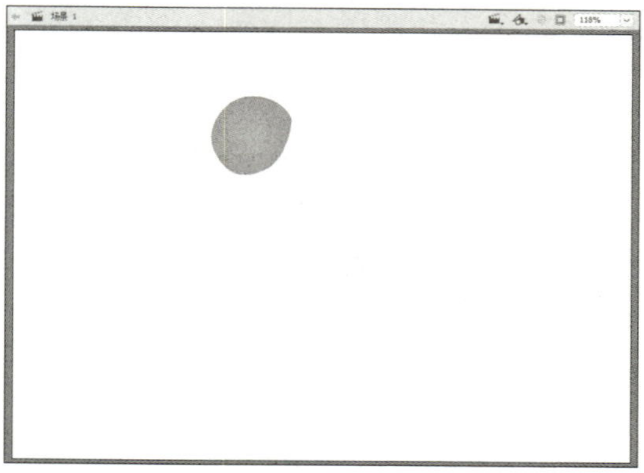

图 2-5

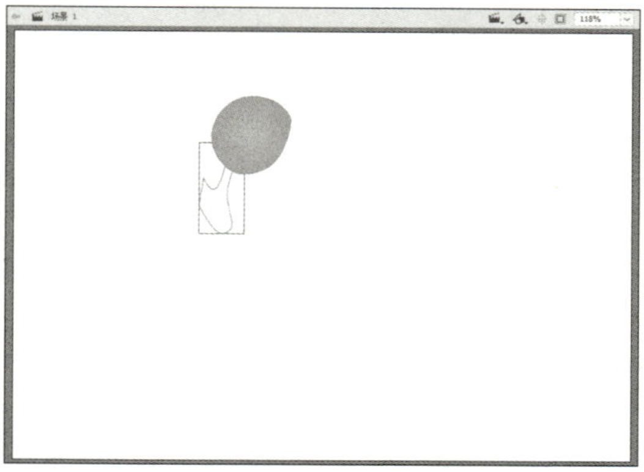

图 2-6

步骤06 选择工具箱中的“颜料桶工具”，设置填充色为保存的渐变色，填充人物颈部，并使用“渐变变形工具”进行调整，效果如图2-7所示。

步骤07 使用相同的方法，新建图层并绘制相对应的身体部位，效果如图2-8所示。

图 2-7

图 2-8

步骤08 单击“时间轴”面板中的“新建图层”按钮，新建图层并重命名为“上衣”，使用“钢笔工具”绘制闭合路径并填充白色，将其作为人物上衣，去除轮廓色。这里为了便于观察，可以在“属性”面板中将舞台背景改为其他颜色，如图2-9所示。

图 2-9

步骤09 使用相同的方法，新建“腰带”和“裙子”图层并绘制对象，如图2-10所示。

步骤10 继续新建“软垫”图层并绘制对象，如图2-11所示。

图 2-10

图 2-11

步骤11 新建“头发”图层并绘制对象，如图2-12所示。

步骤12 在“头发”图层的下方新建“发饰1”图层，绘制发饰轮廓并填色，如图2-13所示。

图 2-12

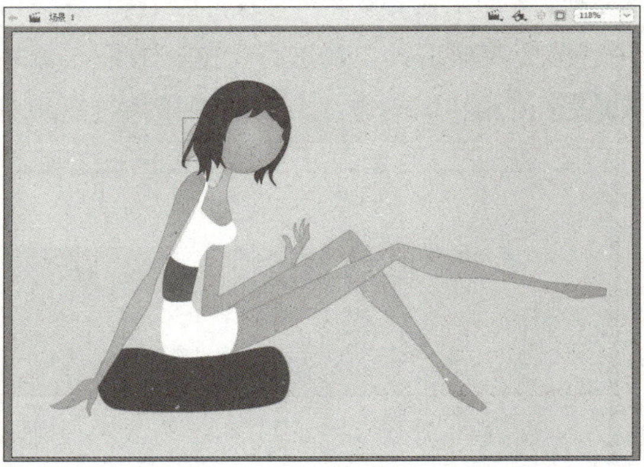

图 2-13

步骤13 在“头发”图层的上方新建“发饰2”图层，绘制发饰轮廓并填色，如图2-14所示。

步骤14 在“发饰2”图层的下方新建“耳朵”图层，绘制耳朵并填色，如图2-15所示。

图 2-14

图 2-15

步骤15 在“头”图层的上方新建“嘴”图层，绘制嘴巴及牙齿并填色，如图2-16所示。

步骤16 使用“画笔工具”在人物嘴唇上绘制不规则图形，将其作为高光，如图2-17所示。

图 2-16

图 2-17

步骤17 在“嘴”图层的上方新建“鼻”图层，绘制人物鼻子，如图2-18所示。

步骤18 在“鼻”图层的上方新建“眼”图层，绘制人物眼眶并填色，如图2-19所示。

图 2-18

图 2-19

步骤19 使用“钢笔工具”在人物眼眶上绘制眼白及眼球部分，如图2-20所示。

步骤20 使用“椭圆工具”在人物眼球上绘制圆形，将其作为高光，如图2-21所示。

图 2-20

图 2-21

步骤21 使用相同的方法绘制人物另一只眼睛，如图2-22所示。

图 2-22

步骤22 在“眼”图层的上方新建“腮红”图层，使用“椭圆工具”绘制椭圆并填充径向渐变，如图2-23和图2-24所示。

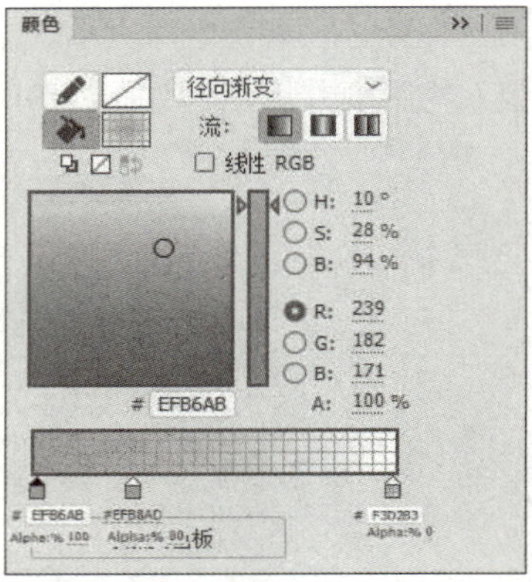

图 2-23

图 2-24

步骤23 选中绘制的腮红，按住Alt键拖动复制，如图2-25所示。

步骤24 在“左手”图层的上方新建“酒杯”图层，使用“钢笔工具”绘制酒杯并填色，如图2-26所示。

图 2-25

图 2-26

至此，完成卡通少女的绘制。

边用边学

2.1 辅助绘图工具

在Animate软件中绘制图形时，可以使用标尺、网格、辅助线等辅助工具对某些对象进行精确定位。下面将针对这些工具进行详细介绍。

■2.1.1 标尺

执行“视图”→“标尺”命令或按Ctrl+Alt+Shift+R组合键，即可打开标尺，如图2-27所示。再次执行“视图”→“标尺”命令或按Ctrl+Alt+Shift+R组合键，可将其隐藏。

默认情况下，标尺的度量单位为“像素”，用户可以根据使用习惯对其进行更改。执行“修改”→“文档”命令，打开“文档设置”对话框，在“单位”下拉列表框中选择相应的单位即可，如图2-28所示。修改后，文档单位也会改变。

图 2-27

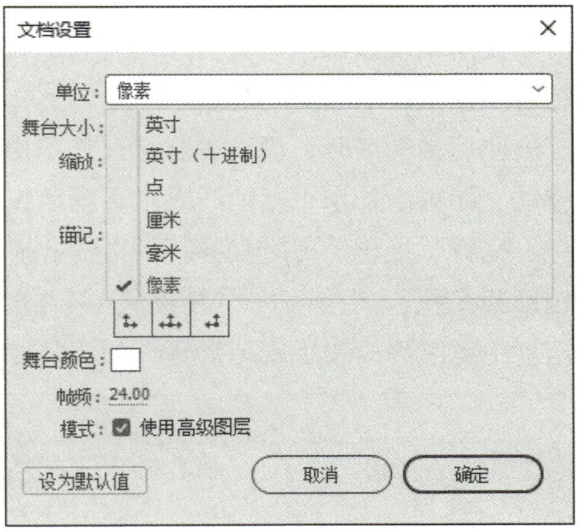

图 2-28

■2.1.2 网格

执行“视图”→“网格”→“显示网格”命令或按Ctrl+“’”组合键，即可显示网格，如图2-29所示。再次执行该命令，可将网格隐藏。

图 2-29

执行“视图”→“网格”→“编辑网格”命令或按Ctrl+Alt+G组合键，可以打开如图2-30所示的“网格”对话框。在该对话框中可以对网格的颜色、间距等选项进行设置，以满足不同设计作品的需求。

提示：在“网格”对话框中勾选“贴紧至网格”复选框，可以沿水平和垂直网格线紧贴网格绘制图形。即使在网格不可见时，同样可以紧贴网格线绘制图形。

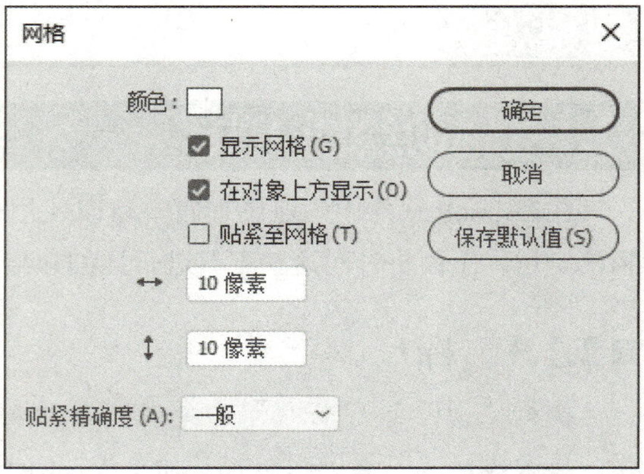

图 2-30

■2.1.3 辅助线

使用辅助线可以对舞台中的对象进行位置规划、对各个对象的对齐和排列情况进行检查，还可以提供自动吸附功能。

使用辅助线时，需要先将标尺显示出来，在水平标尺或垂直标尺上按住鼠标指针并向舞台拖动，即可添加水平辅助线或垂直辅助线，辅助线的默认颜色为蓝色，如图2-31所示。

执行“视图”→“辅助线”→“显示辅助线”命令或按Ctrl+“；”组合键，可以显示或隐藏辅助线。执行“视图”→“辅助线”→“编辑辅助线”命令，将打开“辅助线”对话框，在该对话框中可以修改和编辑辅助线，如图2-32所示为打开的“辅助线”对话框。

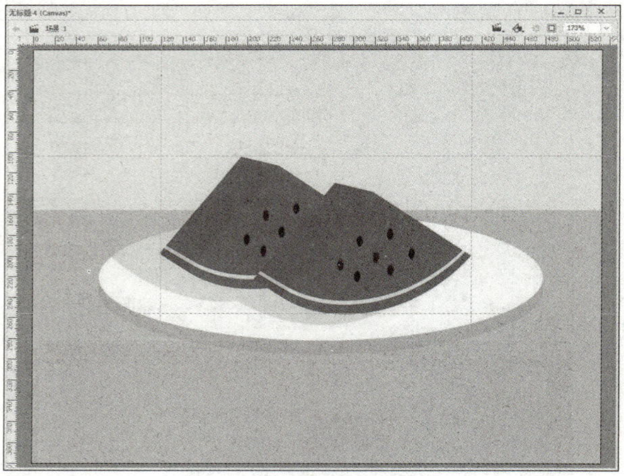

图 2-31

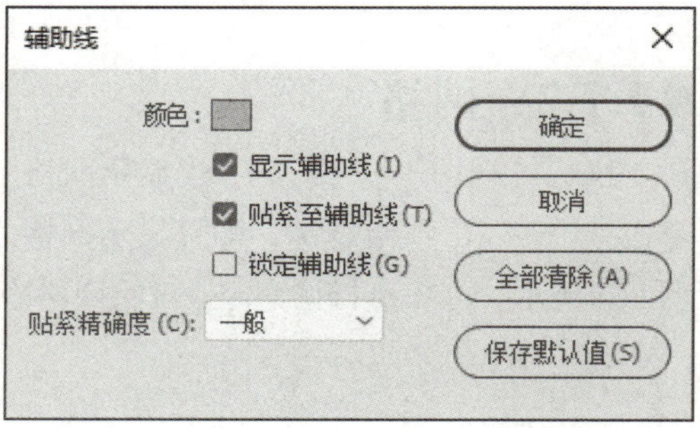

图 2-32

若想删除当前场景中所有的辅助线，执行“视图”→“辅助线”→“清除辅助线”命令即可。

提示：执行“视图”→“辅助线”→“锁定辅助线”命令可以锁定辅助线，避免误移动操作。

2.2 图形绘图工具

在使用Animate制作动画时，会用到各种各样的图形元件。可以在Animate中绘制图形，以得到准确、恰当的图形元件。本小节将针对Animate中常用绘图工具的相关知识及使用方法进行介绍。

■2.2.1 钢笔工具

使用“钢笔工具”可以精确地绘制平滑的线条。单击工具箱中的“钢笔工具”，即可切换至“钢笔工具”。

使用“钢笔工具”可以精确绘制图形，并对绘制的锚点、锚点的方向等进行很好的控制。如图2-33所示为使用“钢笔工具”绘制的图形。

图 2-33

1. 画直线

选择“钢笔工具”，在舞台中的合适位置单击，即可产生一个锚点，并且同前一个锚点自动以直线连接。若在绘制时按住Shift键，则将线段的角度约束为45°的倍数。

2. 画曲线

使用“钢笔工具”还可以绘制曲线。在绘制新的线段时，在某一位置按住鼠标左键拖动鼠标指针，则新的锚点与前一锚点以曲线相连，并且显示控制曲率的切线控制点。

3. 添加锚点

若要绘制更加复杂的曲线，可以在曲线上添加一些锚点，这里需要用到“添加锚点工具”。在钢笔工具组中选择该工具，移动鼠标指针对准要添加锚点的位置，鼠标指针的右下方出现一个加号标志，单击即可添加一个锚点。

4. 删除锚点

删除锚点与添加锚点正好相反，选择“删除锚点工具”后，将鼠标指针对准要删除的锚点，鼠标指针的右下方出现一个减号标志，表示可以删除该点，单击即可删除。

5. 转换锚点

选择“转换锚点工具”，可以转换曲线上的锚点类型。当鼠标指针变为形状时，将鼠标指针移至曲线上需操作的锚点上单击，该锚点两侧的曲线将转换为直线，选中直线锚点拖动即可将直线锚点转换为曲线锚点。

■2.2.2　线条工具

“线条工具” 是专门用来绘制直线的工具，选择工具箱中的“线条工具”，在舞台中按住鼠标左键并拖动鼠标指针，当直线达到所需的长度和斜度时，释放鼠标即可。使用“线条工具”可以绘制各种直线图形，并且可以在“属性”面板中设置直线的样式、粗细程度和颜色等参数，如图2-34所示。

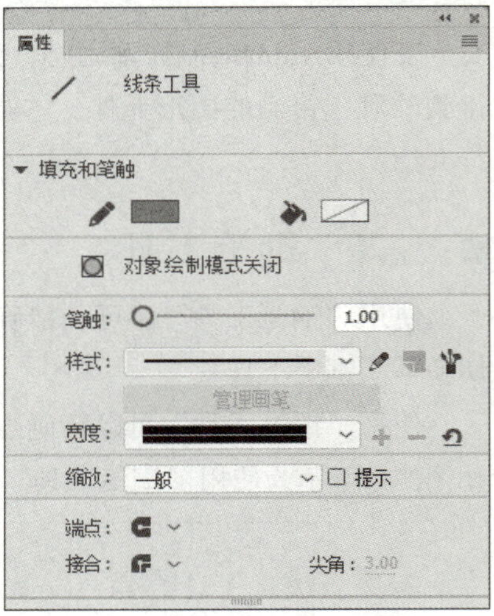

图 2-34

其中“属性”面板中各选项的含义如下。

- ：用于设置线段的颜色。
- **笔触：** 用于设置线段的粗细。
- **样式：** 用于设置线段的样式。
- **“编辑笔触样式”按钮：** 单击该按钮，将打开“笔触样式”对话框，在该对话框中可以对线条的粗细、类型等进行设置。
- **缩放：** 用于设置线条缩放的类型。
- **提示：** 勾选该复选框，可以将笔触锚记点保持为全像素，防止出现模糊线。
- **端点：** 用于设置线条端点的形状，包括“无”“圆角”“方形”。
- **接合：** 用于设置线条之间接合的形状，包括“尖角”“圆角”“斜角”。

直线绘制完成后，使用“选择工具” 在线条上进行拖动即可将直线变为弧线，如图2-35和图2-36所示。通过这种方法，可以更便捷地制作弧线。

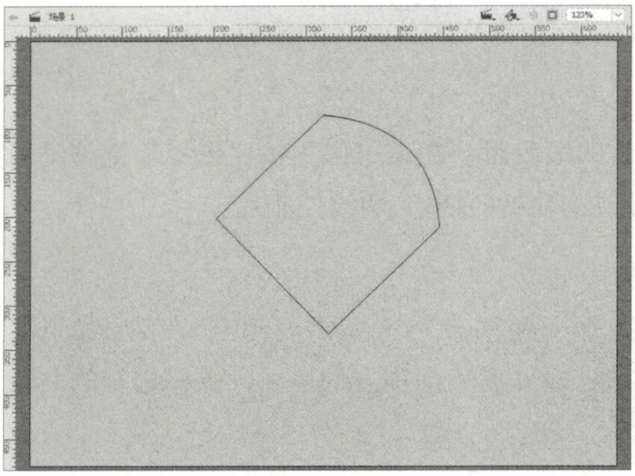

图 2-35

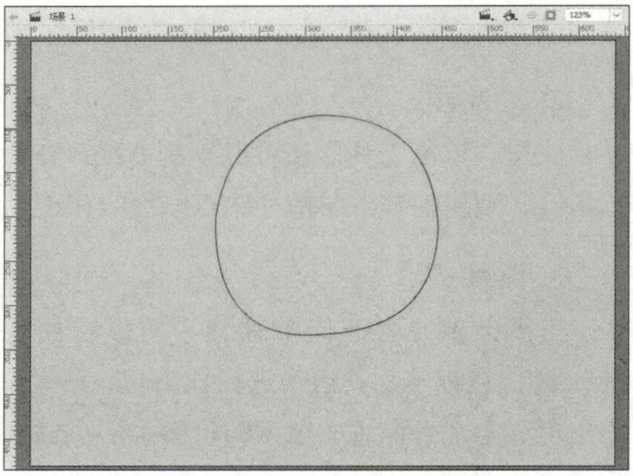

图 2-36

在绘制直线时，按住Shift键可以绘制水平线、垂直线和45° 斜线。

■2.2.3　铅笔工具

选择“铅笔工具” ，在舞台中单击，按住鼠标左键拖动鼠标指针，即可绘制线条。如果想要绘制平滑或者伸直的线条时，可以在工具箱下方的选项区域中为“铅笔工具”选择一种绘图模式，如图2-37所示。

“铅笔工具”的3种绘图模式的含义分别介绍如下。

- **伸直**：进行形状识别。如绘制出近似的正方形、圆形、直线或曲线，Animate将根据它的判断将其调整成规则的几何形状。
- **平滑**：可以绘制平滑曲线。在“属性”面板中可以设置平滑参数。
- **墨水**：可以较随意地绘制各类线条，这种模式不对笔触进行任何修改。

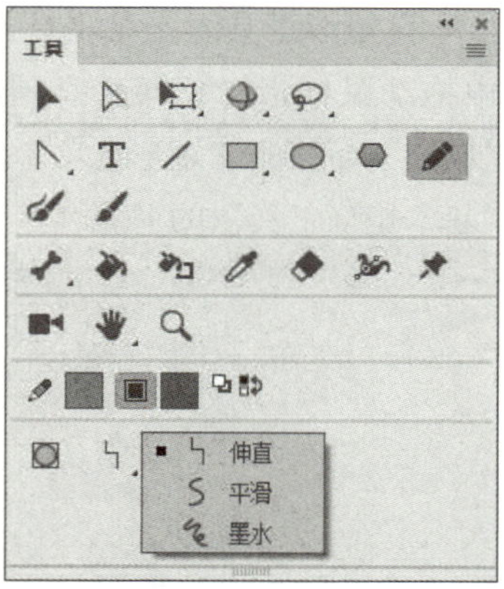

图 2-37

2.2.4 矩形工具组

矩形工具组包括“矩形工具”和“基本矩形工具”两种矩形绘制工具。

1. 矩形工具

“矩形工具”用于绘制长方形和正方形。选择工具箱中的“矩形工具”，在舞台中单击并拖动鼠标指针，当到达合适的位置时，释放鼠标即可绘制矩形。在绘制矩形时，按住Shift键可以绘制正方形。

选择“矩形工具”后，在其“属性”面板中可以设置矩形的属性，例如填充、笔触等。在“矩形选项”区域中，可以设置矩形边角半径绘制圆角矩形，如图2-38所示。

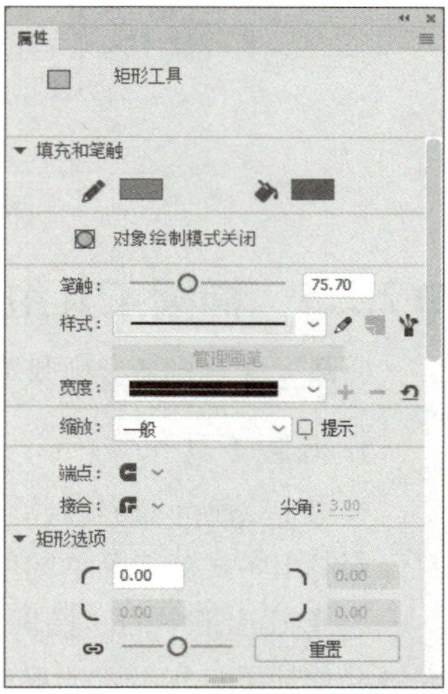

图 2-38

2. 基本矩形工具

“基本矩形工具”和“矩形工具”的作用是一样的，但是前者在创建形状时与后者又有所不同，Animate会将形状绘制为独立的对象。创建基本形状后，可以选择舞台中的形状，然后调整其锚点来更改半径，如图2-39和图2-40所示。

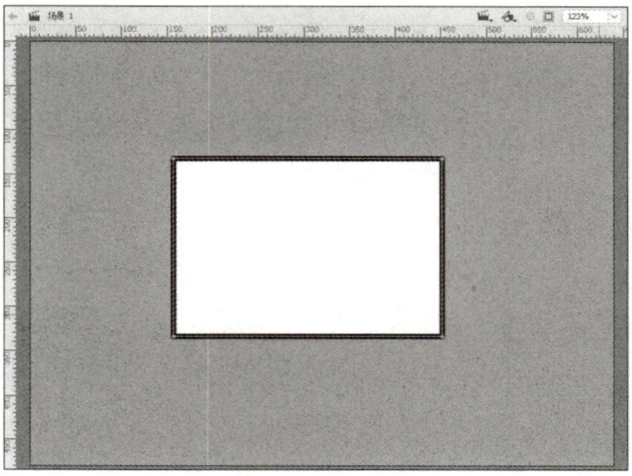

图 2-39

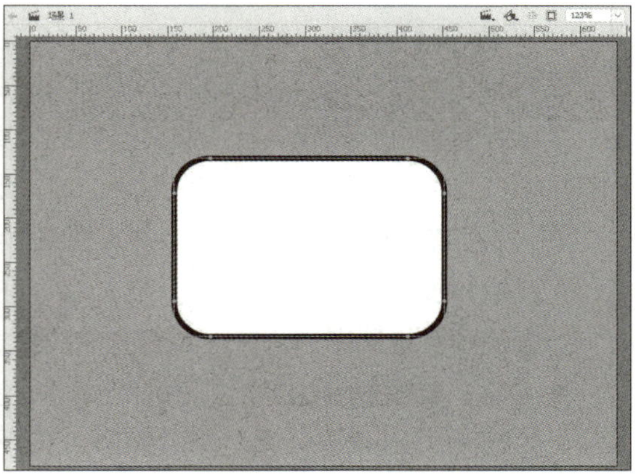

图 2-40

在矩形工具组上单击并按住鼠标左键，在弹出菜单中选择“基本矩形工具”，在舞台中拖动鼠标指针，即可绘制基本矩形。此时绘制的矩形有4个锚点，可以直接拖动锚点或在“属性”面板的“矩形选项”区域中设置参数，改变矩形的边角。如图2-41和图2-42所示分别为“基本矩形工具”的“属性”面板及绘制完基本矩形后的“属性”面板。

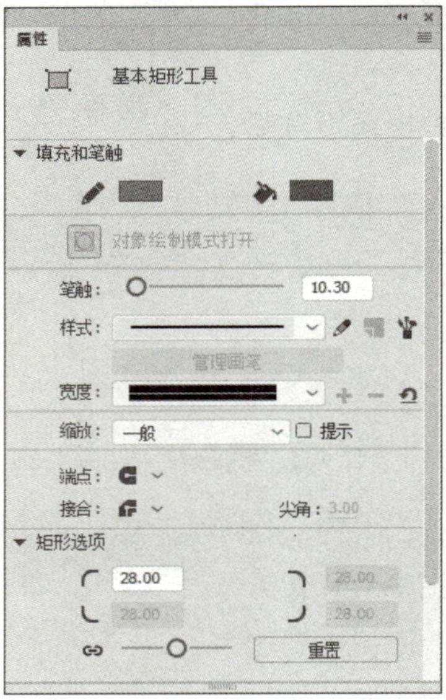

图 2-41

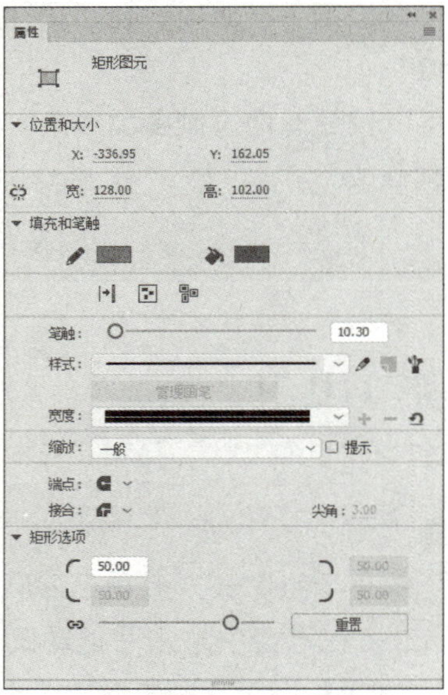

图 2-42

■2.2.5　椭圆工具组

椭圆工具组包括“椭圆工具”和“基本椭圆工具”两种椭圆绘制工具。

1. 椭圆工具

可用于绘制椭圆形或者圆形。恰当地使用“椭圆工具”，可以绘制出各式各样简单却生动的图形。

选择工具箱中的“椭圆工具”，在舞台中按住鼠标左键并拖动鼠标指针，当椭圆达到所需形状及大小时，释放鼠标即可绘制椭圆。在绘制椭圆之前或在绘制过程中，按住Shift键可以绘制正圆。

在椭圆“属性”面板中，同样可以对“椭圆工具”的填充、笔触等参数进行设置。在“椭圆选项”区域中，可以设置椭圆的“开始角度”“结束角度”“内径”等，如图2-43所示。

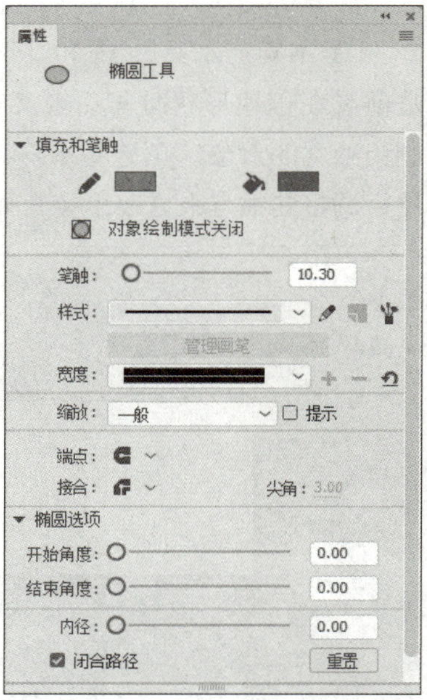

图 2-43

在“椭圆选项”区域中，各选项的作用介绍如下。

- **开始角度、结束角度：** 用于定义扇形开始和结束的角度，可以绘制扇形及其他有创意的图形。
- **内径：** 参数值由0到99。为0时绘制的是填充的椭圆；为99时绘制的是只有轮廓的椭圆；为中间值时，绘制的是内径不同大小的圆环。

- **闭合路径：** 确定图形闭合与否。
- **重置：** 重置“椭圆工具”的所有控件。

2. 基本椭圆工具

在椭圆工具组上单击并按住鼠标左键，在弹出的菜单中选择“基本椭圆工具”，在舞台中拖动鼠标指针，可绘制基本椭圆；按住Shift键并拖动鼠标指针，可绘制正圆。此时绘制的图形有锚点，直接拖动锚点或在“属性”面板的“椭圆选项”区域中设置参数，即可改变形状。如图2-44和图2-45所示分别为“基本椭圆工具”的“属性”面板及绘制完基本椭圆后的“属性”面板。

图 2-44

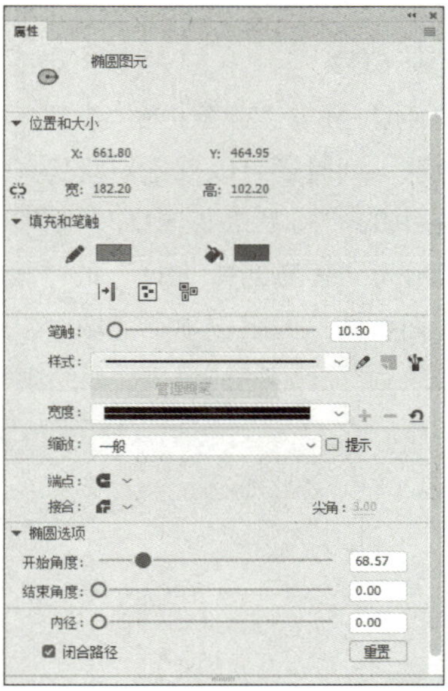

图 2-45

利用“基本矩形工具”和“基本椭圆工具”创建的图形，可以通过打散（选中后按Ctrl+B组合键）得到普通矩形和椭圆。

■2.2.6 多角星形工具

单击工具箱中的“多角星形工具”按钮，在舞台中按住鼠标左键并拖动鼠标指针，即可创建图形。在“属性”面板中可以修改多角星形的相关属性，如图形填充颜色、笔触等，如图2-46所示。

若单击“选项”按钮，可打开“工具设置”对话框，如图2-47所示，在该对话框中可修改图形的形状。

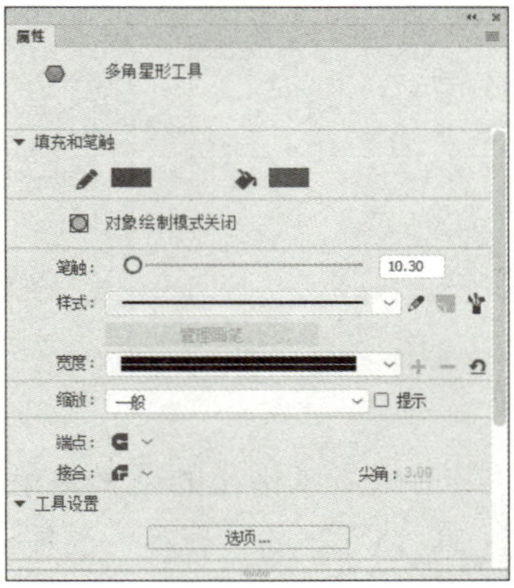

图 2-46

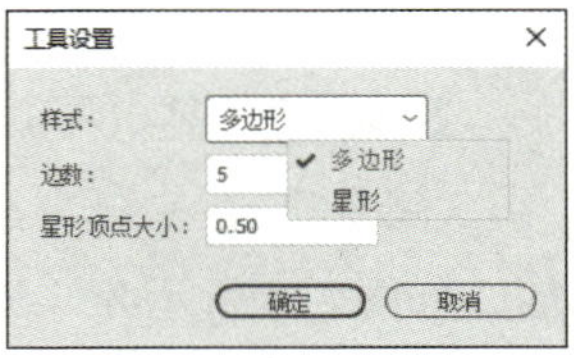

图 2-47

“工具设置”对话框中各选项作用如下。

- **样式：** 用于选择多边形或星形。
- **边数：** 用于确定绘制形状的边数。
- **星形顶点大小：** 用于改变星形的形状。只针对星形样式，输入的数值越接近0，创建的顶点就越深。若是绘制多边形，则一般保持默认设置。

■2.2.7 画笔工具

Animate中包括两种画笔工具：“画笔工具（B）”和“画笔工具（Y）”。本小节将针对这两种工具进行介绍。

1. 画笔工具（B）

“画笔工具（B）”与“铅笔工具”类似，可以绘制任意形状的图形，但“画笔工具（B）”绘制的形状是色块，同时还可以创建一些具有一定笔触效果的特殊填充。

选中工具箱中的“画笔工具（B）”，在“属性”面板中可以设置其填充、大小等参数，如图2-48所示为“画笔工具（B）”的“属性”面板。

在“属性”面板的“画笔选项”区域中，可以选择不同的选项按钮，其中“画笔模式”按钮包括“标准绘画”“颜料填充”“后面绘画”“颜料选择”“内部绘画”5种，如图2-49所示。

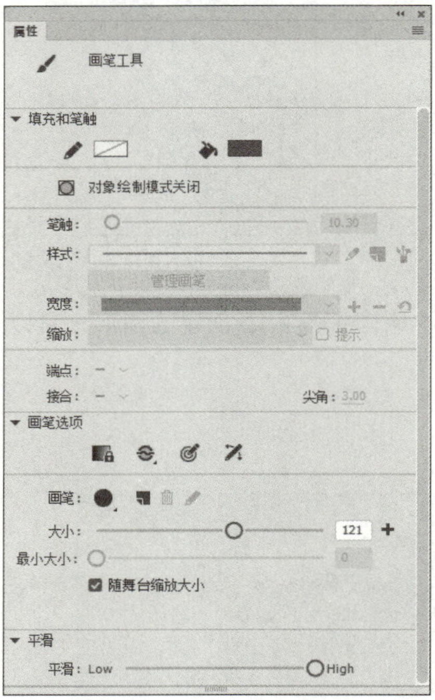

图 2-48

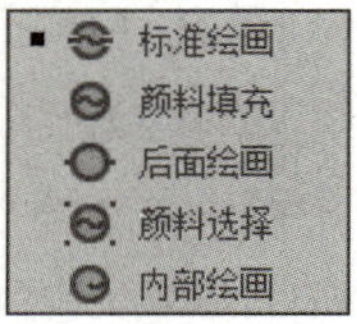

图 2-49

2. 画笔工具（Y）

“画笔工具（Y）”可用于模拟风格化的艺术笔触，也可以将画笔笔触应用于现有的路径。如图2-50所示为“画笔工具（Y）”的“属性”面板。

与“画笔工具（B）”相比，该画笔可以设置画笔笔触和样式。单击“属性”面板中的

“编辑笔触样式”按钮，即可打开“画笔选项”对话框，如图2-51所示。在该对话框中可以修改画笔类型等参数。

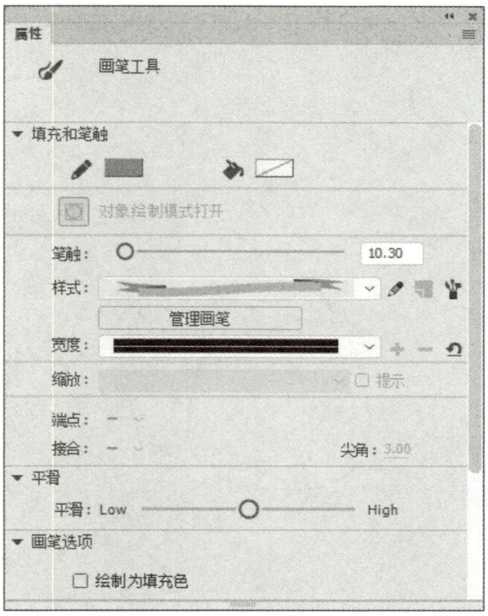

图 2-50

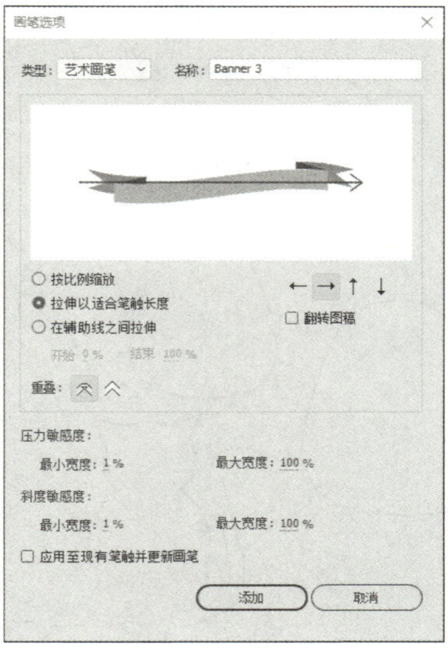

图 2-51

若想选择合适的画笔，可以单击“属性”面板中的“画笔库”按钮或执行“窗口”→“画笔库”命令，打开“画笔库”面板，如图2-52所示。在打开的“画笔库”面板中选择合适的画笔样式双击，即可切换至选中的画笔样式。

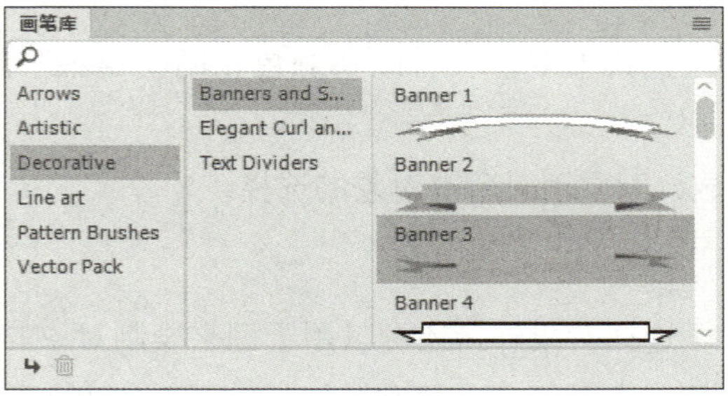

图 2-52

2.3 图形选择工具

Animate提供了多种选择工具，以便于选择绘制的对象，包括“选择工具”、“部分选取工具”及套索工具组等。本小节将针对这些工具的使用方法进行介绍。

■ 2.3.1 选择工具

“选择工具”是最常用的一种选择工具。当需要选择单个或多个整体对象时，如形状、组、文字、实例和位图等，都可以使用“选择工具”。

1. 选择单个对象

选中工具箱中的“选择工具”，在要选择的对象上单击即可选中单个对象。

2. 选择多个对象

若想选中多个对象，可以先选取一个对象，然后按住Shift键依次单击要选取的对象，如图2-53所示；也可以在空白区域中按住鼠标左键拖动出一个矩形范围，将要选择的对象都包含在矩形范围内，如图2-54所示。

图 2-53

图 2-54

若想取消选中的多个对象中的一个对象，可以按住Shift键单击该对象，即可取消对该对象的选择。

3. 双击选择图形

使用“选择工具”在线条上双击，可以将颜色相同、粗细一致、连在一起的线条同时选中。

若单击舞台的空白区域，则取消对所有对象的选择。

4. 调整线条和色块

“选择工具”除了用于选择对象外，还可以用于调整绘制对象的线条或色块。

单击工具箱中的“选择工具”按钮，移动鼠标指针至对象上，待鼠标指针变为状时拖动鼠标指针，即可调整选中的线条或色块，调整前后的效果如图2-55和图2-56所示。

图 2-55

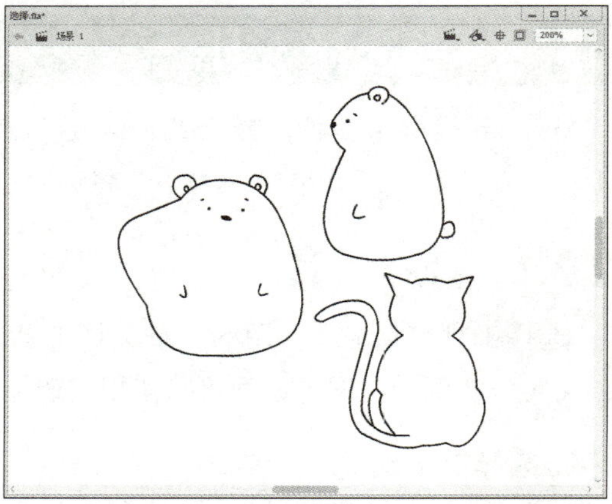

图 2-56

■2.3.2 部分选取工具

“部分选取工具”可用于选择矢量图形上的锚点。例如，当要选择对象的锚点，并对锚点进行拖动或调整路径方向时，可以使用“部分选取工具”。

在使用“部分选取工具”时，不同的情况下鼠标指针的形状也不同，具体介绍如下。

- 当将鼠标指针移到某个锚点上时，鼠标指针变为形状，这时按住鼠标左键拖动鼠标指针可以改变该锚点的位置。
- 当将鼠标指针移到没有锚点的曲线上时，鼠标指针变为形状，这时按住鼠标左键拖动鼠标指针可以移动整个图形的位置。
- 当将鼠标指针移到锚点的调节柄上时，鼠标指针变为形状，按住鼠标左键拖动鼠标指针可以调整与该锚点相连的线段的弯曲程度。

■2.3.3 套索工具组

套索工具组包括“套索工具”、“多边形工具”和“魔术棒”3种工具。下面将针对这3种工具进行介绍。

1. 套索工具

“套索工具”可以用于选择打散对象的某一部分。在Animate中，“套索工具”主要用于选取不规则的物体。选择“套索工具”后，按住鼠标左键并拖动鼠标指针，绘制要选择的范围，释放鼠标左键即可自动选取“套索工具”绘制的封闭区域。如果起点和终点没有重合，Animate将用直线连接起点和终点，自动闭合选区。如图2-57和图2-58所示为使用“套索工具”选取对象的效果。

图 2-57

图 2-58

2. 多边形工具

“多边形工具”可以用于较精确地选取不规则图形，既可用于矢量对象，也可用于位图对象。单击该工具按钮，在舞台中单击确定端点，在鼠标指针回到起始处时双击，形成一个多边形，即可选择该多边形范围内的对象。如图2-59和图2-60所示为使用“多边形工具”选取对象的效果。

图 2-59

图 2-60

3. 魔术棒工具

“魔术棒” 可用于选取位图。导入位图对象后，按Ctrl+B组合键打散位图对象，切换至“魔术棒” ，在“属性”面板中设置合适的参数，在位图上单击即可选中与单击点颜色类似的区域，如图2-61和图2-62所示。

图 2-61

图 2-62

2.4 图形填充工具

绘制完图形后，可以对图形进行颜色填充，使绘制的图形更加生动、美观。Animate中常见的图形填充工具包括“颜料桶工具” 、“墨水瓶工具” 、“滴管工具” 等。在此将对这几种工具进行介绍。

2.4.1 颜料桶工具

“颜料桶工具” 可以用于为舞台内的封闭图形填色。选中“颜料桶工具” 后，工具箱中的选项区中将显示“锁定填充”按钮 和“间隔大小”按钮 。若单击“锁定填充”按钮 ，则当使用渐变填充或者位图填充时，可以将填充区域的颜色变化规律锁定，作为这一填充区域周围的色彩变化规范。

单击“间隔大小”按钮右下角的小三角形，在弹出的下拉菜单中包括4种设置空隙大小的模式，如图2-63所示。

其中，各选项含义如下。

- **不封闭空隙：** 勾选该复选框，只填充完全闭合的区域。
- **封闭小空隙：** 勾选该复选框，可填充具有小缺口的区域。
- **封闭中等空隙：** 勾选该复选框，可填充具有中等缺口的区域。
- **封闭大空隙：** 勾选该复选框，可填充具有较大缺口的区域。

如图2-64和图2-65所示分别为勾选与未勾选“封闭大空隙”复选框填充的效果。

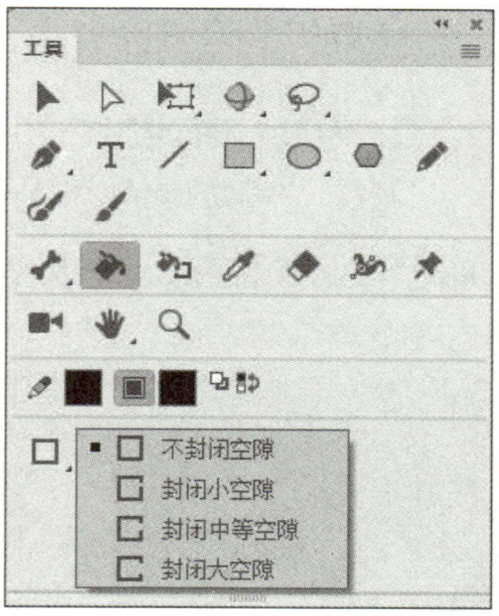

图 2-63

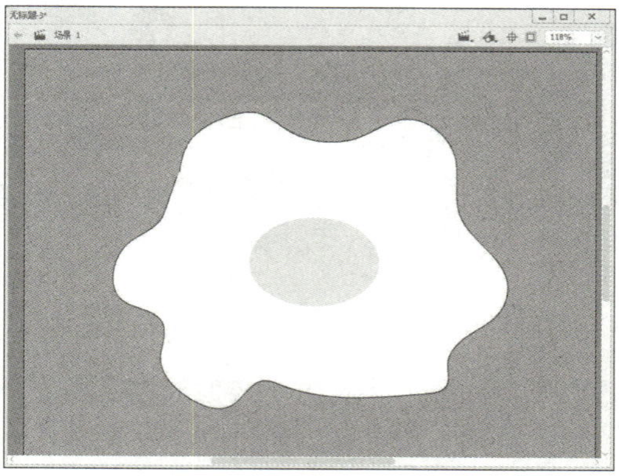

图 2-64

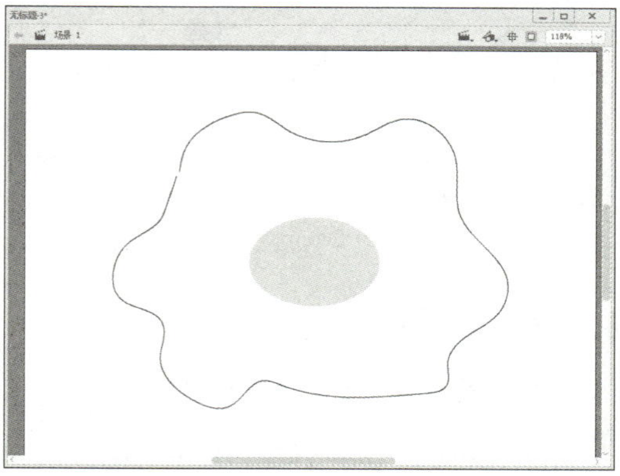

图 2-65

2.4.2 墨水瓶工具

“墨水瓶工具”可以用于修改矢量线条的颜色（不包括渐变和位图）、尺寸和线型等，或者为无边缘的图形添加线条，即“墨水瓶工具”可以为填充色描边。下面将对此进行介绍。

1. 为填充描边

选择工具箱中的“墨水瓶工具”，在“属性”面板中设置笔触参数，移动鼠标指针至需要描边的填充区域上方单击，即可为图形描边，如图2-66和图2-67所示为描边前后的效果。

图 2-66

图 2-67

在使用“墨水瓶工具”时，要注意该工具只影响矢量图形。

2. 为文字描边

选择工具箱中的“墨水瓶工具”，在“属性”面板中设置笔触参数，在打散的文字上方单击即可为文字描边，如图2-68和图2-69所示为描边前后的效果。

图 2-68

图 2-69

■2.4.3　滴管工具

“滴管工具”可以用于吸取填充、位图、笔触等的属性，并应用于其他对象上。在将吸取的渐变色应用于其他图形时，必须先取消选中“锁定填充”按钮，否则将填充单色。

1. 吸取填充色属性

选中工具箱中的“滴管工具”，在鼠标指针靠近图形填充色时单击，即可获得所选填充色的属性，此时鼠标指针变成颜料桶形状，单击另一填充色，即可改变该填充色的属性。如图2-70和图2-71所示。

图 2-70

图 2-71

2. 吸取线条属性

选中工具箱中的“滴管工具”，当鼠标指针靠近线条时单击，即可获得所选线条的属性，此时鼠标指针变成墨水瓶形状，单击另一线条，即可改变该线条的属性。如图2-72和图2-73所示。

图 2-72

图 2-73

3. 吸取位图图案

“滴管工具”除了可以用于吸取位图中的某种颜色外，还可以将整幅图像作为元素，填充到图形中。导入位图对象后，按Ctrl+B组合键打散位图，使用“滴管工具”在打散的位图上单击，鼠标指针变为颜料桶形状，移动鼠标指针至另一个图形的填充色上单击，即可以吸取的位图填充对象。如图2-74和图2-75所示。

图 2-74

图 2-75

提示：使用“渐变变形工具”单击填充的位图，可以对其大小、位置等进行调整，如图2-76和图2-77所示。

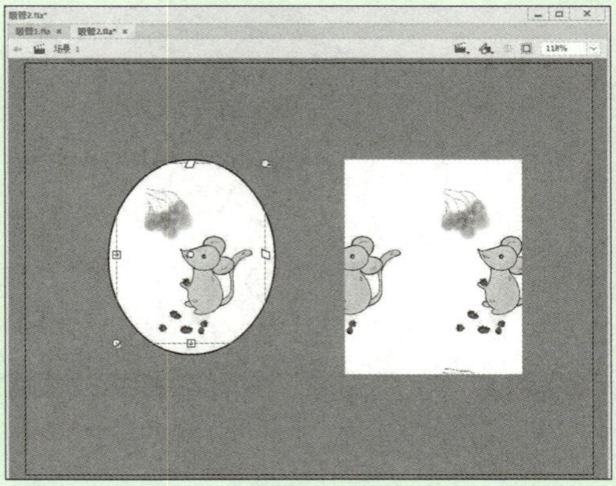

图 2-76

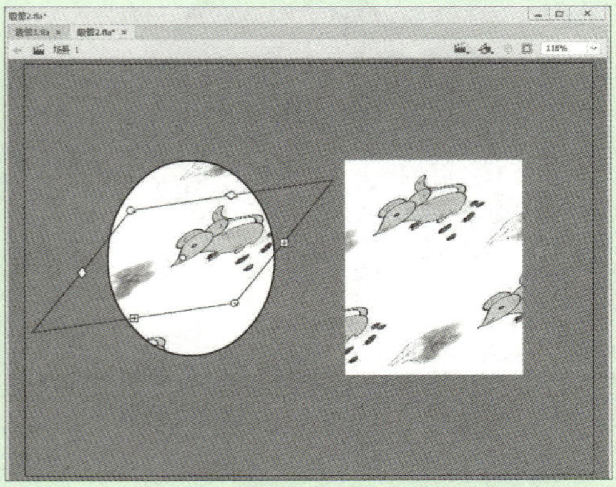

图 2-77

2.5 图形编辑工具

在Animate中，使用绘图工具绘制完图形后，还可以使用编辑工具对图形进行修改，使图形更加美观。本小节将针对Animate中的图形编辑工具进行介绍。

■2.5.1 任意变形工具

"任意变形工具"的功能非常强大，使用该工具可以对图形进行倾斜、翻转、扭曲等操作。

选中工具箱中的"任意变形工具"，在工具箱的下方会出现5个按钮，分别是"贴紧至对象"按钮、"旋转与倾斜"按钮、"缩放"按钮、"扭曲"按钮及"封套"按钮，如图2-78所示。

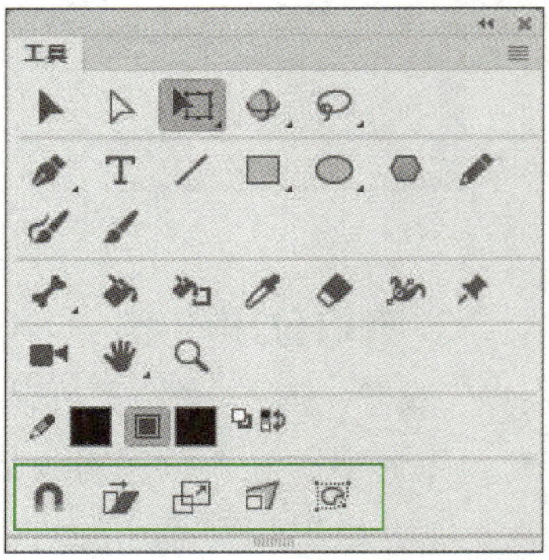

图 2-78

下面将针对这几个按钮的功能进行介绍。

1. 贴紧至对象

单击选中"贴紧至对象"按钮，当两个对象很接近时，可以自动贴紧，如图2-79所示。

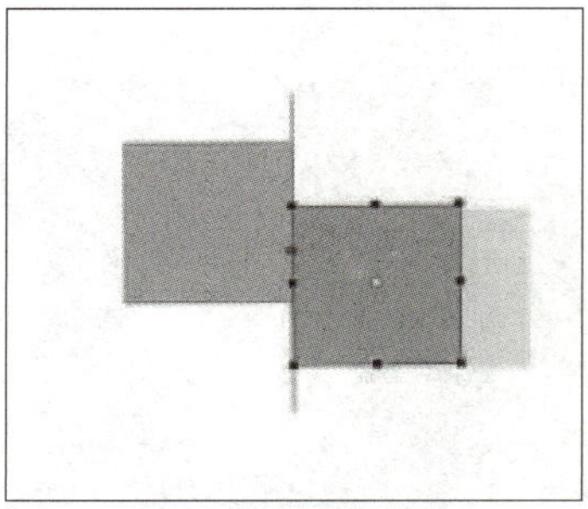

图 2-79

2. 旋转与倾斜

单击选中"旋转与倾斜"按钮，可以对对象进行旋转和倾斜操作。选中对象，选择工具箱中的"任意变形工具"，单击"旋转与倾斜"按钮，对象的四周会显示控制点，将鼠标指针移至任意一个角点上，鼠标指针变为状，拖动鼠标指针即可对选中的对象进行旋转，如图2-80和图2-81所示。将鼠标指针移至任意一边的中点上，鼠标指针变为⇌或⇅状，拖动鼠标指针即可对选中的对象进行垂直或水平方向的倾斜。

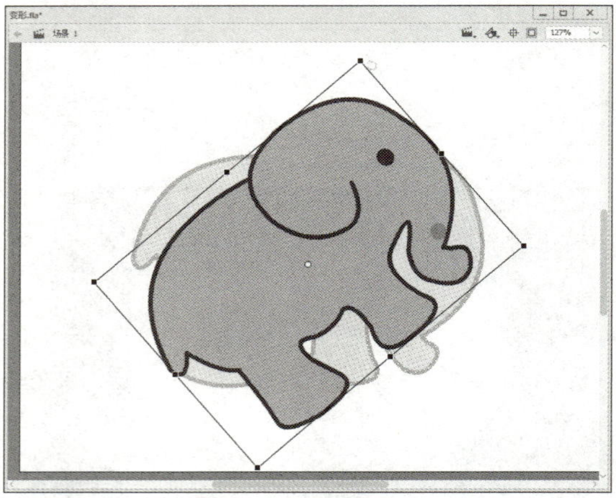

图 2-80

图 2-81

3. 缩放

单击选中“缩放”按钮，可以在垂直或水平方向上缩放对象，还可以在垂直和水平方向上同时缩放。选中要缩放的对象，选择工具箱中的“任意变形工具”，单击“缩放”按钮，对象的四周会显示控制点。拖动对象某条边上的中点可将对象进行垂直或水平的缩放；拖动某个角点，则可以使对象在垂直和水平方向上同时进行缩放，如图2-82和图2-83所示。

图 2-82

图 2-83

4. 扭曲

单击选中“扭曲”按钮，可以对图形进行扭曲变形，以增强图形的透视效果。选择“任意变形工具”，单击“扭曲”按钮，移动鼠标指针至选定对象上，当鼠标指针变为▷状时，拖动边框上的角控制点或边控制点来移动角或边。

在拖动角控制点时，若按住Shift键，鼠标指针变为▷状，此时可对对象进行锥化处理。扭曲只对在场景中绘制的图形有效，对位图和元件无效。

5. 封套

单击选中“封套”按钮，可以对图形进行任意形状的修改，以弥补某些局部在“任意变形工具”的“扭曲”状态下所无法达到的变形效果。

选中对象，选择“任意变形工具”，并单击“封套”按钮，在对象的四周会显示若干控制点（如图2-84所示）和切线手柄，拖动这些控制点及切线手柄，即可对对象进行任意形状的修改。封套将图形“封”在里面，更改封套的形状会影响该封套内对象的形状。可以通过调整封套的控制点和切线手柄来编辑封套形状，如图2-85所示。

图 2-84

图 2-85

提示：在Animate中编辑对象时，除了使用"任意变形工具"的编辑按钮外，还可以通过菜单命令垂直或水平翻转所选对象，而不改变对象在舞台中的相对位置。

选择图形对象，执行"修改"→"变形"→"水平翻转"命令，即可将图形进行水平翻转；执行"修改"→"变形"→"垂直翻转"命令，即可将图形进行垂直翻转。

■2.5.2 渐变变形工具

"渐变变形工具"可以用于调整图形对象中的渐变效果。按住"任意变形工具"按钮，在弹出的列表中选择"渐变变形工具"，单击场景中的渐变对象，显示其控制点，即可进行调节，如图2-86和图2-87所示。

图 2-86

图 2-87

■2.5.3 3D旋转工具组

3D旋转工具组包括"3D旋转工具"和"3D平移工具"两种工具。在使用3D工具之前，需要先将对象转变成影片剪辑。

其中，"3D旋转工具"可以用于在3D空间中旋转图形对象，"3D平移工具"可以用于在3D空间中移动图形对象。

■2.5.4 骨骼工具

"骨骼工具"可以用于为对象添加骨骼，从而制作动画效果以实现反向运动。这些骨骼按父子级关系链接成线性或枝状的骨架。当移动一个骨骼时，与其连接的骨骼也发生相应的移动。

单击工具箱中的"骨骼工具"按钮，沿图形对象结构绘制骨骼，如图2-88所示。使用"选择工具"移动骨骼锚点，即可改变对象，如图2-89所示。

按住工具箱中的"骨骼工具"按钮，在弹出的列表中选择"绑定工具"，单击骨骼锚点，可以设置该锚点控制的锚点，如图2-90所示。按住Ctrl键单击锚点，可以增加或减少当前骨骼锚点可以控制的锚点的数量，如图2-91所示。

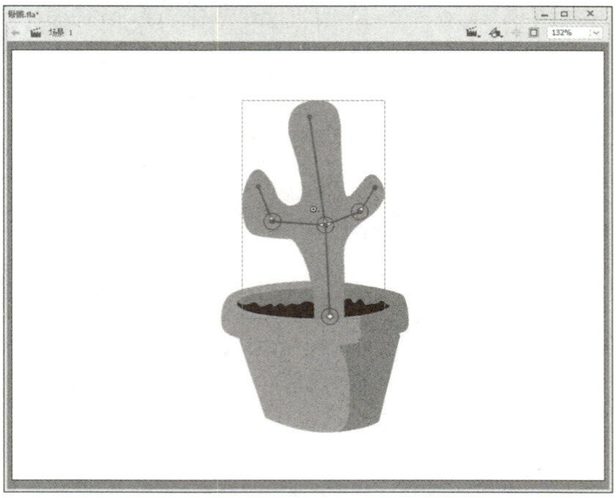

图 2-88

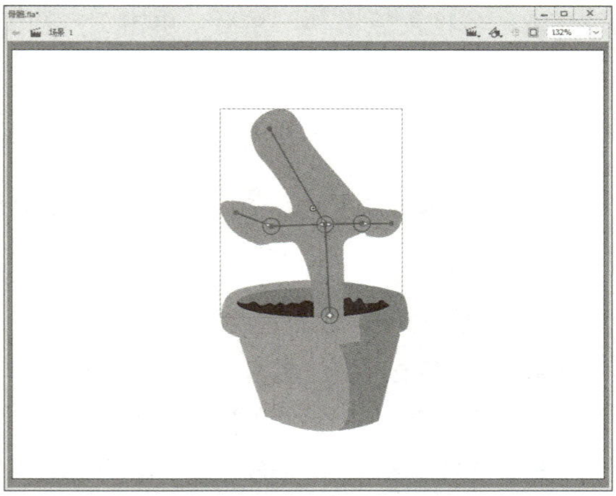

图 2-89

图 2-90

图 2-91

■2.5.5 橡皮擦工具

“橡皮擦工具”可以用于擦除文档中的图形对象。选中工具箱中的“橡皮擦工具”，在要擦除的区域拖动即可擦除对象，如图2-92和图2-93所示。

图 2-92

图 2-93

选中“橡皮擦工具”后，单击工具箱下方的“橡皮擦模式”按钮，在弹出的菜单中可以选择5种模式，如图2-94所示。

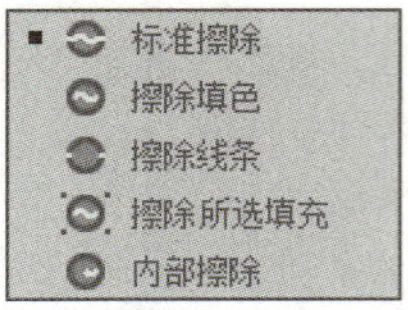

图 2-94

这5种模式的作用如下。

- **标准擦除：** 只擦除同一层中的笔触和填充。
- **擦除填色：** 只擦除填色，其他区域不影响。
- **擦除线条：** 只擦除笔触，不影响其他内容。
- **擦除所选填充：** 只擦除当前选定的填充。
- **内部擦除：** 只擦除橡皮擦笔触开始处的填充。

选中“橡皮擦工具”后，单击工具箱下方的“水龙头”按钮，单击场景中的笔触或填充可以快速删除要删除的笔触段或填充区域。

> **提示：** 双击“橡皮擦工具”，可以快速删除文档中的所有内容。

■2.5.6 资源变形工具

“资源变形工具”可以用于更好地变形对象。单击工具箱中的“资源变形工具”按钮，将其移动到图形或位图中单击，添加变形手柄，如图2-95所示。使用“资源变形工具”拖动手柄，即可变形对象，如图2-96所示。

图 2-95

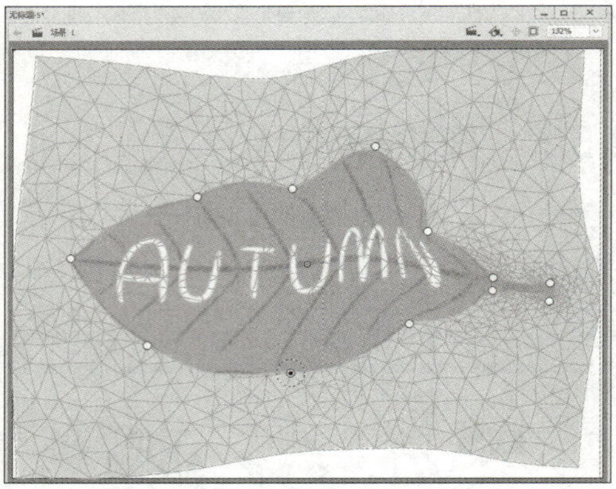

图 2-96

> **提示：** 按住Shift键可以选中多个变形手柄，按Delete键可以删除选中的手柄。

■2.5.7 宽度工具

“宽度工具”可以用于通过变化粗细度改变笔触。选中工具箱中的“宽度工具”，移动鼠标指针至场景中的线条上，按住鼠标左键拖动鼠标指针，即可改变线条的宽度，如图2-97和图2-98所示。

图 2-97

图 2-98

2.6 图形编辑操作

在Animate中，除了使用编辑工具编辑绘制的图形外，还可以使用编辑命令进行操作。本小节将针对常见的编辑操作进行介绍。

■2.6.1 合并对象

使用“椭圆工具”、“矩形工具”和“画笔工具（B）”绘图时，单击工具箱底部的“对象绘制”按钮，即可在舞台中进行对象绘制。

可以执行“修改”→“合并对象”命令中的“联合”“交集”“打孔”等子命令，合并或改变现有对象来创建新形状。一般情况下，所选对象的堆叠顺序决定了操作的工作方式。

1. 联合

选中对象，执行“修改”→“合并对象”→“联合”命令，可以将两个或多个形状合成一个对象绘制图形。执行“联合”命令前后的效果如图2-99和图2-100所示。

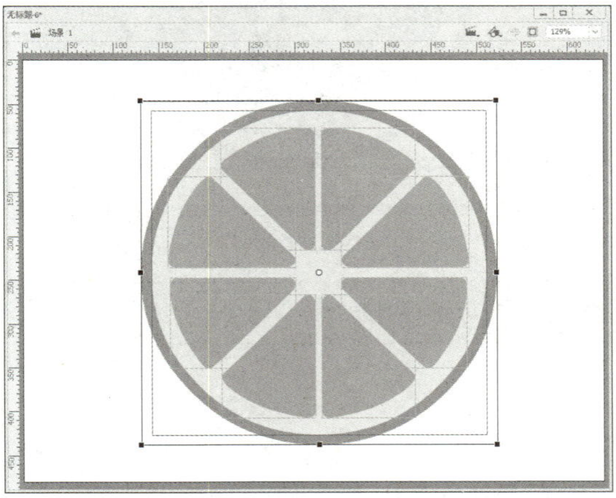

图 2-99

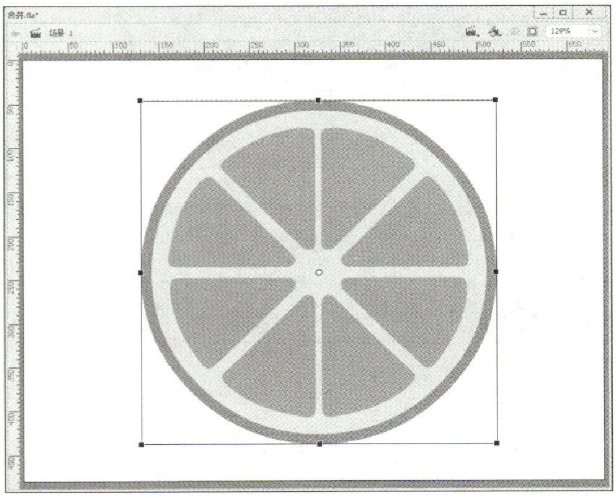

图 2-100

2. 交集

选中对象，执行“修改”→“合并对象”→“交集”命令，可将两个或多个形状重合的部分创建为新形状，生成的形状使用堆叠中最上面的形状的填充和笔触。执行“交集”命令前后的效果如图2-101和图2-102所示。

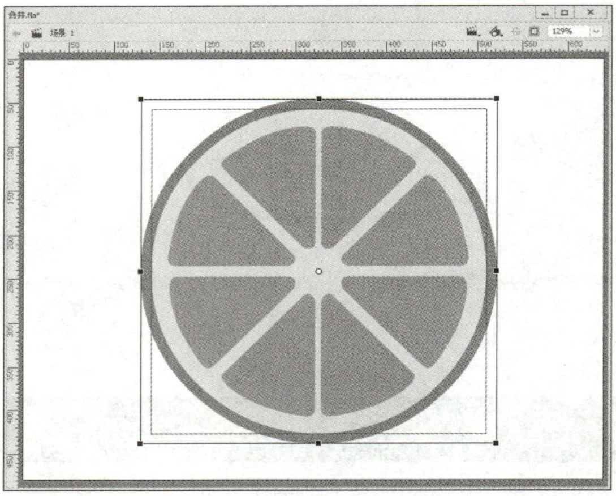

图 2-101

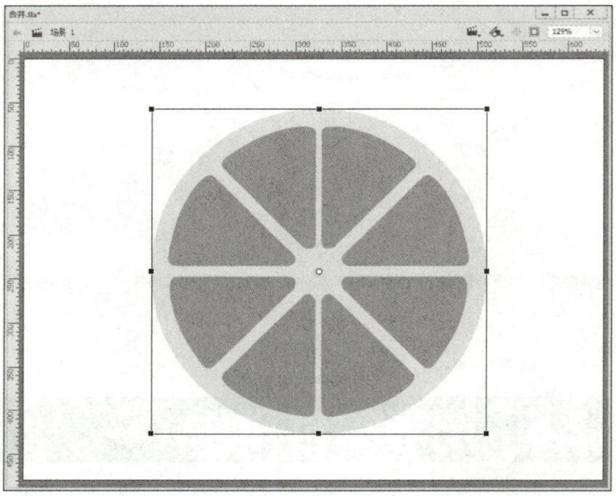

图 2-102

3. 打孔

选中对象，执行“修改”→“合并对象”→“打孔”命令，可以删除所选对象的某些部分，这些部分由所选对象的重叠部分决定，执行“打孔”命令前后的效果如图2-103和图2-104所示。

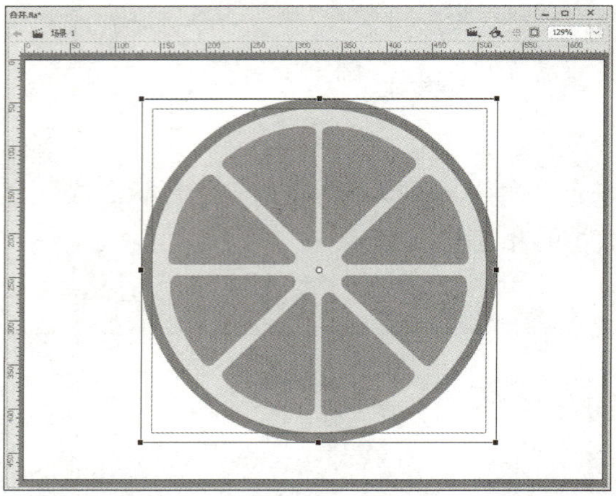

图 2-103

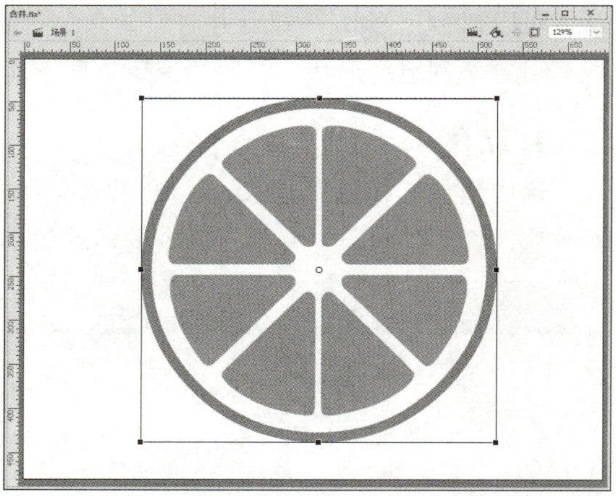

图 2-104

提示： 打孔操作选中的对象需为使用Animate的“对象绘制”功能绘制的对象。

4. 裁切

“裁切”命令与“交集”命令的效果相似，但“交集”命令保留上面图形，“裁切”命令保留下面图形。执行“修改”→“合并对象”→“裁切”命令，可以使用一个对象的形状裁切另一个对象，即用上面的对象定义裁切区域的形状，裁切前后的效果如图2-105和图2-106所示。

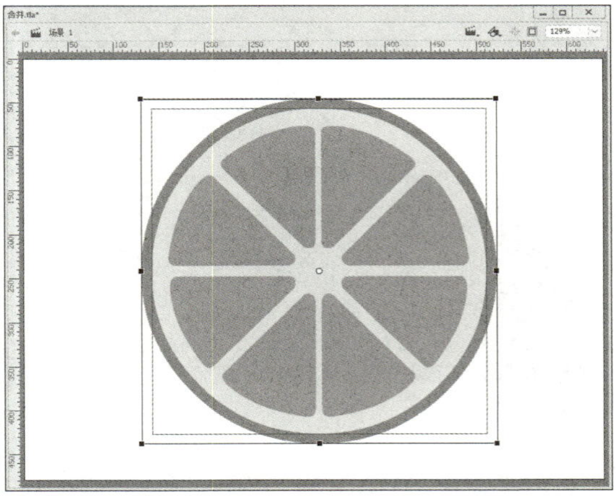

图 2-105

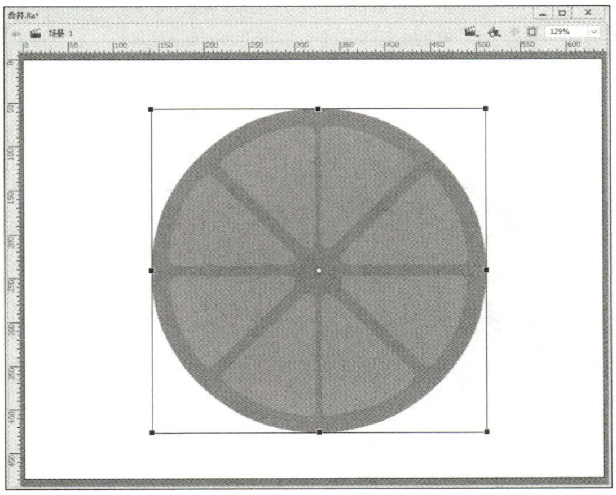

图 2-106

■2.6.2 组合对象

组合就是将图形块或部分图形组成一个独立的单元，使其与其他的图形内容互不干扰，以便于绘制或进行再编辑。执行“修改”→“组合”命令，或按Ctrl+G组合键，即可将选择的对象进行组合，组合前后的图形效果如图2-107和图2-108所示。

图 2-107

图 2-108

若要对组中的单个对象进行编辑，可以双击进入组内编辑，也可以通过“取消组合”命令或按Ctrl+Shift+G组合键，将组对象进行解组再进行操作。

■2.6.3 分离对象

“分离”命令与“组合”命令的作用正好相反。它可以将已有的整体图形分离为可进行编辑的矢量图形，以便于对其进行再编辑。在制作变形动画时，需用“分离”命令将图形的组合、图像、文字或组件转变成图形。执行“修改”→“分离”命令，或按Ctrl+B组合键，即可分离选择的对象，将元件分离前后的效果如图2-109和图2-110所示。

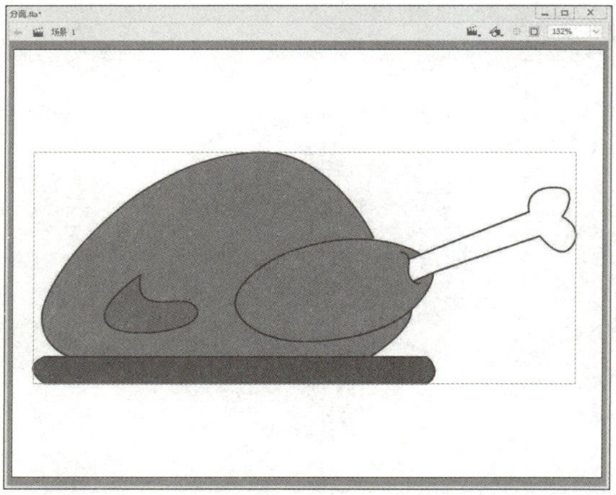

图 2-109

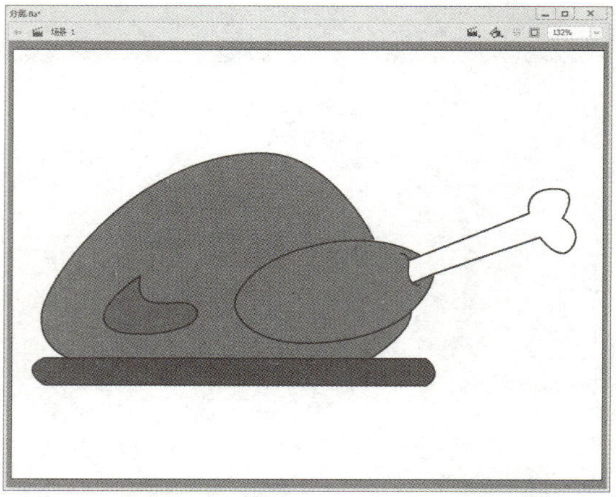

图 2-110

■2.6.4 对齐对象

在进行多个图形的位置移动时，执行“修改”→“对齐”命令中的子命令，如图2-111所示，可以调整所选图形的相对位置关系，从而将杂乱分布的图形整齐排列在舞台中；还可以执行“窗口”→“对齐”命令或按Ctrl+K组合键，打开“对齐”面板进行操作，如图2-112所示。

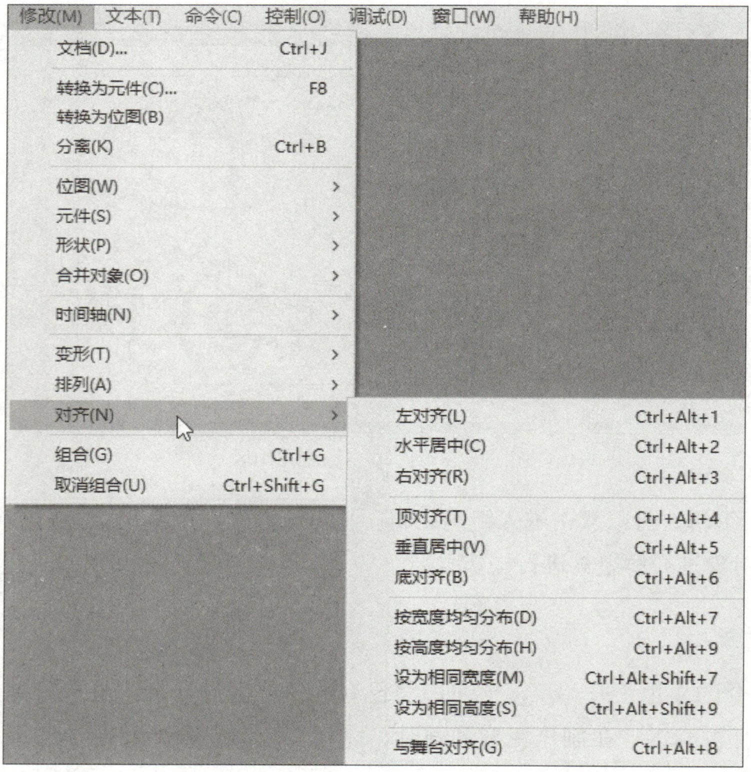

图 2-111

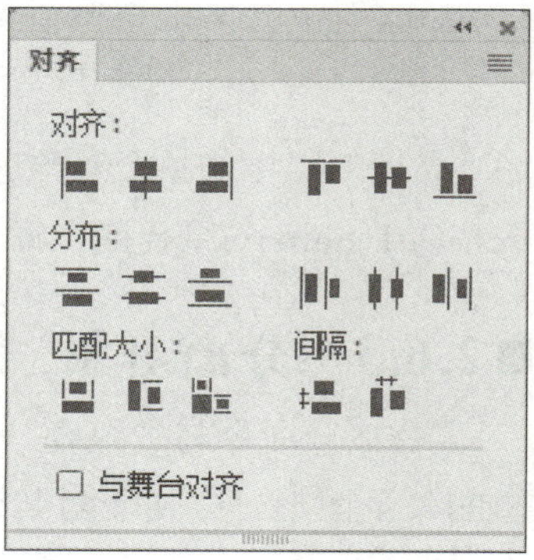

图 2-112

在“对齐”面板中，包括“对齐”“分布”“匹配大小”“间隔”“与舞台对齐”5个功能区。下面将分别对这5个功能区中各按钮的功能进行介绍。

- **对齐：** 单击该区域中的按钮，将按照某种方式来排列对齐对象。
- **分布：** 单击该区域中的按钮，可以将间距不一的对象均匀地分布在舞台中，使画面效果更加美观。在默认状态下，均匀分布对象将以所选对象的两端为基准，对其中的对象进行位置调整。
- **匹配大小：** 在该功能区中，包括“匹配宽度”“匹配高度”“匹配宽和高”3种类型。单击相应的按钮，可将选择的对象分别进行水平缩放、垂直缩放、等比例缩放，其中最左侧的对象是其他所选对象匹配的基准。
- **间隔：** 与“分布”有些相似，但是分布的间距标准是多个对象的同一侧，而间距则是相邻两对象的间距。
- **与舞台对齐：** 当勾选该复选框时，选择对象后，可使对齐、分布、匹配大小、间隔等操作以舞台为基准。在执行该操作时，对齐的边缘是由每个选定对象的外围边框决定的。

■2.6.5 调整对象顺序

在同一图层中，Animate中的对象将按照创建的先后顺序分别位于不同的层次中，最新创建的对象位于最上面。在实际操作中，可以更改对象的层叠顺序。

执行“修改”→“排列”命令，在弹出的菜单中选择需要的子命令，即可调整所选对象的排列顺序，如图2-113所示。

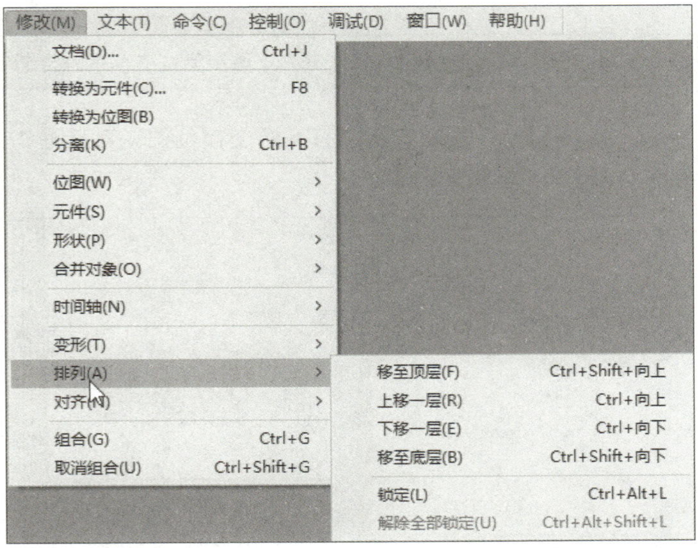

图 2-113

一般来说，绘制的线条和形状总是在组和元件的下面。若需要将它们移动到上面，则必须组合它们或者将其变成元件。

你学会了吗?

经验之谈 如何利用导入的图像素材

执行“文件”→“导入”→“导入到库”命令或“文件”→“导入”→“导入到舞台”命令，可以将图像素材导入到Animate中，如图2-114所示为使用“导入到舞台”命令导入的素材。选中导入的位图，可以在“属性”面板中编辑该位图的相关信息，如图2-115所示。

图 2-114

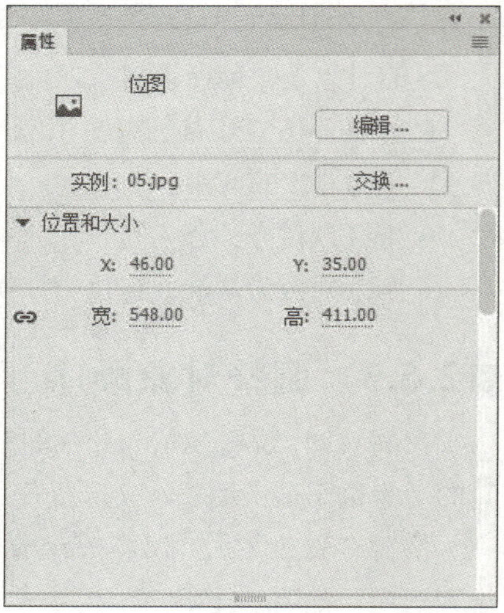

图 2-115

提示： 除使用命令导入图像素材外，直接拖动文件中的图像至舞台中也可以将图像素材导入。

单击“属性”面板中的“交换”按钮，可以打开“交换位图”对话框，在其中选择合适的对象进行替换，如图2-116所示。

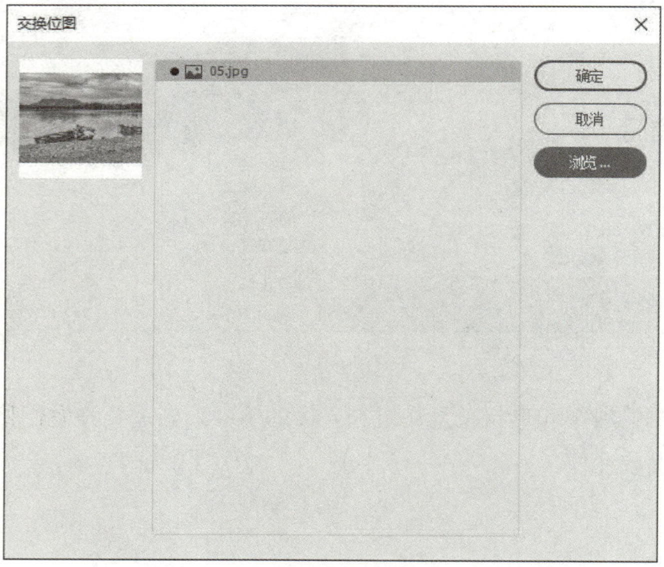

图 2-116

在“属性”面板中单击“编辑”按钮，可以打开Photoshop对图像素材进行编辑操作，如图2-117所示。

图 2-117

提示： 在Photoshop中修改图像后进行保存，即可在Animate中同步修改。

若想将导入的位图转换为矢量图，可以选中导入的位图，执行“修改”→“位图”→“转换位图为矢量图”命令，即可将位图转换为矢量图，转换前后的效果如图2-118所示。

图 2-118

上手实操

实操一：绘制可爱鱼类

本案例将绘制活泼可爱的小鱼，如图2-119所示为绘制效果。本案例涉及的知识点包括“钢笔工具”“线条工具”“颜料桶工具”“渐变变形工具”等工具的使用。

图 2-119

设计要领

- 使用“矩形工具”绘制背景，并填充渐变色。
- 使用“线条工具”绘制光线并填色。
- 使用“椭圆工具”绘制气泡，使用“钢笔工具”绘制水草及鱼。

实操二：绘制美味甜点

本案例将绘制美味的甜点，如图2-120所示为绘制效果。本案例涉及的知识点有“钢笔工具”“椭圆工具”“颜料桶工具”等工具的使用。

图 2-120

设计要领

- 新建文档，导入背景素材。
- 使用“钢笔工具”和“椭圆工具”绘制甜点轮廓。
- 使用“颜料桶工具”填色，使用“渐变变形工具”调整填充的渐变色。

第3章

时间轴与图层的应用

内容概要

时间轴和图层是Animate中非常重要的两个组成部分，几乎所有动画都是在时间轴和图层中进行设置的。本章将针对这两部分的相关知识进行介绍，包括“时间轴”面板、帧的类型及编辑，以及图层的创建、选择、重命名等操作技巧。

知识要点

- 了解时间轴、帧的概念。
- 学会编辑操作帧。
- 学会编辑操作图层。

数字资源

【本章案例素材来源】：“素材文件\第3章”目录下

【本章案例最终文件】：“素材文件\第3章\案例精讲\制作矩形进度条.fla”

案例精讲 制作矩形进度条

案/例/描/述

本案例将练习制作矩形进度条效果，它以动态图片的形式显示处理的进度（即可能需要的时间），同时包括文字“Loading”的显示。本案例涉及的知识点包括图形的绘制、帧的插入及图层的新建等。

扫码观看视频

案/例/详/解

下面将详细介绍矩形进度条效果的制作过程。

步骤01 启动Animate，新建文档，如图3-1所示。在“属性”面板中设置舞台为橙色。

步骤02 执行“文件”→“导入”→“导入到库”命令，导入本章素材文件“风车.png”和“小屋.jpg”，如图3-2所示。

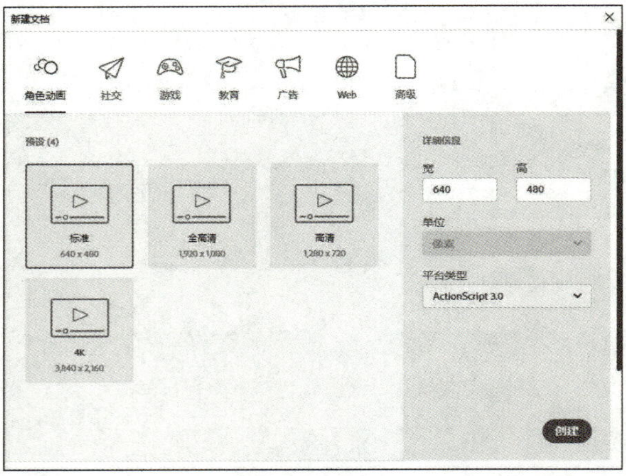

图 3-1

图 3-2

步骤03 拖动“库”面板中的“小屋.jpg”至舞台中的合适位置，如图3-3所示。

步骤04 选中“图层_1”，在“图层_1”的名称上双击，使其名称进入编辑状态，如图3-4所示。

图 3-3

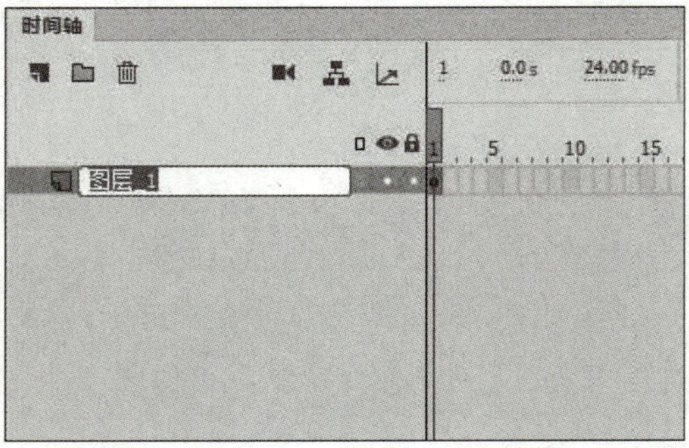

图 3-4

步骤05 修改“图层_1”的名称为“背景”，如图3-5所示。

步骤06 单击“时间轴”面板中的“新建图层”按钮新建图层，并修改其名称为“风车”，如图3-6所示。

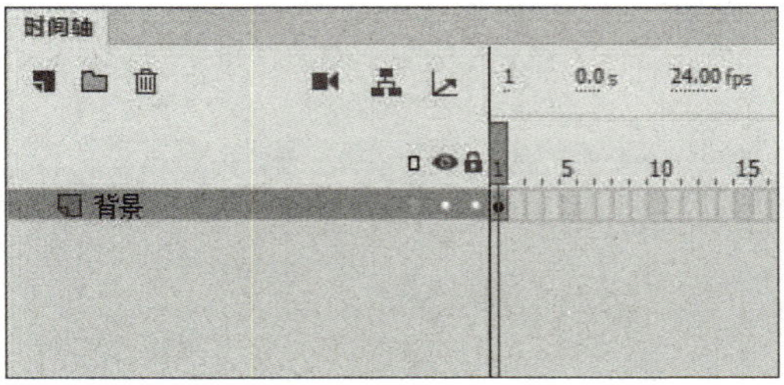

图 3-5

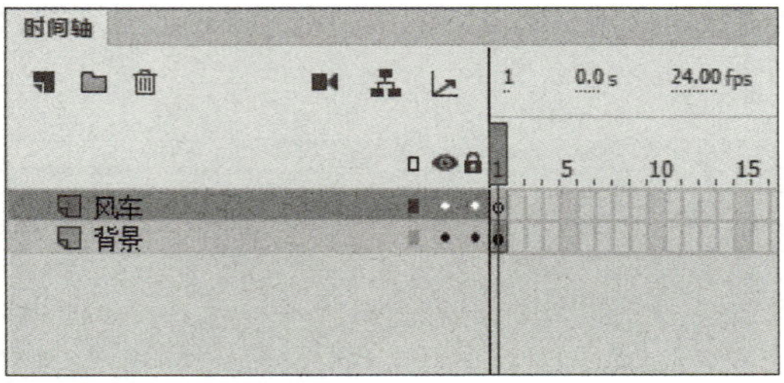

图 3-6

步骤07 从“库”面板中拖动“风车.png”至舞台中的合适位置，并调整其至合适大小，如图3-7所示。

步骤08 选择置入的“风车.png”，按F8键打开“转换为元件”对话框，设置参数后，将选中的对象转换为影片剪辑元件，如图3-8所示。

图 3-7

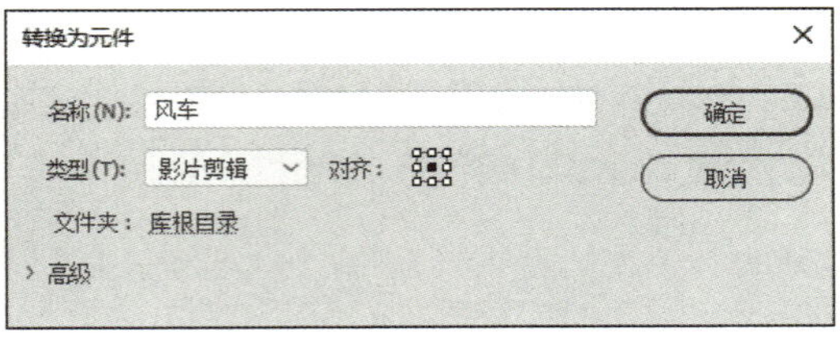

图 3-8

步骤09 双击舞台中的“风车”元件，进入元件编辑状态。使用相同的方法，将风车转换为图形元件。在“图层_1”的第5帧按F6键插入关键帧，使用“任意变形工具”旋转对象，如图3-9所示。

步骤10 在“图层_1”的第10帧按F6键插入关键帧，使用“任意变形工具”旋转对象，如图3-10所示。

图 3-9

图 3-10

步骤 11 在“图层_1”的第15帧按F6键插入关键帧，使用“任意变形工具”旋转对象，如图3-11所示。

步骤 12 在“图层_1”的第20帧按F6键插入关键帧，使用“任意变形工具”旋转对象，如图3-12所示。

图 3-11

图 3-12

步骤 13 选择第1～5帧之间的任意帧，右击，在弹出的快捷菜单中选择“创建传统补间”命令，新建传统补间动画，如图3-13所示。

步骤 14 使用相同的方法，在第5～10帧、第10～15帧和第15～20帧之间创建传统补间动画，如图3-14所示。

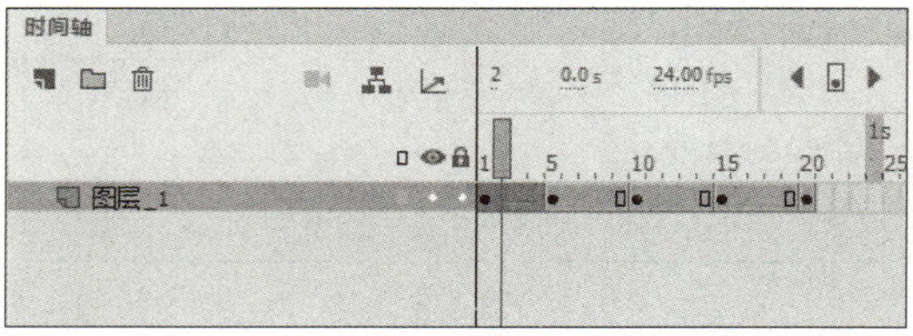

图 3-13

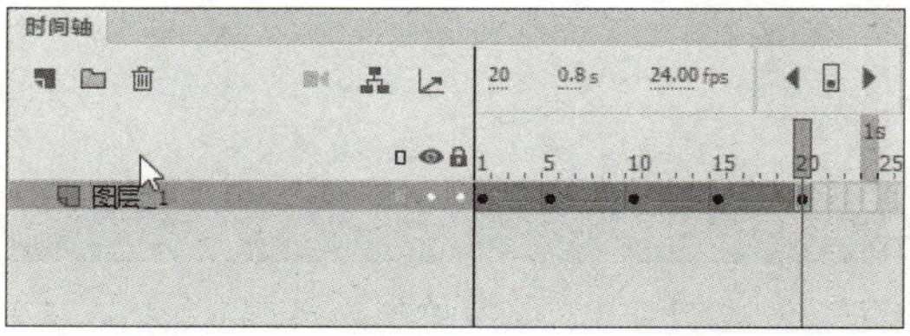

图 3-14

步骤 15 在“图层_1”的下方新建图层，使用“矩形工具”绘制矩形并进行填色，如图3-15所示。

步骤 16 切换至“场景1”，拖动“库”面板中的“风车”元件至舞台中的合适位置，并调整其至合适大小，如图3-16所示。

图 3-15

图 3-16

步骤17 在“风车”图层的上方新建“进度条”图层。执行“插入”→“新建元件”命令，打开“创建新元件”对话框并进行设置，如图3-17所示，单击“确定”按钮，新建影片剪辑元件。此时文档处于“文字”影片剪辑元件编辑窗口。

步骤18 使用“文本工具”在编辑窗口中输入文字，如图3-18所示。

图 3-17

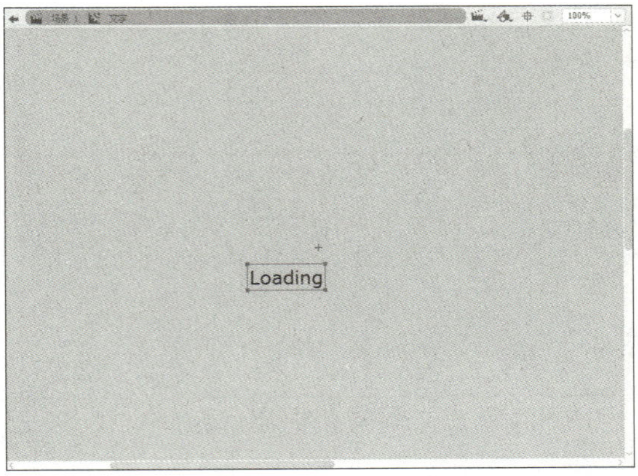

图 3-18

步骤19 在“图层_1”的第9帧按F6键插入关键帧，修改文本内容，如图3-19所示。

步骤20 在“图层_1”的第17帧按F6键插入关键帧，修改文本内容，如图3-20所示。

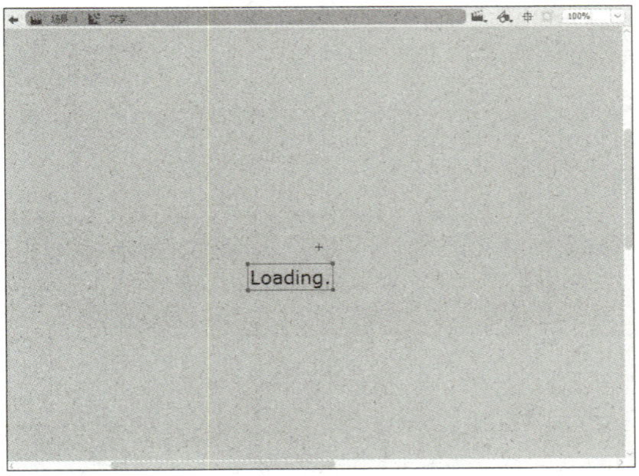

图 3-19

图 3-20

步骤21 在“图层_1”的第25帧按F6键插入关键帧，修改文本内容，如图3-21所示。在“图层_1”的第32帧按F7键插入空白关键帧。

图 3-21

步骤22 切换至“场景1”，新建“进度条”影片剪辑元件，如图3-22所示，单击“确定”按钮，进入元件编辑窗口。

步骤23 使用“矩形工具”在窗口中绘制矩形并设置填充，如图3-23所示。

图 3-22

图 3-23

步骤24 在“图层_1”的第100帧按F7键插入空白关键帧，使用“矩形工具”绘制矩形，如图3-24所示。

步骤25 选择“图层_1”中第1～100帧之间的任意帧，右击，在弹出的快捷菜单中选择“创建补间形状”命令，创建形状补间动画，如图3-25所示。

图 3-24

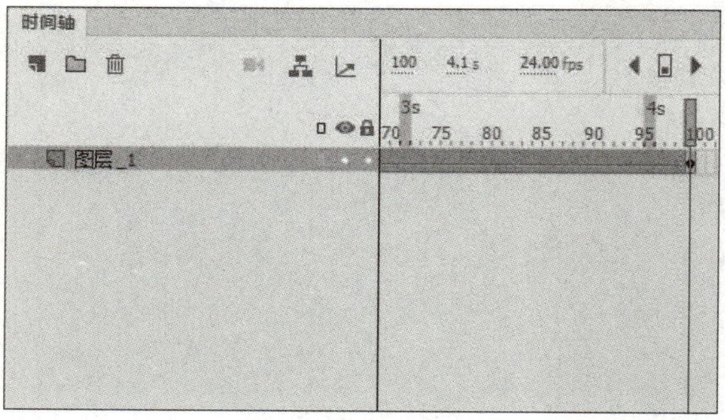

图 3-25

步骤26 在“图层_1”的上方新建“图层_2”，使用“矩形工具”绘制矩形框，如图3-26所示。保证新绘制的矩形框的大小与“图层_1”中第100帧中矩形的大小一致。

图 3-26

步骤27 在“图层_2”的上方新建“图层_3”，拖动“库”面板中的“文字”元件至合适位置，如图3-27所示。

步骤28 在“图层_3”的上方新建“图层_4”，在第100帧按F6键插入关键帧，执行“窗口”→“动作”命令，打开“动作”面板，添加脚本，如图3-28所示。

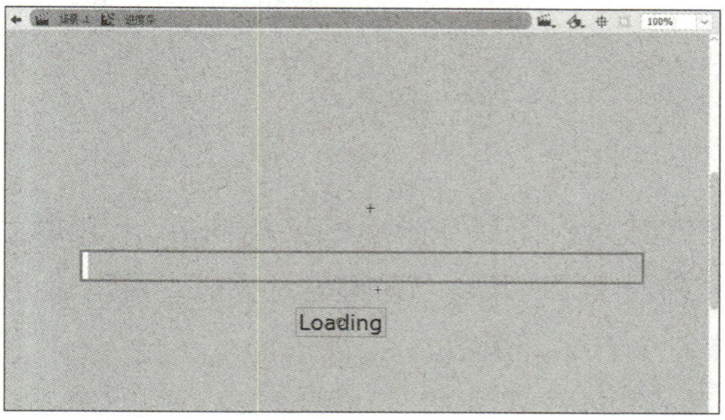

图 3-27

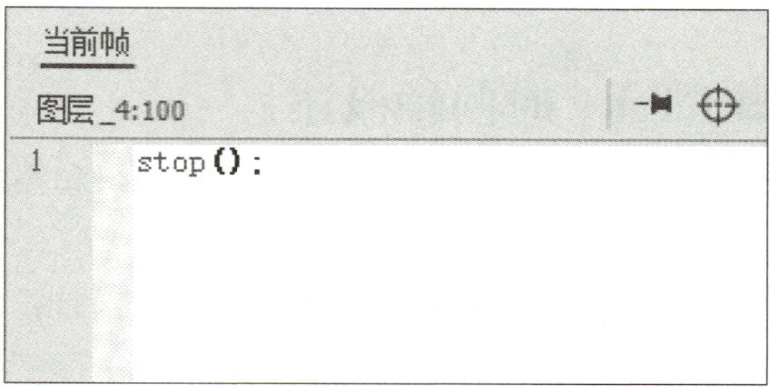

图 3-28

步骤29 切换至“场景1”，拖动“库”面板中的“进度条”元件至舞台中的合适位置，如图3-29所示。

步骤30 至此，完成进度条的制作。按Ctrl+Enter组合键进行测试，效果如图3-30、图3-31和图3-32所示。

图 3-29

图 3-30

图 3-31

图 3-32

边用边学

3.1 时间轴和帧

Animate中帧对象的播放顺序由时间轴和帧决定。本小节将针对时间轴和帧的相关知识进行介绍。

■3.1.1 时间轴概述

使用Animate中的时间轴可以组织和控制一定时间内图层和帧中的文档内容，是创建Animate动画的核心部分。若启动Animate后，工作界面中没有出现“时间轴”面板，可以通过执行“窗口”→“时间轴”命令打开“时间轴”面板，如图3-33所示。

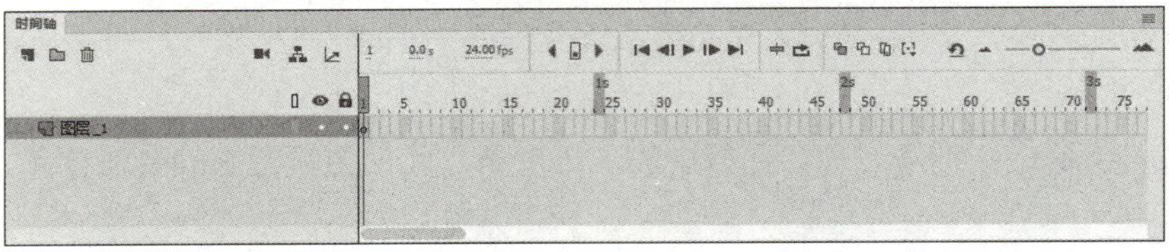

图 3-33

Animate中的时间轴由图层、播放头、帧、时间轴标题等部分组成。其中，常用部分的作用介绍如下。

- **图层：** 用于放置显示在舞台中的不同对象（如图层和帧中的图像、文字等），对象随着时间的变化而变化，从而形成动画。
- **播放头：** 用于指示当前在舞台中显示的帧。
- **帧：** 是动画的基本单位。
- **帧速率：** 用于指示当前动画每秒钟播放的帧数。
- **运行时间：** 用于指示播放到当前位置所需要的时间。
- **绘图纸外观**：用于启用和禁止绘图纸外观。
- **绘图纸外观轮廓**：用于启用和禁止绘图纸外观轮廓。

■3.1.2 帧概述

帧是影像动画中的最小单位，对动画的操作实质上是对帧的操作。在Animate中一帧就是一幅静止的画面，不同帧中的画面内容不同，再以一定的速度从左到右播放时间轴中的帧，连续播放的帧就形成了动画。

1. 帧的类型

在Animate中，帧主要分为普通帧、关键帧和空白关键帧3种类型。不同类型的帧有着不同的作用。下面将对这3种类型的帧进行介绍。

- **普通帧：** 普通帧一般处于关键帧之后，其作用是延长关键帧中动画的播放时间。一个关键帧后的普通帧越多，该关键帧的播放时间就越长。普通帧以灰色方格来表示。
- **关键帧：** 关键帧是指在动画播放过程中呈现关键性动作或内容变化的帧。关键帧定义了动画的变化环节。在时间轴中，关键帧以一个实心的小黑点来表示。

- **空白关键帧：** 这类关键帧在时间轴中以一个空心圆表示，该关键帧中没有任何内容。如果在其中添加内容，则转变为关键帧。

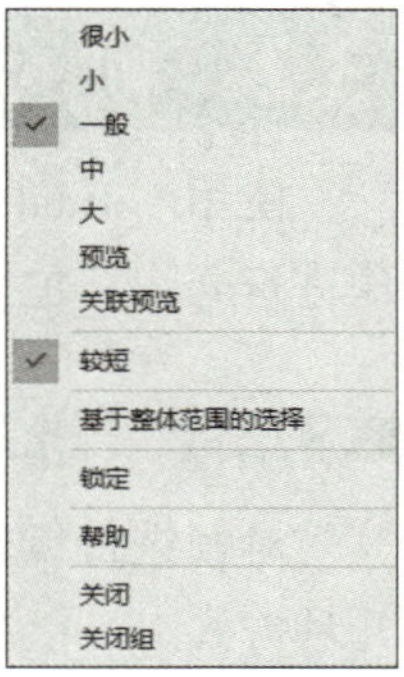

图 3-34

2. 设置帧的显示状态

单击时间轴右上角的按钮，在弹出的下拉菜单中选择相应的命令，即可改变帧的显示状态，如图3-34所示。

其中，部分常用选项的作用如下。

- **很小、小、一般、中、大：** 用于设置帧单元格的大小。
- **预览：** 勾选后将以缩略图的形式显示每帧的状态，如图3-35所示。

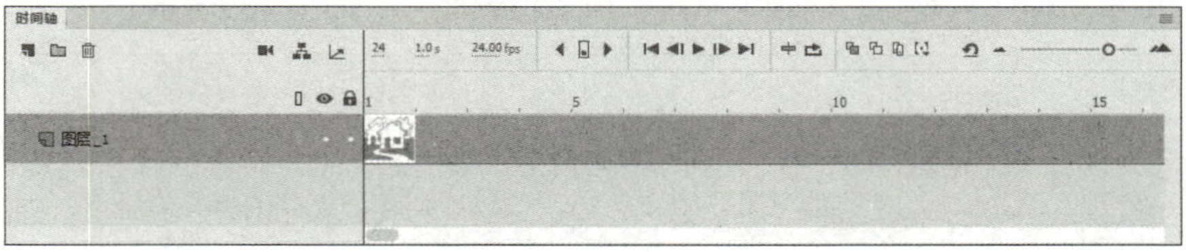

图 3-35

- **关联预览：** 用于显示对象在各帧中的位置，有利于观察对象在整个动画过程中的位置变化。
- **较短：** 用于缩小帧单元格的高度。

3. 设置帧速率

帧速率是指单位时间内播放的帧数。例如帧速率为30帧/秒，表示1秒播放30帧的影片内容。帧速率太高会使动画的细节变得模糊，帧速率太低会使动画看起来有卡顿。默认情况下，Animate文档的帧速率是24帧/秒。

在Animate中，有多种设置帧速率的方式，如下所示。

- 在时间轴底部的“帧速率”标签上单击，在文本框中直接输入帧速率，如图3-36所示。

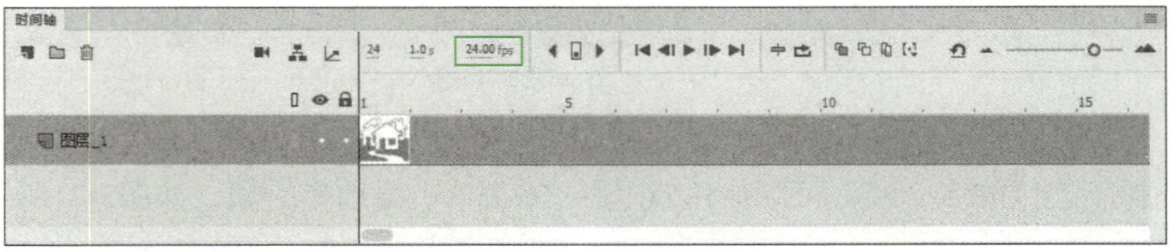

图 3-36

- 在“文档设置”对话框中的“帧频”文本框中设置帧频，如图3-37所示。
- 在“属性”面板的“FPS”文本框中输入帧的频率，如图3-38所示。

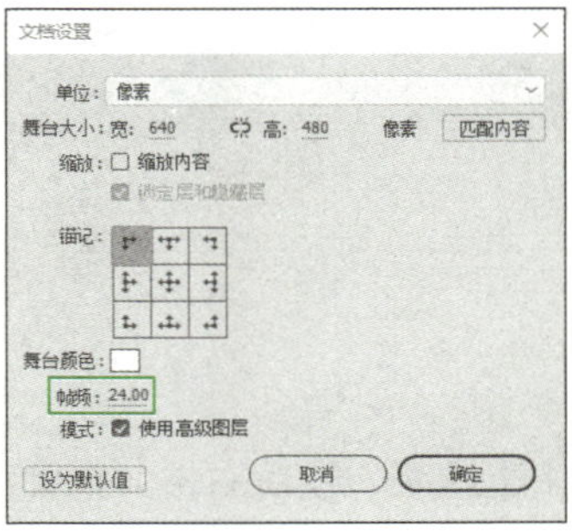

图 3-37

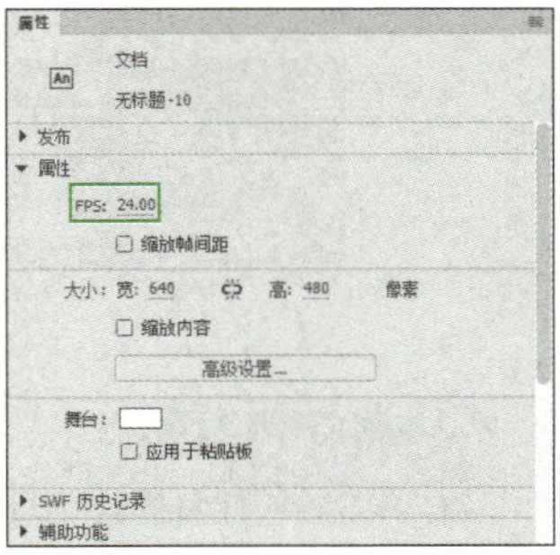

图 3-38

3.2 帧的编辑

使用Animate制作动画离不开帧。为了更进一步地了解帧，本小节将针对帧的一些基本操作进行介绍，包括选择帧、插入帧、复制和粘贴帧、移动帧、翻转帧、清除帧等。

■3.2.1 选择帧

对帧进行编辑操作的第一步是选择帧。根据选择范围的不同，在Animate中选择帧有下面几种方式。

1. 选择单个帧

若要选中单个帧，只需在时间轴上单击帧所在位置即可，如图3-39所示。

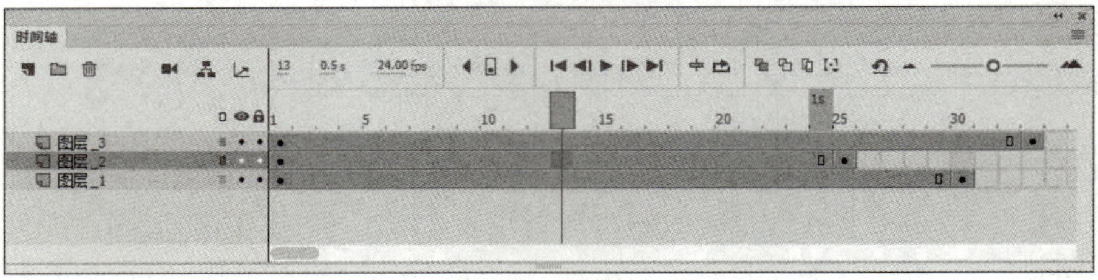

图 3-39

2. 选择多个帧

若要选择连续的多个帧，可以按住鼠标左键直接拖动选择范围，或者先选择第1帧，然后按住Shift键的同时单击最后一帧，如图3-40所示。

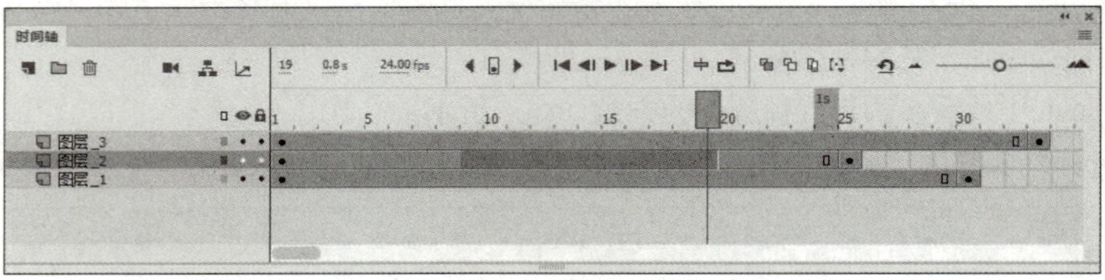

图 3-40

若要选择不连续的多个帧，可以按住Ctrl键，依次单击要选择的帧，如图3-41所示。

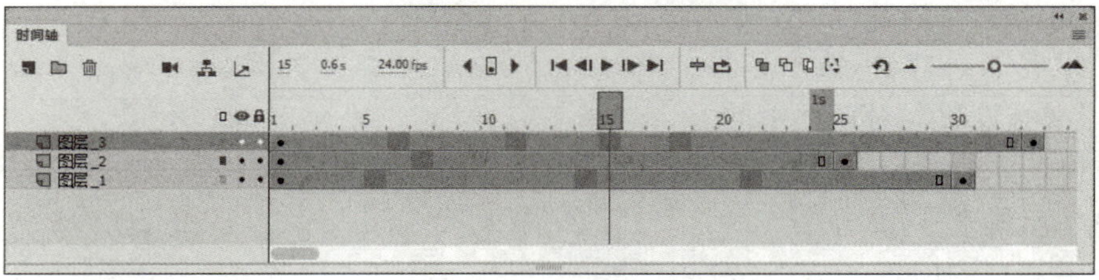

图 3-41

3. 选择所有帧

若要选择所有帧，可以在选择某一帧后右击，在弹出的快捷菜单中选择“选择所有帧”命令，如图3-42所示。

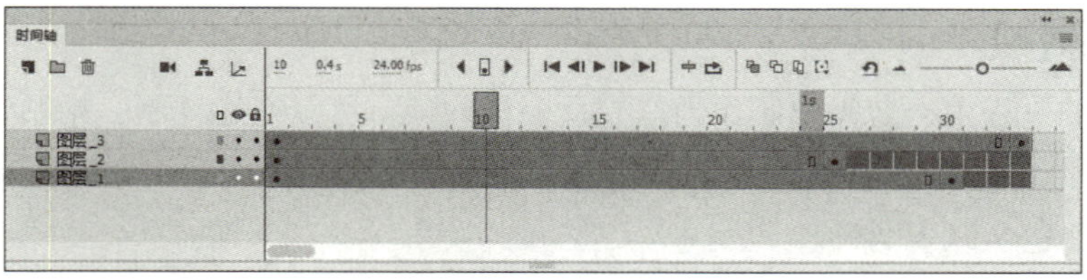

图 3-42

■3.2.2 插入帧

在使用Animate制作动画的过程中，可以根据需要插入普通帧、关键帧及空白关键帧。下面将针对插入的方法进行介绍。

1. 插入普通帧

插入普通帧的方法非常简单，主要包括以下几种方法。

- 在需要插入帧的位置右击，在弹出的快捷菜单中选择“插入帧”命令。
- 在需要插入帧的位置单击，执行“插入”→“时间轴”→“帧”命令。

2. 插入关键帧

插入关键帧主要有以下几种方法。

- 在需要插入关键帧的位置右击，在弹出的快捷菜单中选择“插入关键帧”命令。
- 在需要插入关键帧的位置单击，执行“插入”→“时间轴”→“关键帧”命令。

3. 插入空白关键帧

插入空白关键帧主要有以下几种方法。

- 在需要插入空白关键帧的位置右击，在弹出的快捷菜单中选择“插入空白关键帧”命令。
- 若前一个关键帧中没有内容，直接插入关键帧即可得到空白关键帧。
- 若前一个关键帧中有内容，在需要插入空白关键帧的位置单击，如图3-43所示，执行“插入”→“时间轴”→“空白关键帧”命令，结果如图3-44所示。

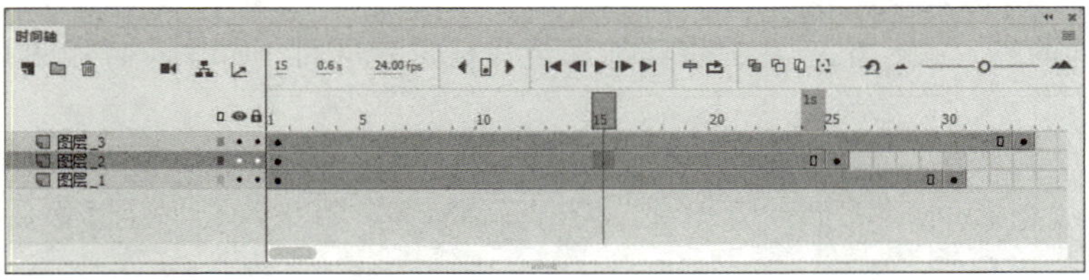

图 3-43

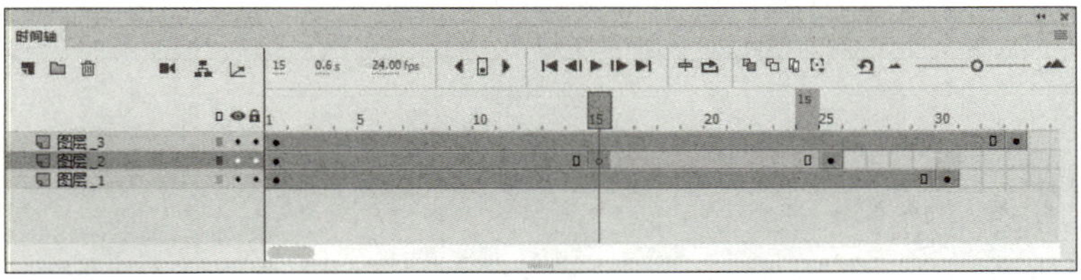

图 3-44

提示：按F5键可以插入普通帧；按F6键可以插入关键帧；按F7键可以插入空白关键帧。

■3.2.3 复制帧

在制作动画的过程中，若需要制作内容完全一样的帧，可以通过复制、粘贴等操作提高工作效率。

复制帧的方法包含以下两种。

- 选中要复制的帧，按住Alt键将其拖动到要复制的位置即可。
- 选中要复制的帧，右击，在弹出的快捷菜单中选择“复制帧”命令。选中目标帧，右击，在弹出的快捷菜单中选择“粘贴帧”命令，如图3-45和图3-46所示为复制帧前后的效果对比。

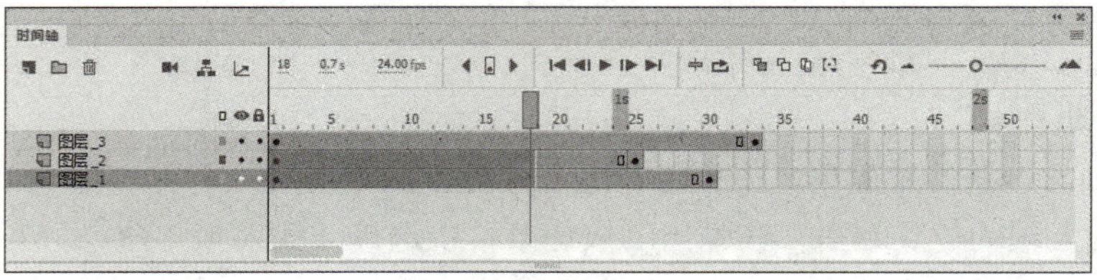

图 3-45

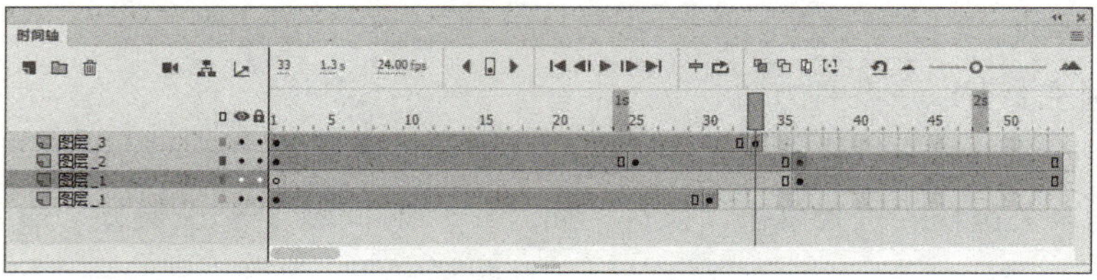

图 3-46

■3.2.4 移动帧

在动画制作过程中，可以通过移动帧重新分配时间轴上的帧来制作新的效果。移动帧的方法主要有以下两种。

1. 拖动鼠标指针移动

选中要移动的帧，按住鼠标左键将其拖动至目标位置即可，如图3-47和图3-48所示为帧移动前后的效果。

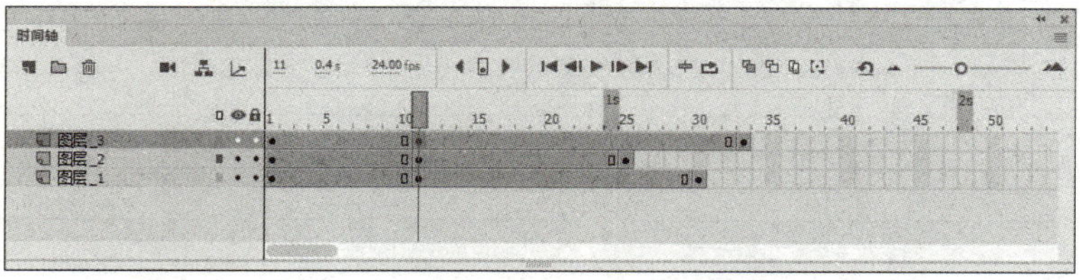

图 3-47

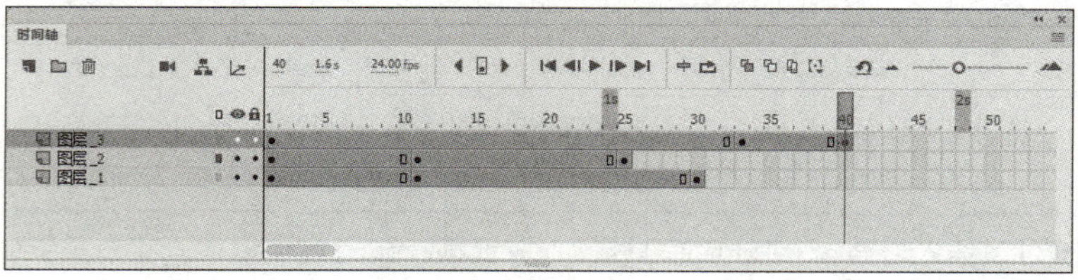

图 3-48

2. 使用命令移动

选择要移动的帧，右击，在弹出的快捷菜单中选择“剪切帧”命令，选中目标帧，使用“粘贴帧”命令将其粘贴即可。

■3.2.5 翻转帧

使用“翻转帧”命令可以颠倒选中的帧的播放序列，即最后一个关键帧变为第一个关键帧，第一个关键帧成为最后一个关键帧。

选择时间轴中某一图层中的所有帧（该图层中至少包含两个关键帧，并且位于帧序列的开始和结束位置）或多个帧，执行“修改”→“时间轴”→“翻转帧”命令或在选择的帧上右击，在弹出的快捷菜单中选择“翻转帧”命令，即可翻转帧。

■3.2.6 清除帧

在使用Animate制作动画的过程中，若出现一些错误的或是无意义的帧，可以进行删除。

选择需要删除的帧，右击，在弹出的快捷菜单中选择“删除帧”命令或按Shift+F5组合键即可删除普通帧；选中需要删除的关键帧，右击，在弹出的快捷菜单中选择“清除关键帧”命令或按Shift+F6组合键可以删除关键帧或空白关键帧。

3.3 图层的编辑

Animate的图层中存放着绘制或导入的图形或位图，是使用Animate制作动画的基础。本小节将针对图层的创建、选择、重命名、删除等操作进行详细介绍。

■3.3.1 创建图层

新建Animate文档后，默认情况下时间轴中只有一个“图层_1”。单击图层控制区中的“新建图层”按钮即可新建图层，如图3-49所示。

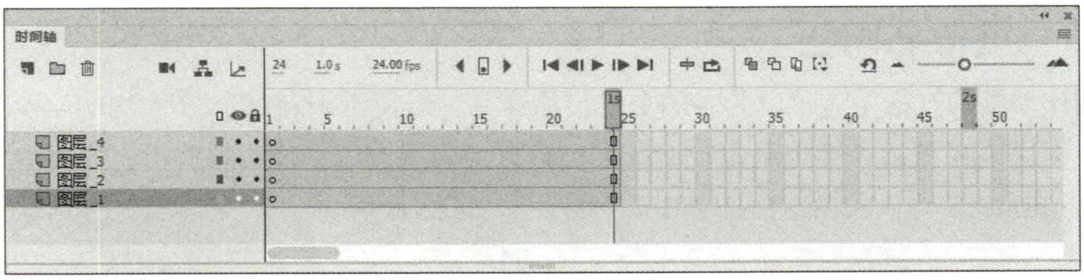

图 3-49

也可以选择已有的图层，右击，在弹出的快捷菜单中选择“插入图层”命令新建图层。

提示： 默认情况下，新建的图层将按照“图层_1”“图层_2”“图层_3”的规律进行命名。用户可以根据需要对其名称进行修改。

■3.3.2　选择图层

在编辑图层之前，首先要选中图层。可以根据需要选择单个图层，也可以选择多个图层。下面将对此进行介绍。

1. 选择单个图层

选择单个图层有以下3种方法。

- 在“时间轴”面板左侧的图层查看区中单击图层，即可选择相应的图层。
- 在“时间轴”面板右侧的帧查看区的帧格上单击，即可选择该帧所对应的图层。
- 在舞台中单击要选择图层中所含的对象，即可选择该图层。

2. 选择多个图层

若想选择多个相邻的图层，可以按住Shift键进行选择，如图3-50所示。

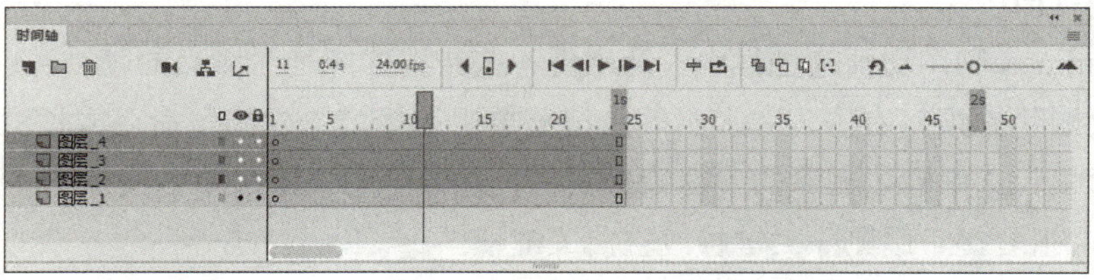

图 3-50

若想选择多个不相邻的图层，可以按住Ctrl键依次进行选择，如图3-51所示。

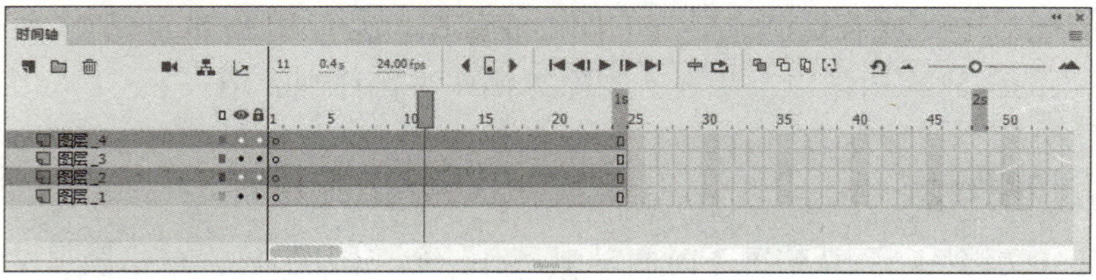

图 3-51

■3.3.3　重命名图层

在制作动画的过程中，可以为各图层进行重命名，以便于识别每个图层中的内容。

选中图层，在图层名称上双击，使其名称进入编辑状态，如图3-52所示。在文本框中输入新名称，按Enter键确认或在空白处单击即可应用，如图3-53所示。

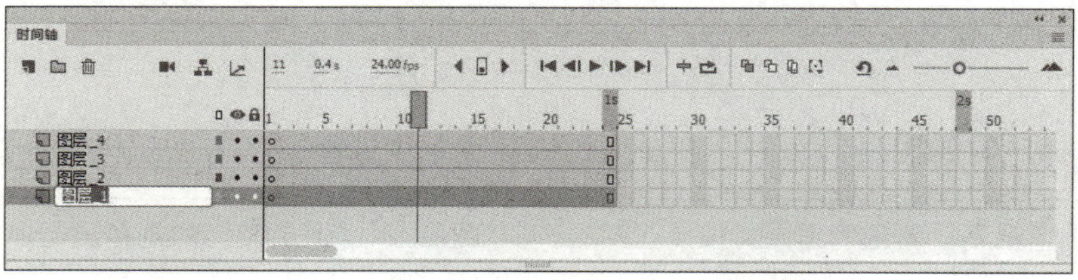

图 3-52

提示： 选中图层，右击，在弹出的快捷菜单中选择“属性”命令，在打开的“图层属性”对话框中也可以对图层名称进行修改。

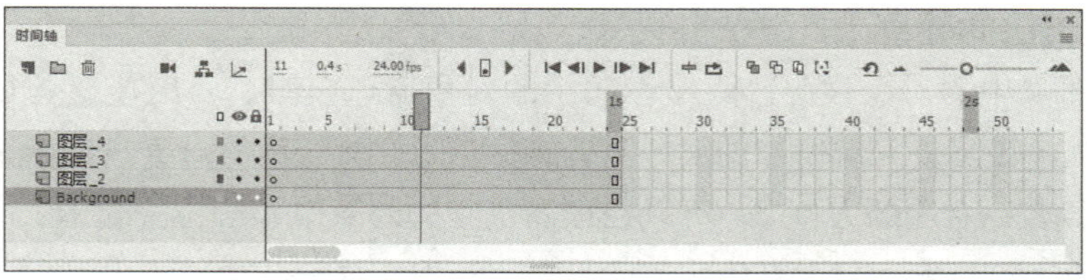

图 3-53

■3.3.4 删除图层

在使用Animate软件制作动画的过程中，用户可以删除掉不需要的图层。选中要删除的图层，右击，在弹出的快捷菜单中选择“删除图层”命令即可。

也可以选中要删除的图层后，单击图层控制区中的“删除” 按钮，删除选中的图层。

■3.3.5 设置图层的状态

在制作动画的过程中，为了避免误操作其他图层中的内容，可以将其他图层隐藏或者锁定。下面将对其相关知识进行详细介绍。

1. 显示与隐藏图层

在制作动画的过程中，当舞台上含有过多对象时，可以将其他不需要编辑的图层隐藏起来，这样舞台会显得更有条理，操作起来更加方便、明了。在隐藏状态下的图层不可见也不能被编辑，完成编辑后可以再将其他图层显示出来。

单击图层名称右侧的隐藏栏即可隐藏图层，隐藏的图层上将标记一个✕符号，再次单击隐藏栏则显示图层，如图3-54所示。

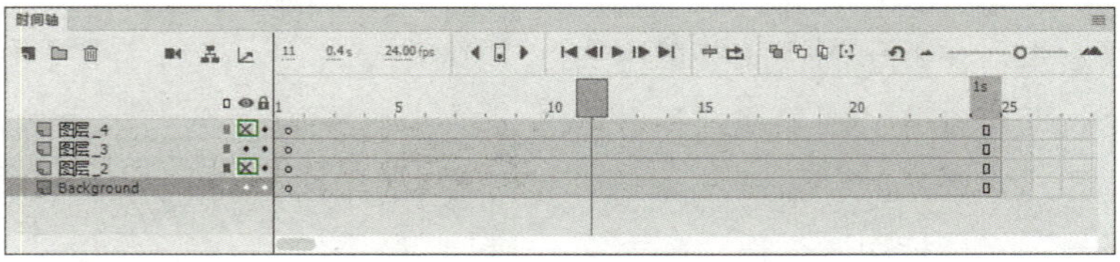

图 3-54

2. 锁定图层

为了防止不小心修改已经编辑好的图层内容，可锁定该图层。图层被锁定后不能对其进行编辑。

单击图层名称右侧的锁定栏即可锁定图层，锁定的图层上将标记一个🔒符号，再次单击该层中的🔒图标即可解锁。如图3-55所示。

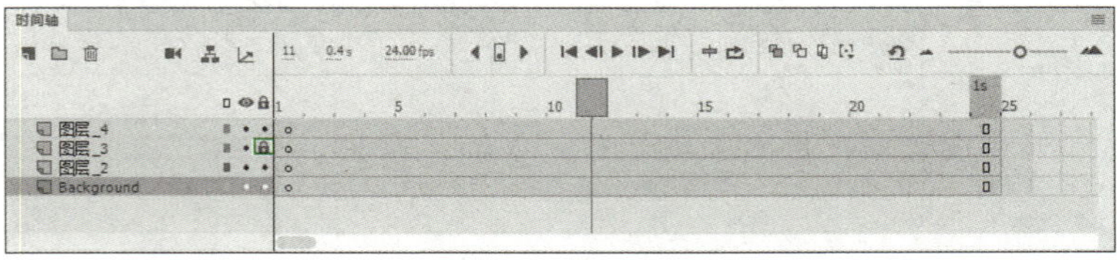

图 3-55

提示： 单击图层中的“锁定或解除锁定所有图层”按钮🔒，可以锁定所有的图层或者解锁所有的图层。

3. 显示图层的轮廓

当某个图层中的对象被另外一个图层中的对象所遮盖时，可以使遮盖层处于轮廓显示状态，以便对当前图层进行编辑。图层处于轮廓显示时，舞台中的对象只显示其外轮廓。

单击图层名称右侧的方框▪，可以使该图层中的对象以轮廓方式显示，如图3-56所示。再次单击该按钮，可恢复图层中对象的正常显示，如图3-57所示。

图 3-56

图 3-57

■3.3.6 设置图层的属性

Animate中的每个图层都是相互独立的，可以自由地设置每个图层的属性，如图层的“名称”“类型”“轮廓颜色”“图层高度”等。

选中图层并右击，在弹出的快捷菜单中选择“属性”命令，即可打开“图层属性”对话框，如图3-58所示。

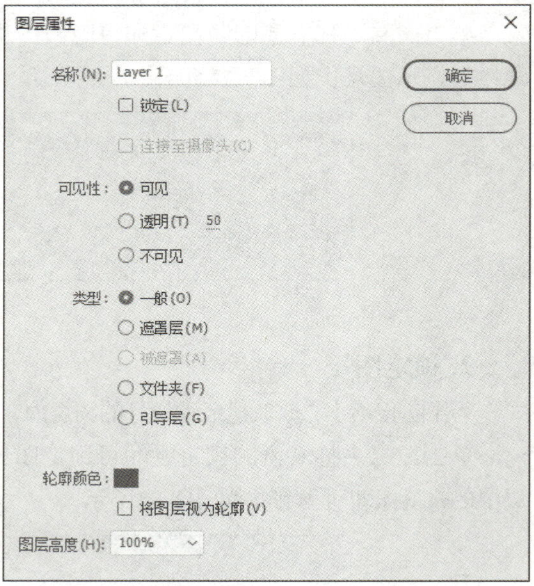

图 3-58

在“图层属性”对话框中，各选项的含义介绍如下。

- **名称：** 用于设置图层的名称。
- **锁定：** 勾选该复选框，将锁定选中图层。
- **可见性：** 用于设置当前图层的可见性。
- **类型：** 用于设置图层的相应属性，包括“一般”“遮罩层”“被遮罩”“文件夹”“引导层”5种。
- **轮廓颜色：** 用于设置该图层对象的边框颜色。
- **将图层视为轮廓：** 勾选该复选框后，该图层中的对象将以线框模式显示。
- **图层高度：** 用于设置图层的高度。

经验之谈 如何使用 Animate 软件中的父级关系

单击“时间轴”面板中的“显示父级视图”按钮，可以显示图层间的父级关系，如图3-59所示。

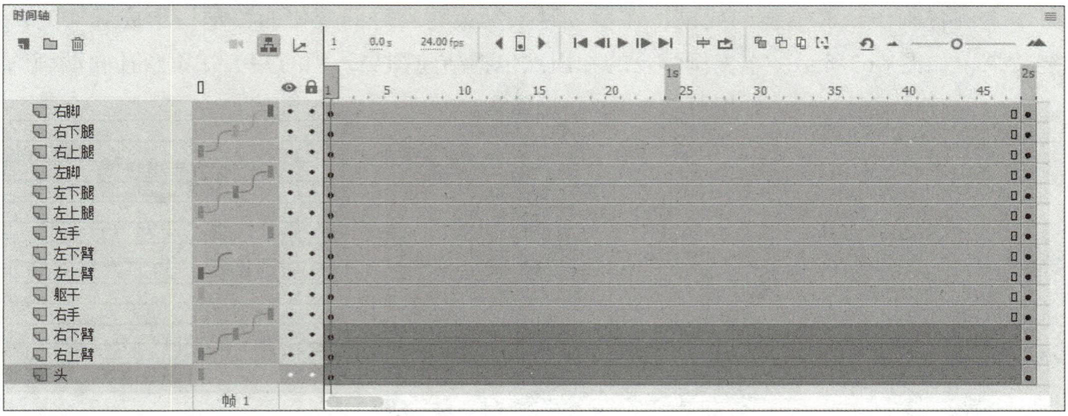

图 3-59

父级关系类似于骨骼工具，添加父级关系后，可以使子级图层中的对象跟随父级图层中的对象的运动而运动，如图3-60和图3-61所示。使用这种方式可以减少人物或关节类动画运动时错位的问题。

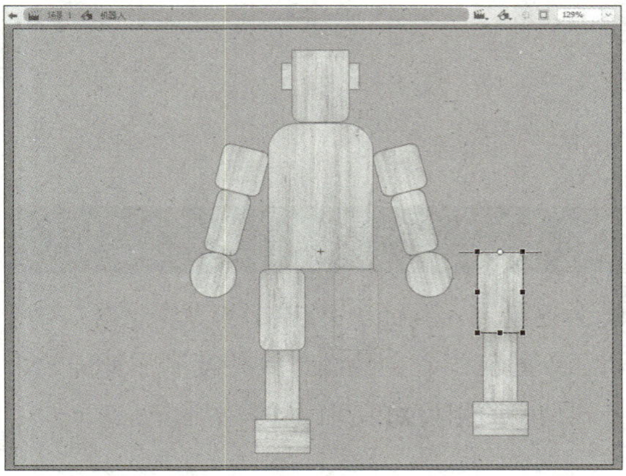

图 3-60

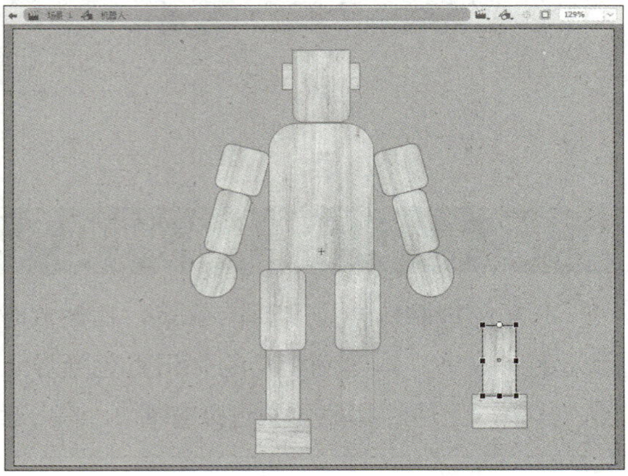

图 3-61

父级关系的添加非常简单，在时间轴中选中子级图层的父级视图区域，将其拖动至父级图层中即可。

你学会了吗？

上手实操

实操一：制作云山雾绕效果

本案例将制作云雾缭绕的效果，在播放时云雾会随着时间变化而移动，形成真实的云雾缭绕效果，如图3-62所示。本案例涉及的知识点包括新建图层、帧的相关知识及补间动画的制作。其中，补间动画的相关知识可以查看本书第6章。

图 3-62

设计要领

- 新建文档，添加背景素材。
- 新建图层，添加素材并制作关键帧。
- 创建补间动画。

实操二：制作飞舞的蜻蜓

本案例将制作蜻蜓飞舞的效果，在播放时蜻蜓会逐渐飞入画面中并进行移动，如图3-63所示为案例效果。本案例涉及的知识点包括导入素材、新建图层、创建图形元件及制作补间效果等。其中，元件的相关知识可以查看本书第5章；补间动画的相关知识可以查看本书第6章。

图 3-63

设计要领

- 新建文件，导入素材文件并添加帧。
- 新建图层，转换元件。
- 添加关键帧，制作变化效果，创建补间动画，调整补间动画路径。

第4章 文本的应用

内容概要

文本可以更清楚地表达作者的想法，是Animate动画中不可缺少的元素。本章将针对文本的相关知识进行介绍，包括文本的创建、设置等。通过对本章内容的学习，可以学会输入编辑文字、掌握文字滤镜效果的设置技巧等。

知识要点

- 了解文本类型。
- 学会输入及编辑文本。
- 学会应用文字滤镜。

数字资源

【本章案例素材来源】：“素材文件\第4章”目录下

【本章案例最终文件】：“素材文件\第4章\案例精讲\制作激光打字效果.fla”

案例精讲 制作激光打字效果

案/例/描/述

本案例将以文字的轮廓线为引导线制作文字的逐步显示，以模拟激光打字效果。本案例主要涉及的知识点包括文本的输入、“墨水瓶工具”及引导层等知识。其中，引导动画的相关知识可以查看本书第6章。

扫码观看视频

案/例/详/解

在此，将对激光打字效果的制作过程进行介绍。

步骤01 启动Animate，执行“文件”→“新建”命令，新建Animate文档，如图4-1所示。

步骤02 在“属性”面板中设置舞台背景为深灰色，如图4-2所示。

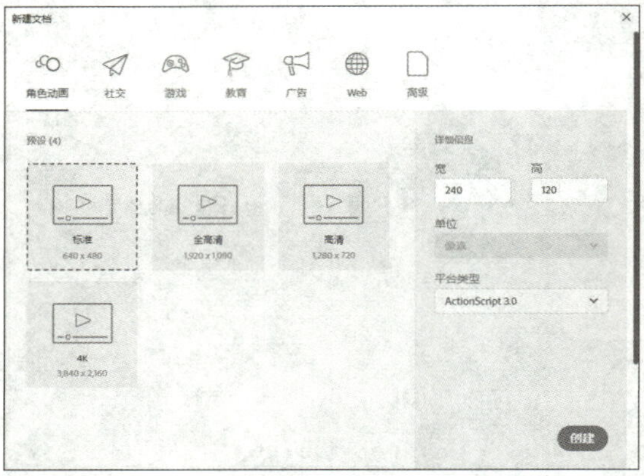

图 4-1

图 4-2

步骤03 选择工具箱中的“文本工具” T，在舞台中输入文字，如图4-3所示。

步骤04 选择输入的文本，在“属性”面板中设置参数，如图4-4所示。

图 4-3

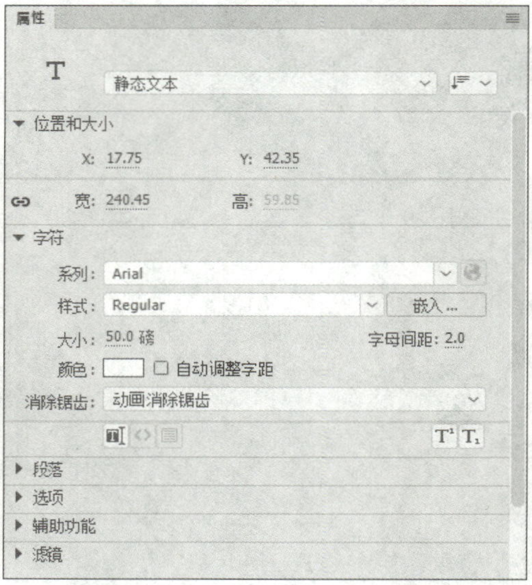

图 4-4

步骤05 调整文字参数后，打开“对齐”面板，勾选“与舞台对齐”复选框，单击“水平中齐”按钮和“垂直中齐”按钮，将文本与舞台水平、垂直居中对齐，如图4-5所示。

步骤06 选中输入的文本，按Ctrl+B组合键分离对象，重复一次，将文本打散，如图4-6所示。

图 4-5

图 4-6

步骤07 使用“墨水瓶工具”为文字描边，使用“选择工具”删除文字的实心部分，如图4-7所示。

步骤08 执行“插入”→“新建元件”命令，打开“创建新元件”对话框，创建名称为“光”的图形元件，如图4-8所示。

图 4-7

图 4-8

步骤09 在元件编辑窗口中绘制白色矩形，如图4-9所示。

步骤10 使用“部分选取工具”调整矩形使其一端变窄，如图4-10所示。

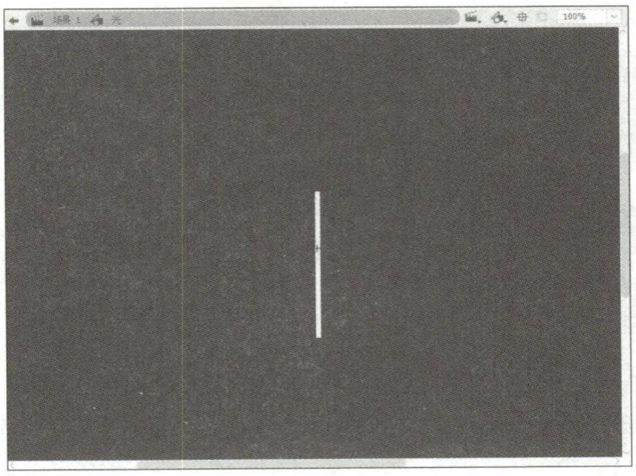

图 4-9

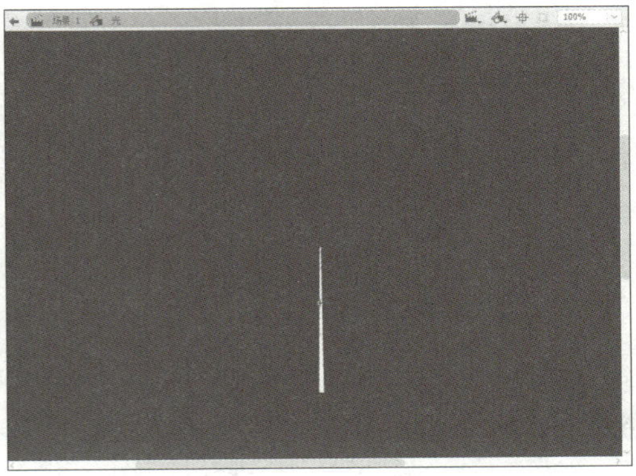

图 4-10

步骤 11 选择绘制的矩形，打开“变形”面板，设置旋转角度为-30°，如图4-11所示。效果如图4-12所示。

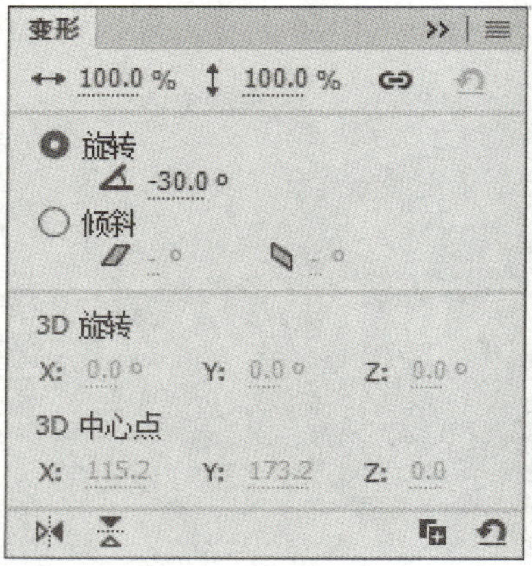

图 4-11

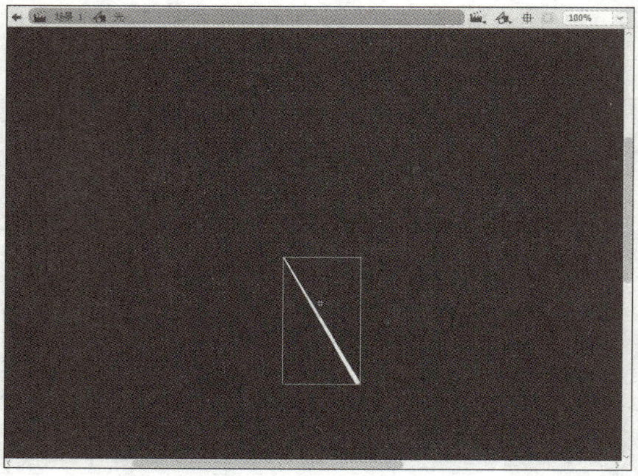

图 4-12

步骤 12 打开“颜色”面板，设置类型为“径向渐变”，并设置渐变颜色，如图4-13所示。

步骤 13 使用“椭圆工具”在舞台中的合适位置绘制椭圆并删除轮廓线，如图4-14所示。

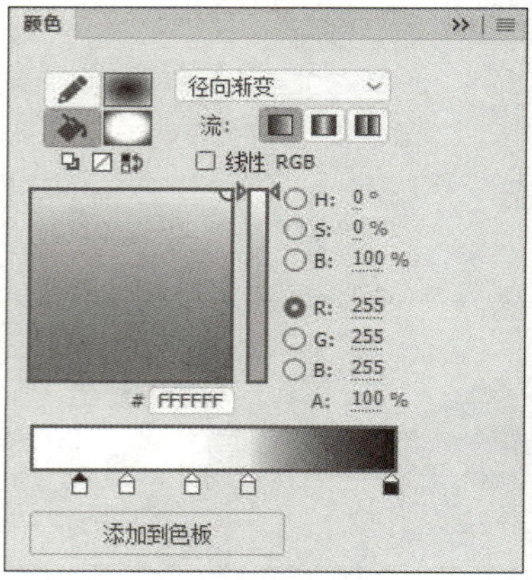

图 4-13

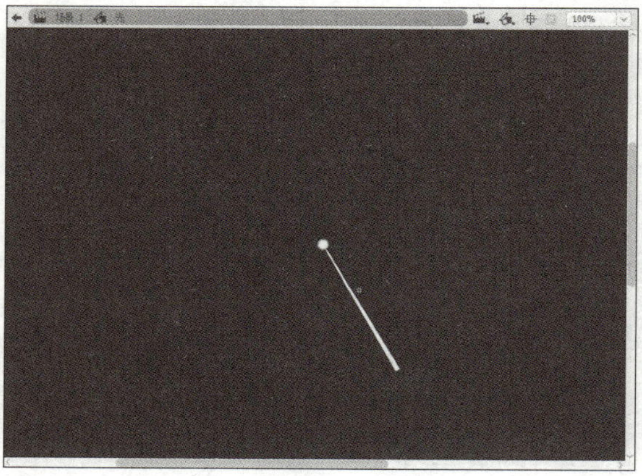

图 4-14

步骤 14 返回至“场景1”中，单击“时间轴”面板中的“新建图层”按钮，新建“光”图层，如图4-15所示。

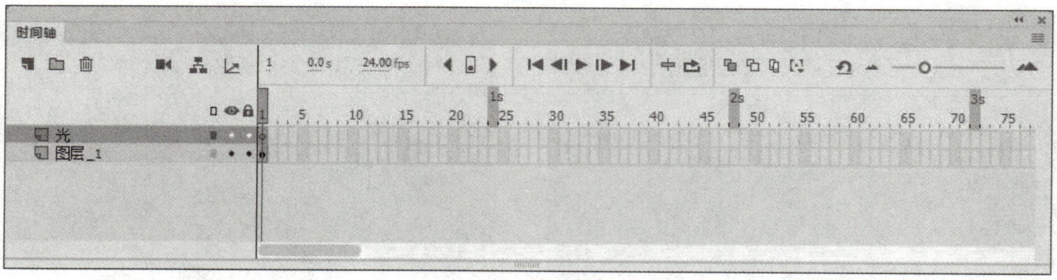

图 4-15

步骤 15 在“库”面板中找到新建的元件，将其拖动至舞台中，并调整至合适大小。使用“任意变形工具”调整元件的中心点至椭圆的圆心处，如图4-16和图4-17所示。

图 4-16

图 4-17

步骤16 右击“光”图层，在弹出的快捷菜单中选择“添加传统运动引导层”命令，创建引导层，如图4-18所示。

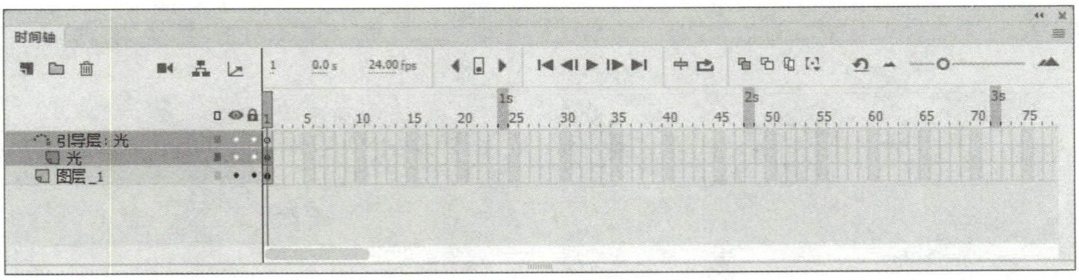

图 4-18

步骤17 选择“图层_1”中的关键帧，右击，在弹出的快捷菜单中选择“复制帧”命令，选择引导层的第1帧，右击，在弹出的快捷菜单中选择“粘贴帧”命令，将复制的对象粘贴在引导层中，如图4-19所示。

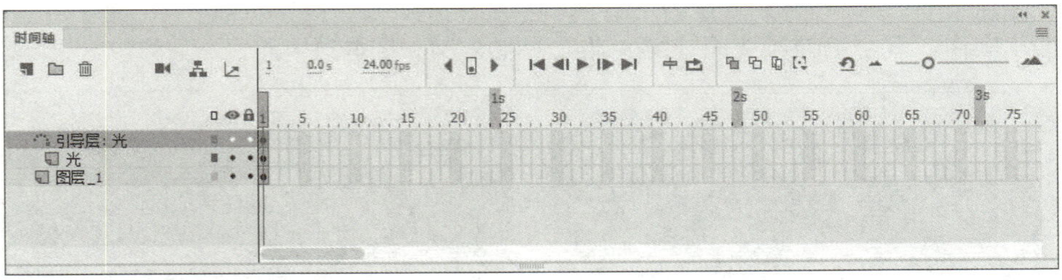

图 4-19

步骤18 拖动“图层_1”至引导层的上方，如图4-20所示。

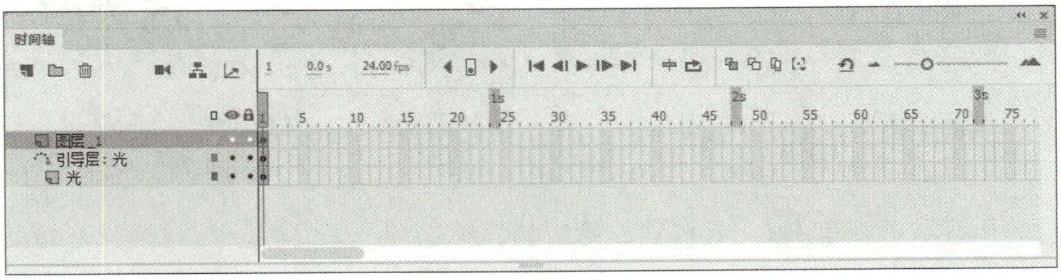

图 4-20

步骤19 在“图层_1”中的第2～75帧和第90帧中按F6键插入关键帧，并在其他图层的第82帧按F5键插入帧，如图4-21所示。

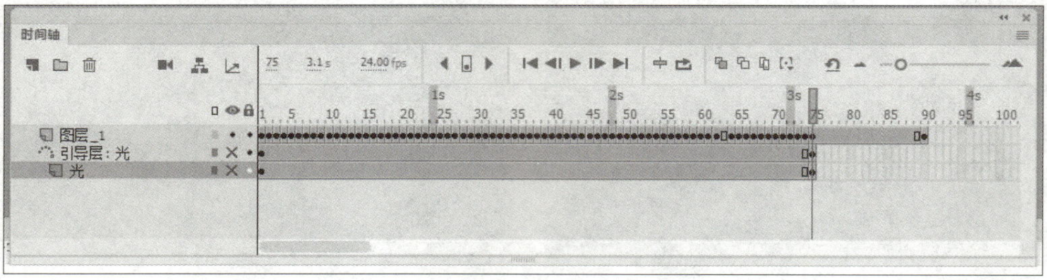

图 4-21

步骤20 隐藏“光”图层和引导层，选择“图层_1”的第1帧，删除帧中的内容，只保留文字“A”的一部分，如图4-22所示。

步骤21 选择“图层_1”的第2帧，在前一帧的基础上多保留一些文字内容，如图4-23所示。

图 4-22

图 4-23

步骤22 重复操作，直至第75帧完全显示对象，如图4-24和图4-25所示。

图 4-24

图 4-25

步骤23 显示引导层，在第8帧、第12帧、第22帧、第26帧、第38帧、第45帧、第48帧、第57帧、第75帧插入关键帧，即在每个字母完整显示的位置插入一个关键帧，如图4-26所示。

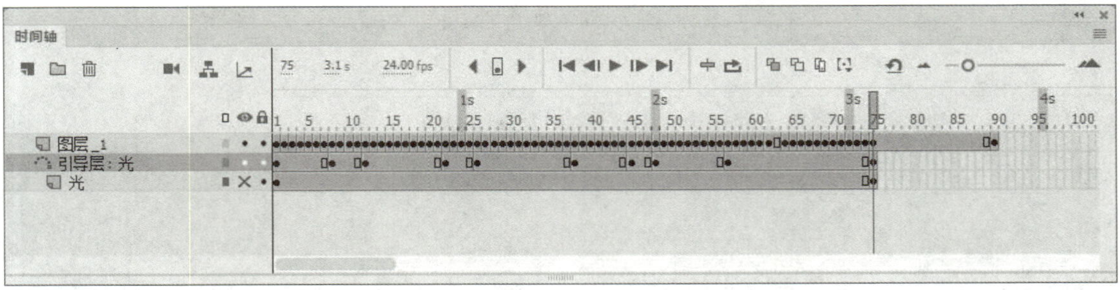

图 4-26

步骤24 在引导层的第1～7、8～11、12～21、22～25、26～37、38～44、45～47、48～56、57～75帧分别显示文字“A”的轮廓，“A”中心的小三角，“N”“I”“M”“A”的轮廓，“A”中心的小三角，“T”“E”的轮廓，如图4-27和图4-28所示。

图 4-27

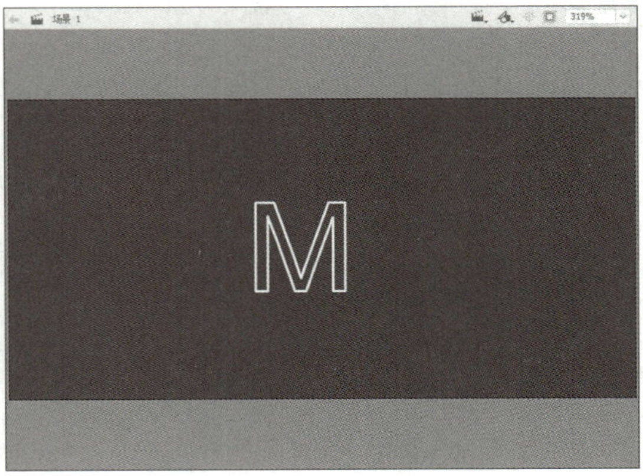

图 4-28

步骤25 选择引导层的第1帧，使用“选择工具”选中显示文字的一小段并删除，剩余部分用作引导线，如图4-29所示。

步骤26 在第7帧按F6键插入关键帧，如图4-30所示。

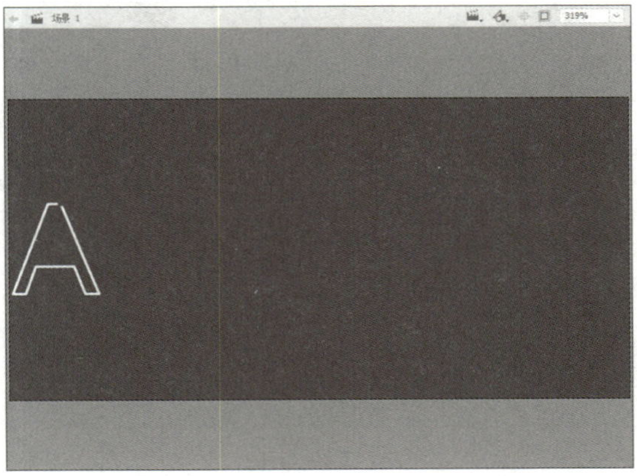

图 4-29

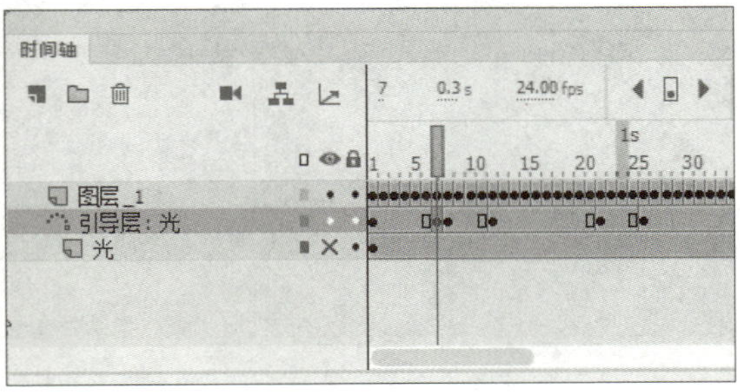

图 4-30

步骤27 使用相同的方法设置其他文本，如图4-31和图4-32所示。

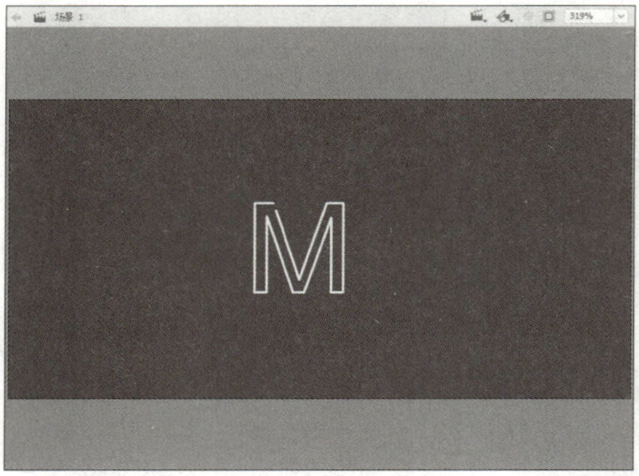

图 4-31

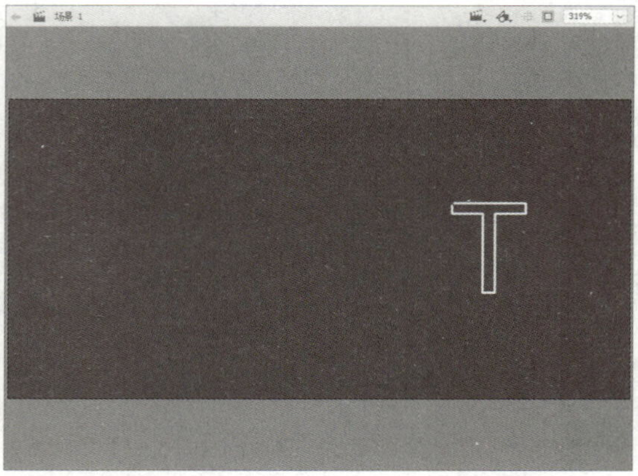

图 4-32

步骤28 显示“光”图层，在“光”图层的第7、8、11、12、21、22、25、26、37、38、44、45、47、48、56、57、74、75帧插入关键帧，如图4-33所示。

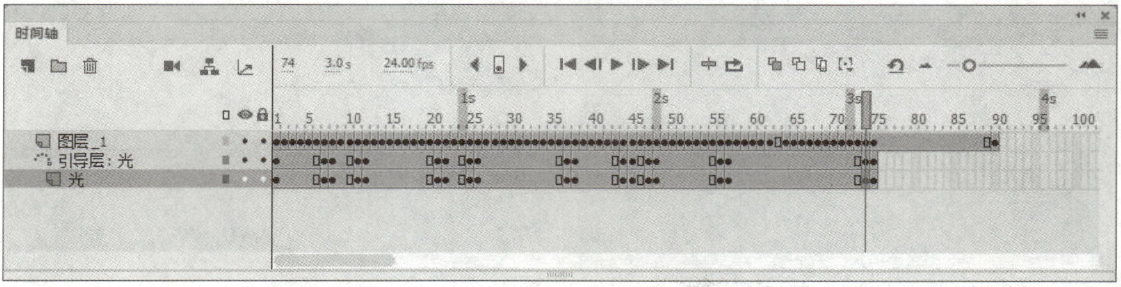

图 4-33

步骤29 将引导层中的文字视为引导线，选择“光”图层中第1帧的图形，按住中心点不放，将其拖动至文字“A”的缺口一端，如图4-34所示。

步骤30 在第7帧移动“光”图层中的图形至文字“A”的缺口另一端，如图4-35所示。

图 4-34

图 4-35

步骤31 使用相同的方法，在其他关键帧上分别调整图形的位置，调整后选中“光”图层中的帧，右击，在弹出的快捷菜单中选择“创建传统补间”命令，创建补间动画，如图4-36所示。

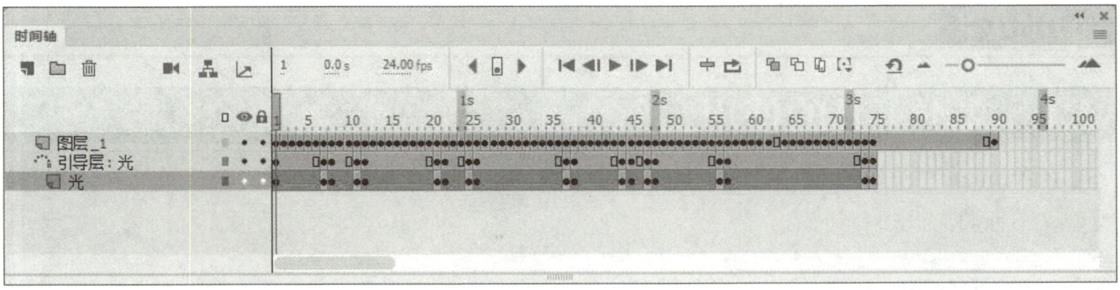

图 4-36

步骤 32 按Ctrl+Enter组合键测试播放，如图4-37所示。

图 4-37

至此，完成激光打字效果的制作。

你学会了吗？

边用边学

4.1 文本工具的使用

在Animate中可以通过“文本工具” T 创建文字，创建出的文字包括静态、动态和输入3种类型，下面将对此进行讲解。

■4.1.1 创建文本

在Animate中，创建文本有两种方式：文本标签和文本框。这两种方式最大的区别就是有无自动换行功能。下面将针对这两种方式进行介绍。

1. 文本标签

选择工具箱中的“文本工具” T 后，在舞台中单击，即可看到一个右上角有小圆圈的文字输入框，即文本标签，如图4-38所示。

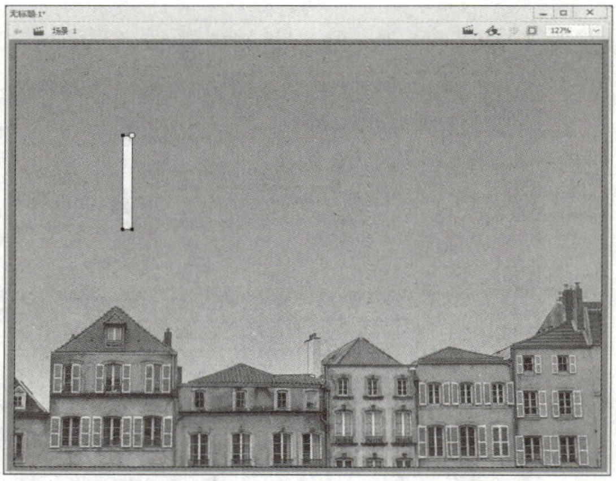

图 4-38

提示：在文本标签中输入文字，文本标签会自动扩展，而不会自动换行，如图4-39所示。若想要换行，可以按Enter键来实现。

图 4-39

2. 文本框

除了创建文本标签输入文字外，还可以选择工具箱中的“文本工具” T ，在舞台中单击并拖动鼠标指针，释放鼠标后得到一个文本框。此时可以看到文本框的右上角出现了一个小方框，如图4-40所示，说明文本框已经限定了宽度，当输入的文字超过限制宽度时，文本框中的文字将自动换行，如图4-41所示。

图 4-40

图 4-41

提示： 通过拖动鼠标指针可以随意调整文本框的宽度。如果需要对文本框的尺寸进行精确调整，可以在“属性”面板中输入文本框的宽度或高度值。

■4.1.2 静态文本

静态文本是大量信息的传播载体，也是“文本工具”最基本的功能。该文本主要用于文字的输入与编排，起解释、说明的作用，“属性”面板如图4-42所示。

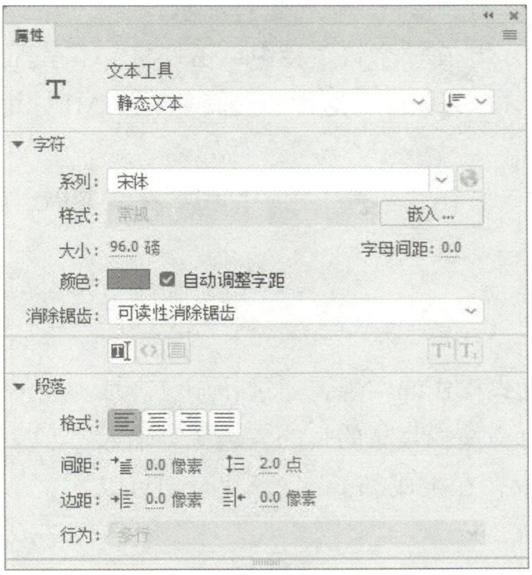

图 4-42

■4.1.3 动态文本

动态文本是一种比较特殊的文本，在动画运行的过程中可以通过ActionScript脚本进行编辑修改。动态文本可以显示外部文件的文本，主要用于数据的更新，换句话说，当需要修改文本框中的内容时，只要更改外部文件中的内容即可。

在“属性”面板的“文本类型”下拉列表框中选择“动态文本”选项，即可切换到动态文本输入状态，“属性”面板如图4-43所示。

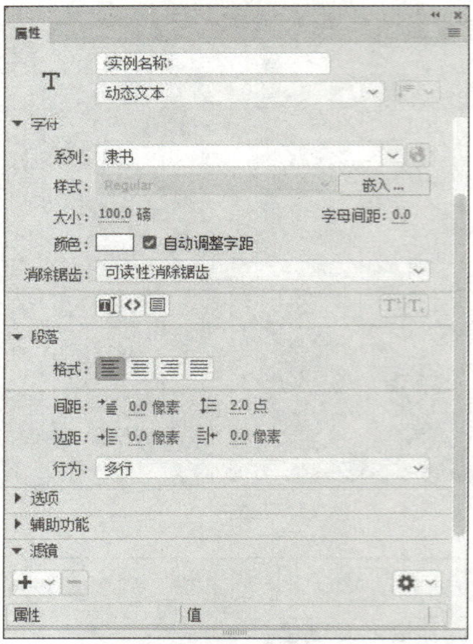

图 4-43

在“动态文本”的“属性”面板中，部分重要选项的作用如下。

- **实例名称：**在Animate文档中，文本框也是一个对象，这里就是为当前文本指定对象名称。
- **行为：**当文本包含的文本内容多于一行的时候，使用“段落”栏中的“行为”下拉列表框，可以使用单行、多行和多行不换行进行显示。
- **将文本呈现为HTML<>：**在“字符”栏中单击“将文本呈现为HTML”按钮<>，可制定当前的文本框内容为HTML内容，这样一些简单的HTML标记就可以被Animate播放器识别并进行渲染了。
- **在文本周围显示边框▤：**在“字符”栏中单击“在文本周围显示边框”按钮▤，可显示文本框的边框和背景。

■4.1.4 输入文本

输入文本主要用于交互式操作的实现，通过让浏览者填写一些信息，达到某种信息交换或收集的目的。选择“输入文本”类型后创建的文本框，在生成Animate影片时，可以在其中输入文本。

在“属性”面板的“文本类型”下拉列表框中选择“输入文本”选项，即可切换到输入文本所对应的“属性”面板，如图4-44所示。

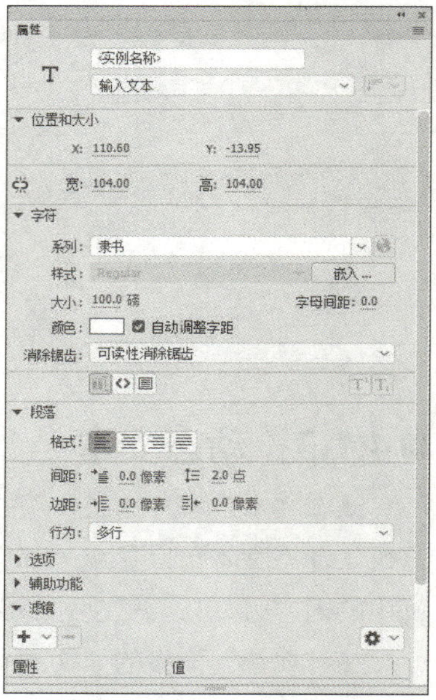

图 4-44

在“输入文本”类型中，对文本各种属性的设置主要是为浏览者输入文字服务的。当浏览者输入文字时，会按照在“属性”面板中对文字颜色、字体和字号等参数的设置来显示输入的文字。

4.2 文本样式的设置

创建文本内容后，还可以在Animate中对文本的样式进行设置。文本的基本样式包括设置文字属性、创建文本链接和设置段落格式。

■4.2.1 设置文字属性

文字属性一般包括字体系列、样式、大小、颜色、字母间距、自动调整字距和字符位置等。选择舞台中的文本后，即可在“属性”面板中修改文本属性，如图4-45所示。

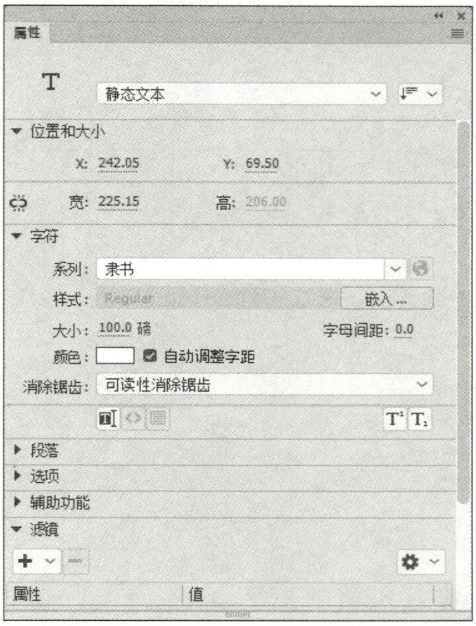

图 4-45

在“字符”选项区中，部分重要选项的作用如下。

- **系列：**用于设置文本字体。
- **样式：**用于设置常规、粗体或斜体等。
- **大小：**用于设置文本的大小，单位为磅。
- **字母间距：**设置字符之间的距离，单击后可直接输入数值来改变间距。
- **颜色：**设置文本的颜色。
- **自动调整字距：**在特定字符之间加大或缩小距离。勾选该复选框后，将使用字体中的字距微调信息。
- **消除锯齿：**包括“使用设备字体”“位图文本（无消除锯齿）”“动画消除锯齿”“可读性消除锯齿”“自定义消除锯齿”5种，选择不同的选项可以看到不同的字体呈现方式。

■4.2.2 设置段落格式

除了设置文字属性外，在“属性”面板中还可以设置文本段落的格式。在“属性”面板的“段落”选项区中，可以设置段落文本的格式、间距、边距等，如图4-46所示。

其中，各选项的作用如下。

- **格式：**用于设置文本的对齐方式。
- **间距：**包括“缩进”和“行距”两个选项。其中，“缩进”用于设置段落首行缩进的大小；“行距”用于设置段落中相邻行之间的距离。
- **边距：**用于设置段落左右边距的大小。
- **行为：**用于设置段落单行、多行或者多行不换行。

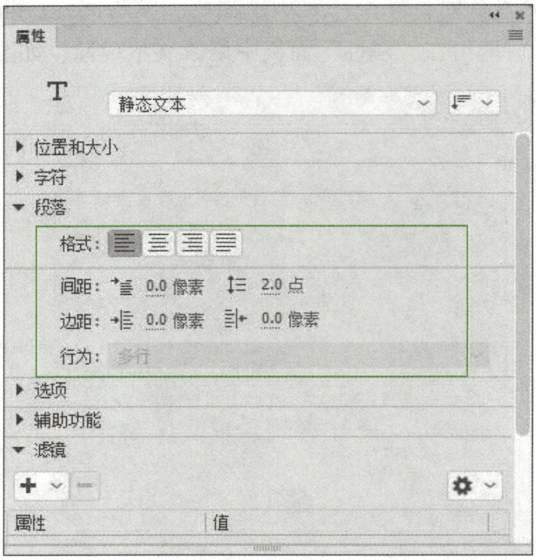

图 4-46

■4.2.3　设置文本链接

使用“属性”面板还可以为文本添加链接，单击该文本可以跳转到指定的文件、网页等。

选中创建的文本，打开“属性”面板，在“选项”区域的链接文本框内输入相应的链接地址，如图4-47所示。在测试影片时，当鼠标指针经过链接的文本时会变成手形，单击即可打开所链接的页面。

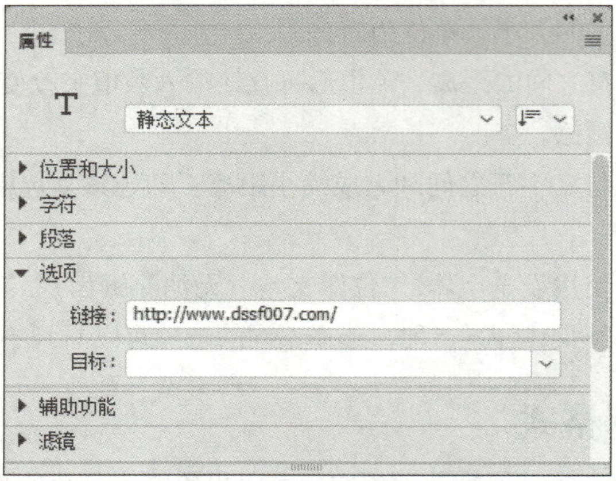

图 4-47

4.3 文字滤镜的应用

在Animate中完成文字的创建后，可以为文字添加滤镜，制作更丰富的效果。本小节将针对文字滤镜进行介绍。

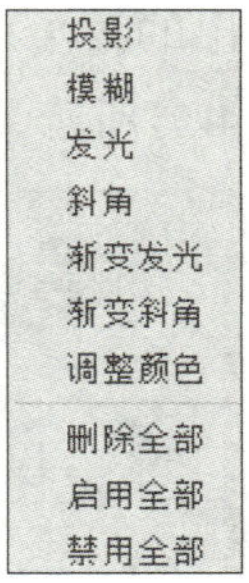

图 4-48

■4.3.1 滤镜的基本操作

在Animate中，可以直接为对象添加滤镜。如图4-48所示为Animate中可添加的滤镜列表。

下面将针对滤镜的一些基本操作进行介绍。

1. 添加滤镜

在舞台中选择要添加滤镜的对象，在“属性”面板的“滤镜”选项区中单击“添加滤镜”按钮+，在弹出的菜单中选择滤镜，然后设置相应的参数即可。如图4-49所示为添加“投影”滤镜的“属性”面板。

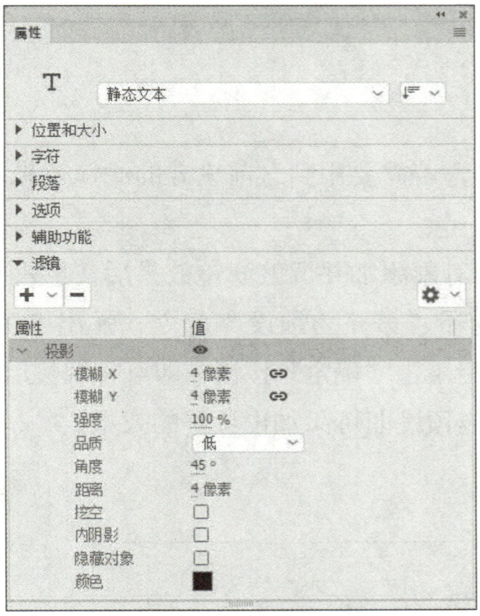

图 4-49

> **提示：** 添加完滤镜效果后，可以在“属性”面板中对滤镜参数进行设置。若想恢复默认设置，可以单击“滤镜”选项区中的“选项”按钮，在弹出的菜单中选择“重置滤镜”命令。

2. 删除滤镜

添加完滤镜效果后，若对添加的滤镜不满意，可以在“属性”面板中选中添加的滤镜，单击“滤镜”选项区中的“删除滤镜”按钮−。

3. 复制滤镜

在制作动画的过程中，若需要为不同的对象添加相同的滤镜效果，可以通过复制滤镜来快速实现。

选中已添加滤镜效果的对象，在“属性”面板中选中要复制的滤镜效果，单击“滤镜”选项区中的“选项”按钮，在弹出的菜单中选择“复制选定的滤镜”命令，复制滤镜参数，然后在舞台中选中要粘贴滤镜效果的对象，单击“滤镜”选项区中的“选项”按钮，在弹出的菜单中选择“粘贴滤镜”命令，即可为选中的对象添加相同的滤镜效果。如图4-50和图4-51所示为复制滤镜前后的效果。

图 4-50

图 4-51

4. 另存为预设

在添加滤镜效果的过程中，若需要用到之前设置的滤镜效果，可以将常用的滤镜效果另存为预设，以便于多次调用。

在“属性”面板中为一个对象添加并调整滤镜效果后，单击“滤镜”选项区中的“选项”按钮，在弹出的菜单中选择“另存为预设”命令，弹出“将预设另存为”对话框，如图4-52所示。设置“预设名称”后单击“确定”按钮，即可将调整后的滤镜效果保存为预设，如图4-53所示，使用时直接单击相应预设即可添加设置好的效果。

图 4-52

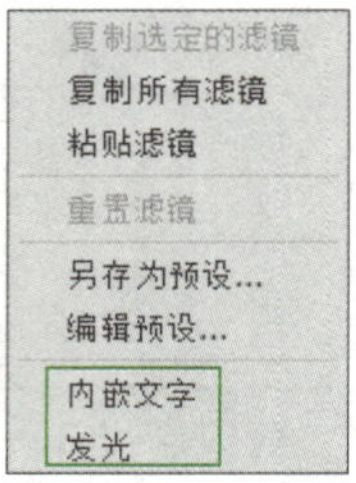

图 4-53

■4.3.2 设置滤镜效果

在Animate中包括预设好的7种滤镜，即“投影”“模糊”“发光”“斜角”“渐变发光”“渐变斜角”“调整颜色”。使用这些滤镜可以制作出特殊的效果，下面将对此进行详细介绍。

1. 投影

“投影”滤镜可用于模拟对象投影到一个表面的效果，使对象具有立体感。在“投影”选项中，可以设置投影的“模糊X/Y”“强度”“品质”“角度”“距离”等参数，从而形成不同的视觉效果，如图4-54所示。

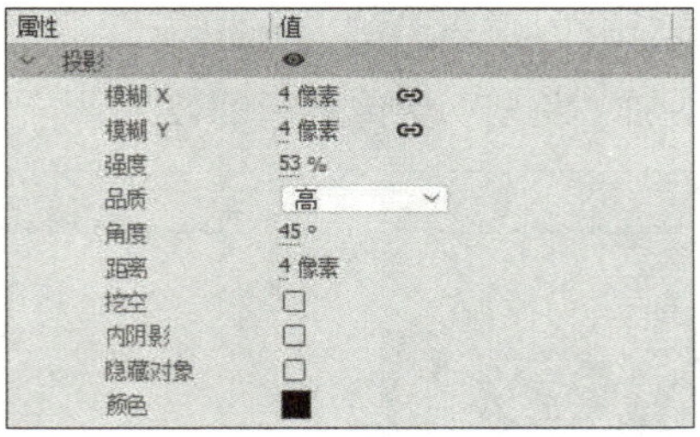

图 4-54

其中，“投影”选项中的部分参数作用如下。

- **模糊X/Y：** 用于调整模糊值的像素大小，数值越大，阴影的边缘越模糊。单击“模糊X/Y”右侧的“链接X和Y的属性值”按钮 可以链接X和Y值，使其同步调节。
- **强度：** 用于调整强度值，数值越大，阴影的效果越明显、越强烈。
- **品质：** 即阴影的品质，有“低”“中”“高”3种选择，品质越低，阴影越清晰。
- **角度：** 用于控制阴影的偏转方向，也可以理解为调整光源的方向。
- **距离：** 用于设置投影的距离大小。
- **挖空：** 勾选该复选框后，将在投影作为背景的基础上，挖空对象的显示。
- **内阴影：** 勾选该复选框后，投影将转换为内部阴影。
- **隐藏对象：** 勾选该复选框后，只显示阴影，不显示对象。
- **颜色：** 用于设置阴影的颜色。

2. 模糊

“模糊”滤镜可用于柔化对象的边缘和细节，使编辑对象具有运动的感觉。在“属性”面板中，单击“滤镜”选项区中的“添加滤镜”按钮，在弹出的菜单中选择“模糊”选项。

3. 发光

“发光”滤镜可用于使对象的边缘产生光线投射效果，为对象的整个边缘应用颜色，既可以使对象的内部发光，也可以使对象的外部发光。在“发光”选项中，可以设置“模糊X/Y”“强度”“品质”等参数，如图4-55所示。

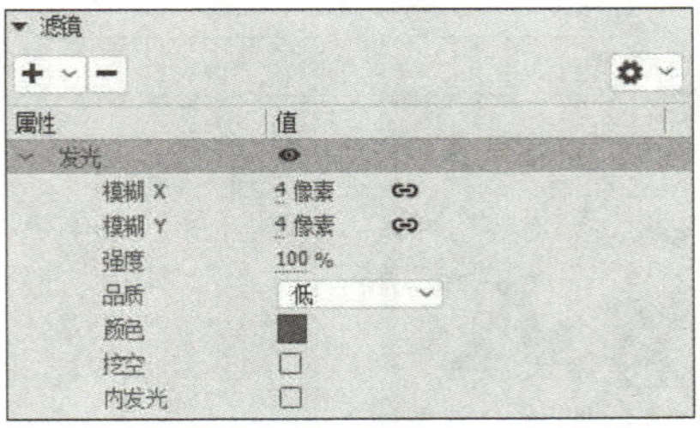

图 4-55

其中，“模糊X/Y”“强度”“品质”的属性及使用方法与“投影”滤镜相同，其他常用参数作用如下。

- **颜色：** 用于调整发光的颜色。
- **挖空：** 勾选该复选框后，只显示发光，不显示对象。

- **内发光：**勾选该复选框后，将在边界内部发光。

如图4-56、图4-57所示为添加“发光”滤镜前后的效果。

图 4-56

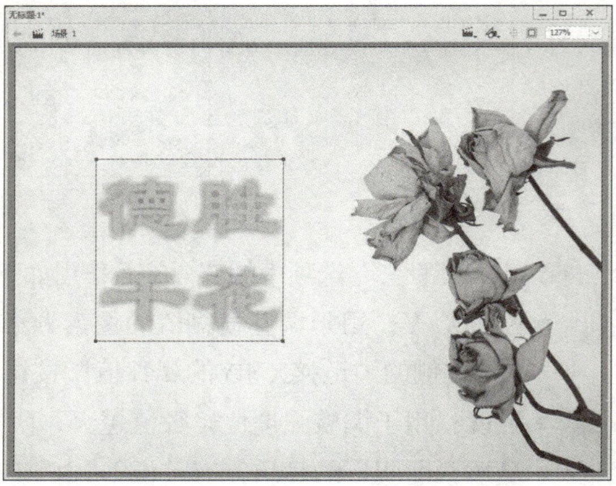

图 4-57

4. 斜角

“斜角”滤镜用于向对象应用加亮效果，使其看起来凸出于背景表面，从而制作出立体的浮雕效果。如图4-58所示为“属性”面板中“斜角”滤镜的选项。

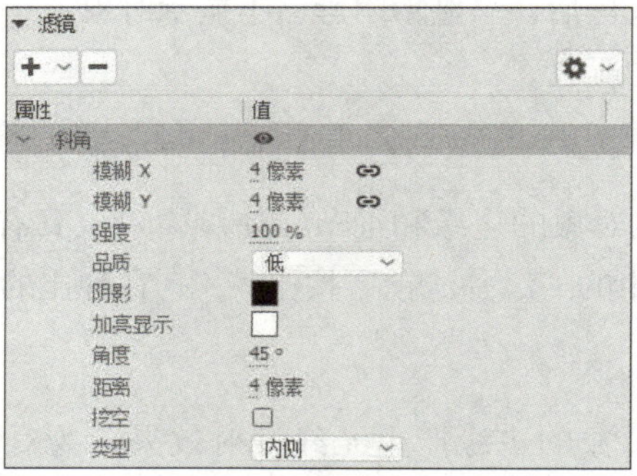

图 4-58

如图4-59和图4-60所示为添加“斜角”滤镜前后的效果。

图 4-59

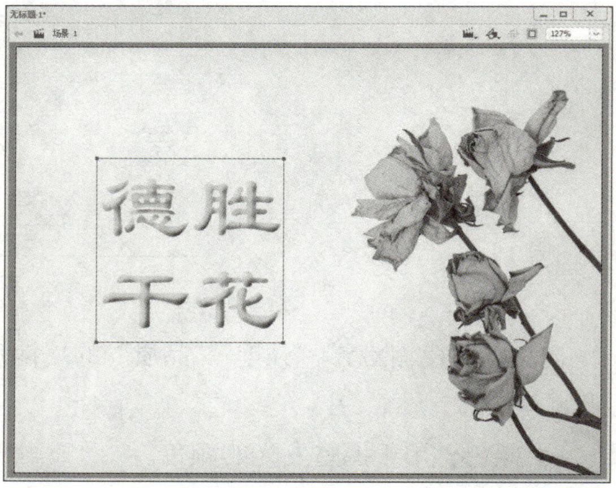

图 4-60

5. 渐变发光

“渐变发光”滤镜用于在对象表面产生带渐变颜色的发光效果。“渐变发光”滤镜要求渐变开始处颜色的Alpha值为0%，可以改变其颜色，但是不能移动其位置。“渐变发光”和“发光”滤镜的主要区别在于发光的颜色，此外，利用“渐变发光”滤镜可以添加多种颜色效果。如图4-61所示为“属性”面板中“渐变发光”滤镜的选项。

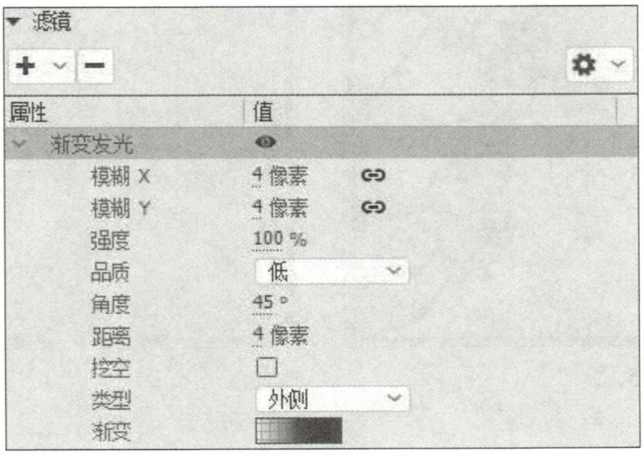

图 4-61

“渐变发光”滤镜的效果与“发光”滤镜的效果类似，只是这种滤镜的发光效果带有渐变色。如图4-62和图4-63所示为添加“渐变发光”滤镜前后的效果。

图 4-62

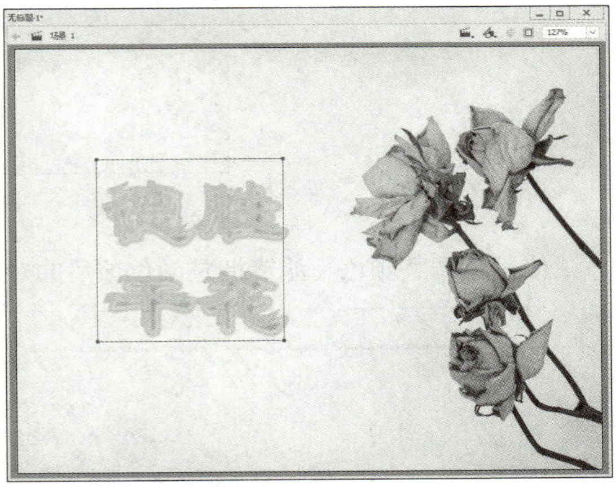

图 4-63

6. 渐变斜角

“渐变斜角”滤镜的效果与“斜角”滤镜的效果类似，可以使编辑对象的表面产生一种凸起效果。但是利用“斜角”滤镜只能够更改阴影色和加亮色，而利用“渐变斜角”滤镜可以添加多种颜色。“渐变斜角”滤镜中间颜色的Alpha值为0%，可以改变其颜色，但是不能移动其位置。如图4-64所示为“属性”面板中“渐变斜角”滤镜的选项。

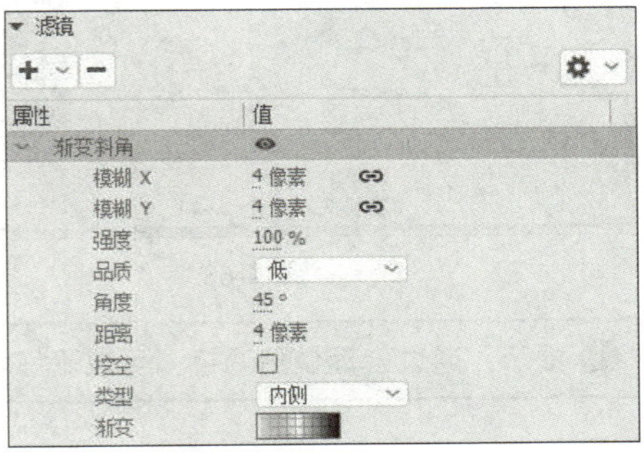

图 4-64

“渐变斜角”滤镜效果可用于制作良好的浮雕效果，如图4-65和图4-66所示为添加“渐变斜角”滤镜前后的效果。

图 4-65

图 4-66

7. 调整颜色

“调整颜色”滤镜可用于改变对象的颜色属性，主要包括对象的“亮度”“对比度”“饱和度”“色相”。如图4-67所示为“属性”面板中“调整颜色”滤镜的选项。

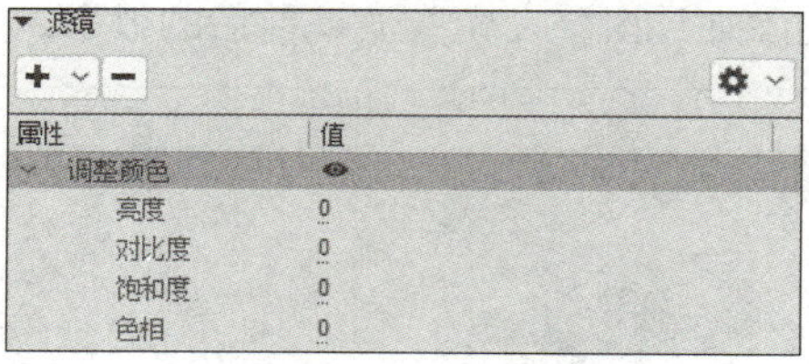

图 4-67

使用“调整颜色”滤镜调整颜色前后的对比效果如图4-68和图4-69所示。

图 4-68

图 4-69

提示：通过合理使用滤镜，可以更好地制作动画效果。

经验之谈 常见的免费商用字体有哪些

在视觉设计领域中，文字是非常重要的元素，但文字字体是有版权的，不合理的使用会为使用者带来极大的损失。这里将介绍几款免费的商用字体，以便于在动画设计工作中使用。

1. 思源宋体和思源黑体

思源宋体和思源黑体都属于开源字体，可以免费商用。这两种字体各包含7种粗细不同的字重，如图4-70所示。

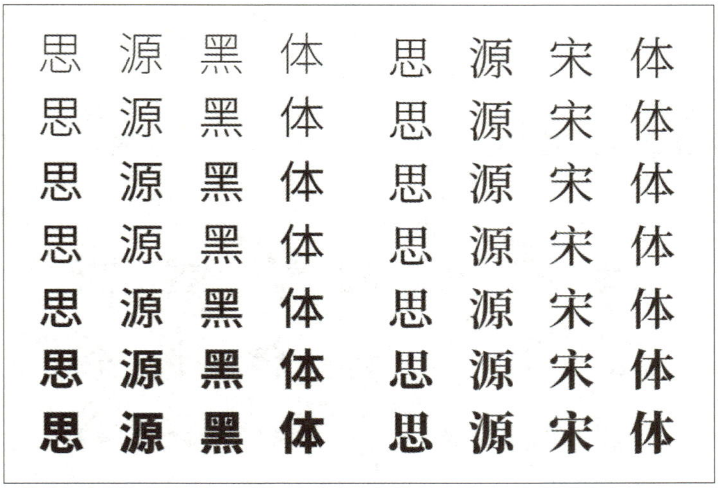

图 4-70

2. 方正字体

方正字体中的方正黑体、方正书宋、方正仿宋和方正楷体4种字体针对商用免费，如图4-71所示为这4种字体的样式。

图 4-71

3. 站酷系列

站酷字体中包括站酷仓耳渔阳体、站酷庆科黄油体、站酷文艺体、站酷小薇LOGO体、站酷酷黑体、站酷意大利体、站酷快乐体和站酷高端黑体8种免费商用字体，如图4-72和图4-73所示为这8种字体的样式。

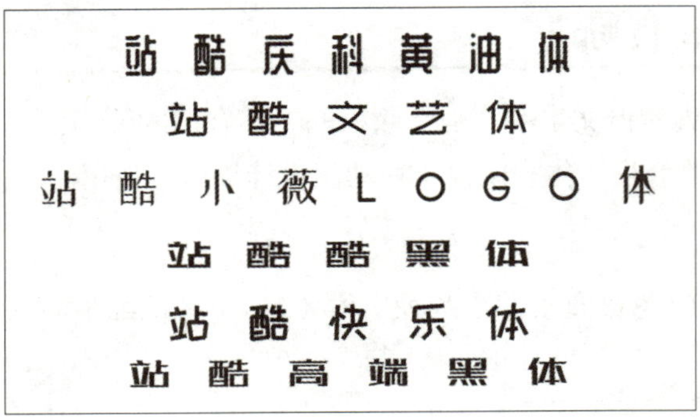

图 4-72

图 4-73

4. 庞门正道字体

庞门正道字体包括庞门正道标题体、庞门正道粗书体和庞门正道轻松体3种免费商用字体，样式如图4-74所示。

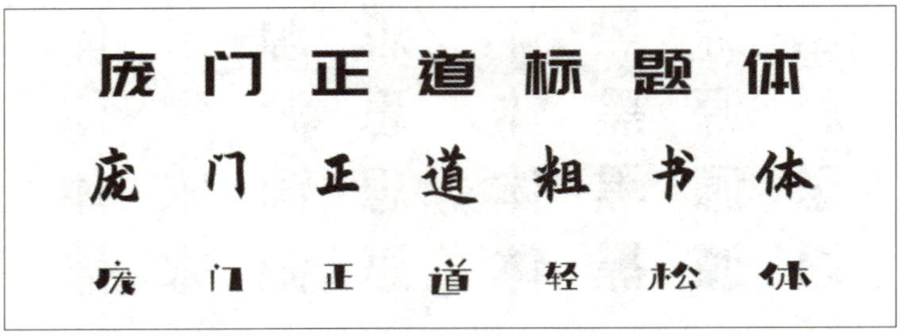

图 4-74

5. 其他

除了以上几种字体系列外，还有其他一些独立的字体，如郑庆科黄油体、阿里巴巴普惠体等，样式如图4-75所示。

图 4-75

提示：此外，各大平台也提供了一些仅供平台使用的字体，感兴趣的读者可以自行探索。

上手实操

实操一：制作霓虹灯效果

本案例将练习制作霓虹灯效果。在播放时，文字将模拟霓虹灯闪烁的样式变色，如图4-76所示。本案例涉及的知识点包括“文本工具”的应用、文字滤镜、补间动画的制作等知识。其中，补间动画的相关知识可以查看本书第6章。

图 4-76

设计要领

- 新建文档，导入背景素材。
- 新建“文字”图形元件，输入文本内容，并添加滤镜效果。
- 添加关键帧，调整颜色，创建补间动画。

实操二：制作燃烧的文字

本案例将练习制作燃烧的文字效果，在播放时文字内的火焰将进行摇曳，以模拟真实火焰燃烧的效果，如图4-77所示。本案例主要用到的知识点包括影片剪辑元件、遮罩和“文本工具”等。其中，元件的相关知识可以查看本书第5章；遮罩动画的相关知识可以查看本书第6章。

图 4-77

设计要领

- 新建文档，导入背景。
- 新建影片剪辑元件并导入GIF素材。
- 使用“文本工具”输入文字并复制。
- 制作遮罩层。

第5章

元件、库与实例的应用

内容概要

元件是Animate动画中非常重要的部分，一般存放在库中，创建后可以重复调用。将元件从库中拖动至舞台中，就形成了实例。本章将针对元件、库及实例的相关知识进行介绍。通过对本章的学习，可以了解元件的类型、元件的创建方法、库的基础知识及相关实例知识。

知识要点

- 了解元件的类型。
- 学会创建和编辑元件。
- 学会应用库。
- 学会创建和编辑实例。

数字资源

【本章案例素材来源】："素材文件\第5章"目录下

【本章案例最终文件】："素材文件\第5章\案例精讲\制作舞动的音符.fla"

案例精讲 制作舞动的音符

案/例/描/述

本案例将制作舞动的音符效果。播放时，五线谱和音符将随着音乐在画面中显现和跳动。本案例主要涉及的知识点包括元件的创建、补间动画的创建及“库”面板的使用等。其中，补间动画的相关知识可以查看本书第6章。

扫码观看视频

案/例/详/解

下面将详细介绍舞动音符效果的制作过程。

步骤01 启动Animate，打开“舞动的音符素材.fla”，如图5-1所示。

步骤02 修改“图层_1”的名称为“背景”，从“库”面板中拖动“背景.jpg”至舞台中，并调整至合适的位置和大小，如图5-2所示。

图 5-1

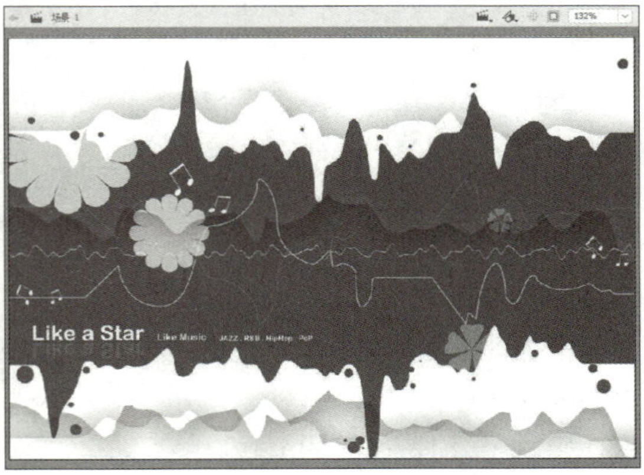

图 5-2

步骤03 执行“插入”→“新建元件”命令，新建图形元件“线”，从“库”面板中拖动“line.jpg”至舞台中，如图5-3所示。

步骤04 切换至“场景1”，执行“插入”→“新建元件”命令，新建影片剪辑元件“线1”，将元件“线”拖动至舞台中，如图5-4所示。

图 5-3

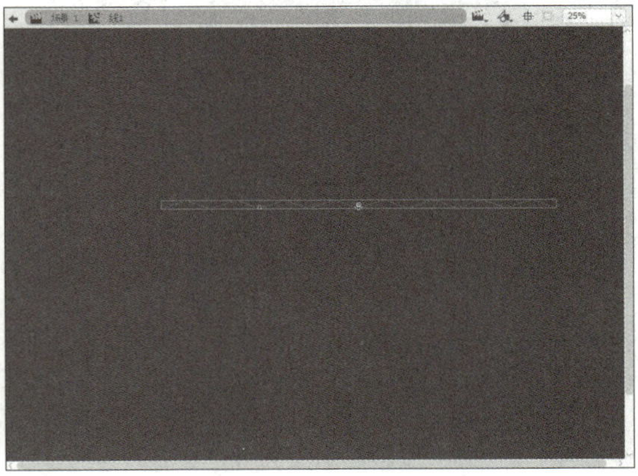

图 5-4

步骤05 选择图“图层_1”的第315帧，按F6键插入关键帧，然后向左移动舞台中的元件，右击第1～315帧之间的帧，在弹出的快捷菜单中选择“创建传统补间”命令，创建传统补间动画，如图5-5所示。

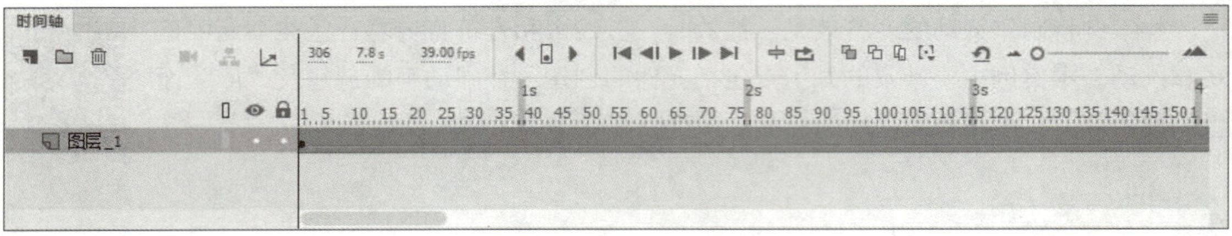

图 5-5

步骤06 切换至“场景1”，新建影片剪辑元件“线2”，将图形元件“线”拖动至舞台中，在“图层_1”的第350帧插入关键帧，并向左移动元件，创建传统补间动画，如图5-6所示。

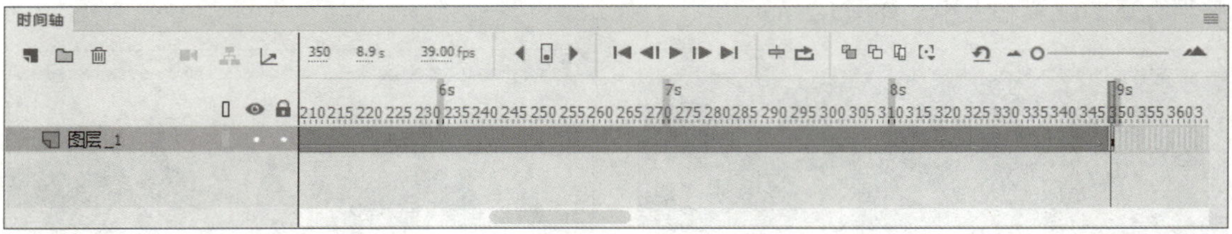

图 5-6

步骤07 切换至“场景1”，新建影片剪辑元件“合”，修改“图层_1”的名称为“1”，从“库”面板中拖动影片剪辑元件“线2”至舞台中的合适位置，如图5-7所示。在“1”图层的第9帧按F5键插入普通帧。

步骤08 选择“1”图层的第1帧，右击，在弹出的快捷菜单中选择“复制帧”命令，在“1”图层的上方新建“2”图层，选择“2”图层的第6帧，右击，在弹出的快捷菜单中选择“粘贴帧”命令，调整对象的位置，效果如图5-8所示。

图 5-7

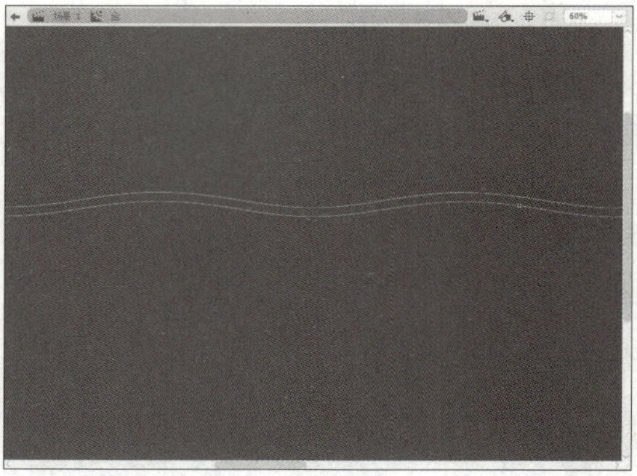

图 5-8

提示：也可以在“2”图层的第6帧插入关键帧，并导入素材元件进行调整。

步骤09 在“2”图层的上方新建“3”图层，从“库”面板中拖动影片剪辑元件“线1”至舞台中并调整其位置和大小，如图5-9所示。

步骤10 使用相同的方法，新建“4”~“8”图层，并拖动影片剪辑元件“线1”至舞台中，如图5-10所示。

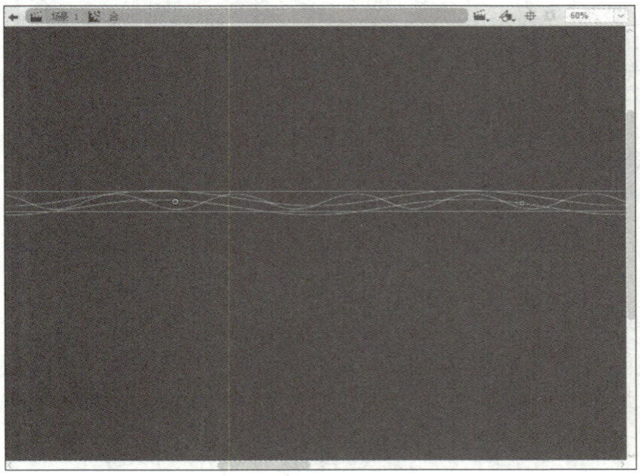

图 5-9

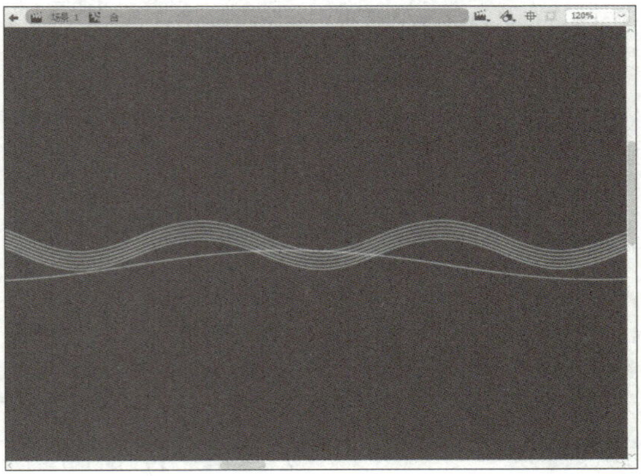

图 5-10

> **提示**：这里也可以根据要求，自行放置不同的元件观看效果。

步骤11 在“8”图层的上方新建“9”图层，选择第9帧，按F6键插入关键帧，拖动影片剪辑元件“线1”至舞台中的合适位置，如图5-11所示。

步骤12 在“9”图层的上方新建“动作”图层，选择第9帧插入关键帧，执行“窗口”→“动作”命令，打开“动作”面板并添加相应的脚本，如图5-12所示。

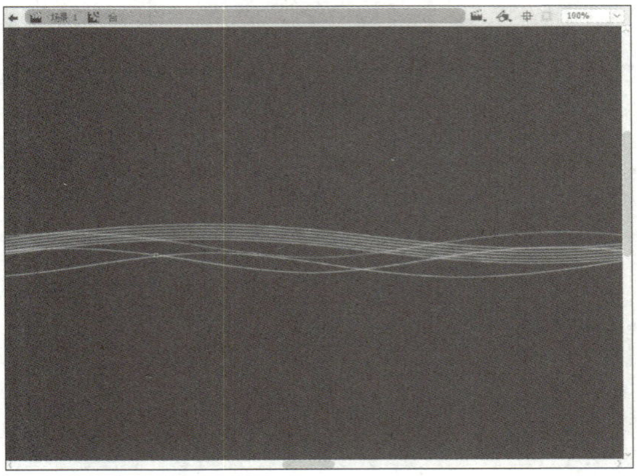

图 5-11

图 5-12

步骤13 切换至“场景1”，新建影片剪辑元件“动1”，从“库”面板中拖动图形元件“note1”至舞台中，如图5-13所示。在第215帧按F6键插入关键帧。

步骤14 选择“图层_1”，右击，在弹出的快捷菜单中选择“添加传统运动引导层”命令，新建引导层，并使用“画笔工具（Y）”在舞台中绘制曲线，如图5-14所示。

图 5-13

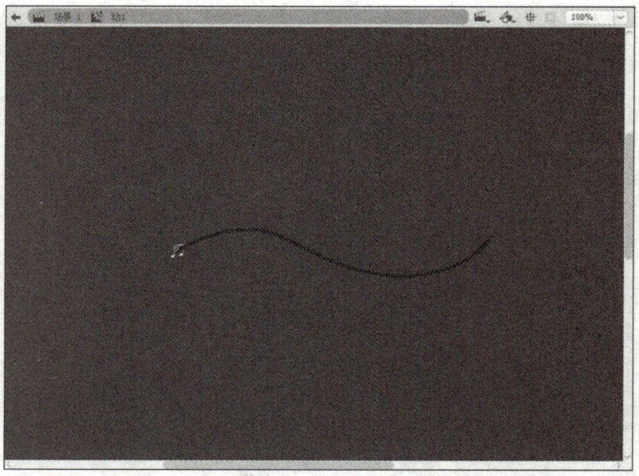

图 5-14

提示：这里可以按照喜好绘制不同造型的曲线，以体会引导线的特点。

步骤 15 选择“图层_1”的第1帧，将元件的中心点对齐线条的左端，选择第215帧，移动元件使元件的中心点对齐线条的右端，如图5-15所示。在第1～215帧之间创建传统补间动画。

步骤 16 选择“图层_1”的第25帧和第190帧，按F6键插入关键帧，并设置第1帧和第215帧处元件的Alpha值为0%，如图5-16所示。

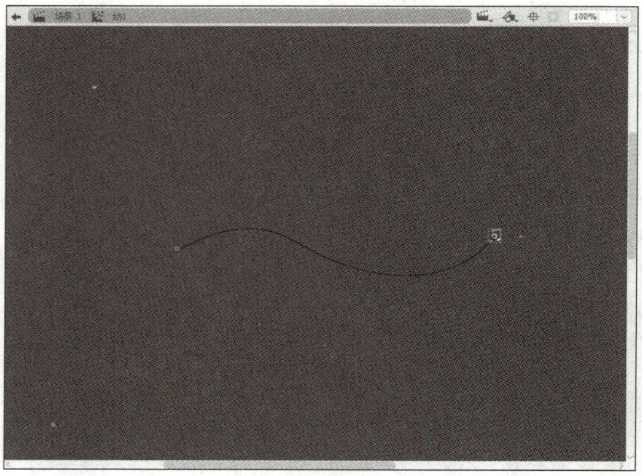

图 5-15

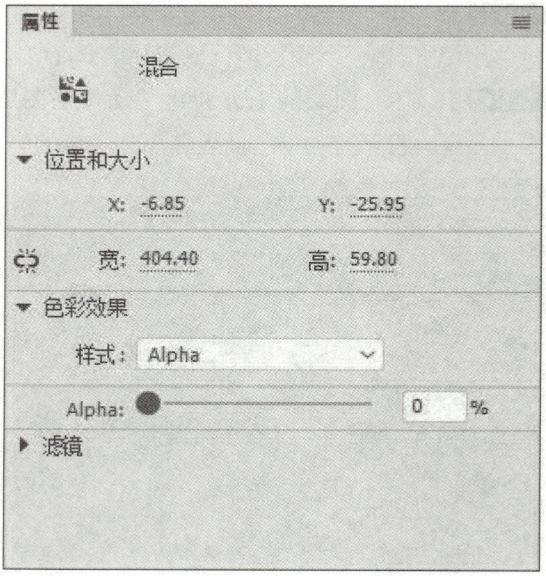

图 5-16

提示：这里是为了制作音符渐现渐隐的效果，也可以尝试制作其他类型的动画效果或更有意思的场景。

步骤 17 使用相同的方法，制作影片剪辑元件“动2”“动3”“动4”，如图5-17～图5-19所示。

步骤 18 切换至“场景1”，新建影片剪辑元件“音符”，修改“图层_1”的名称为“1”，选择第1帧，将影片剪辑元件“动2”拖动至舞台中，如图5-20所示。在第95帧插入普通帧。

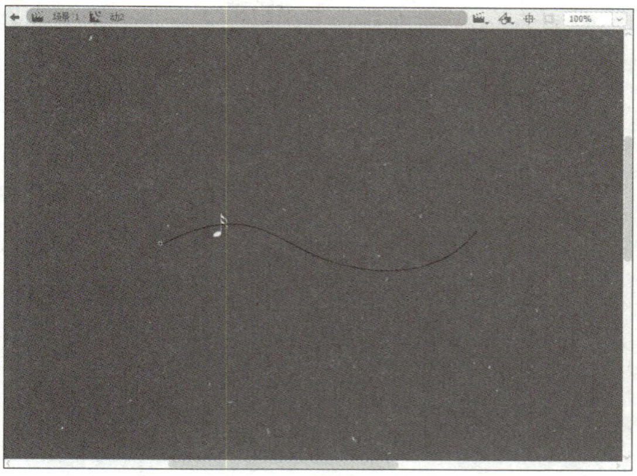

图 5-17

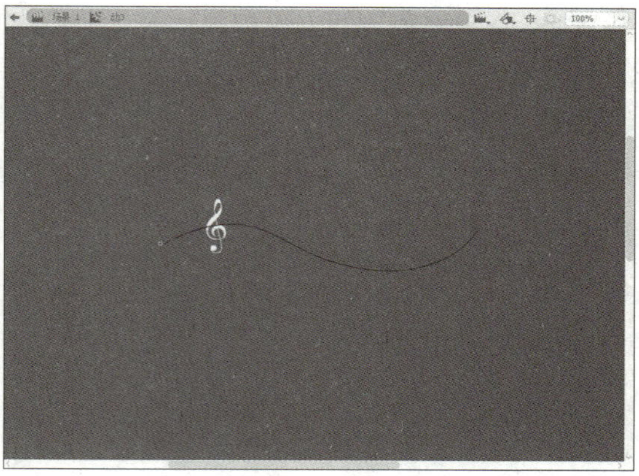

图 5-18

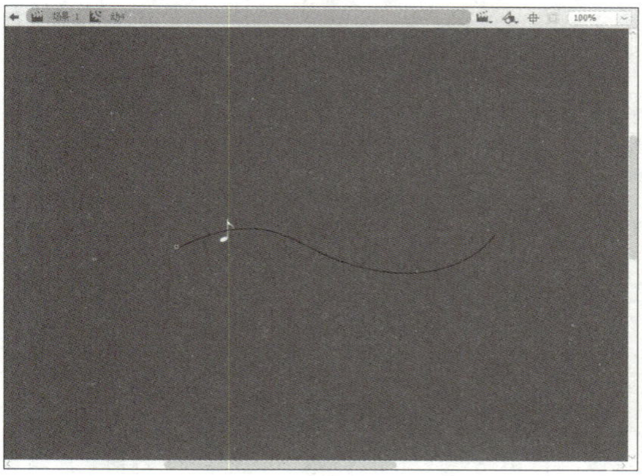

图 5-19

图 5-20

步骤19 在“1”图层的上方新建“2”图层，选择“2”图层的第8帧，按F6键插入关键帧，将影片剪辑元件“动1”拖动至舞台中，并调整至合适的大小和位置，如图5-21所示。

步骤20 在“2”图层的上方新建“3”图层，选择“3”图层的第35帧，按F6键插入关键帧，将影片剪辑元件“动4”拖动至舞台中，并调整至合适的大小和位置，如图5-22所示。

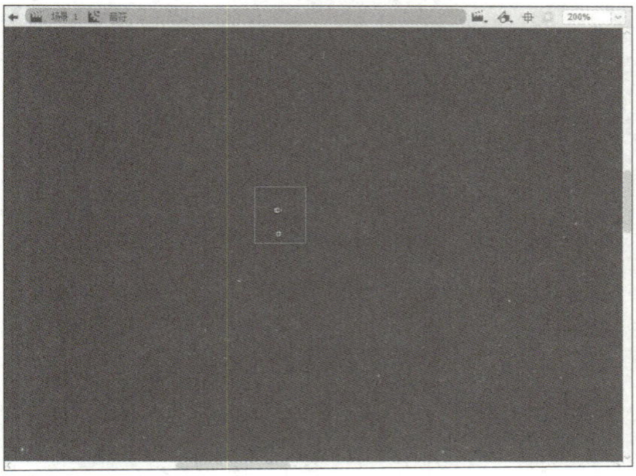

图 5-21

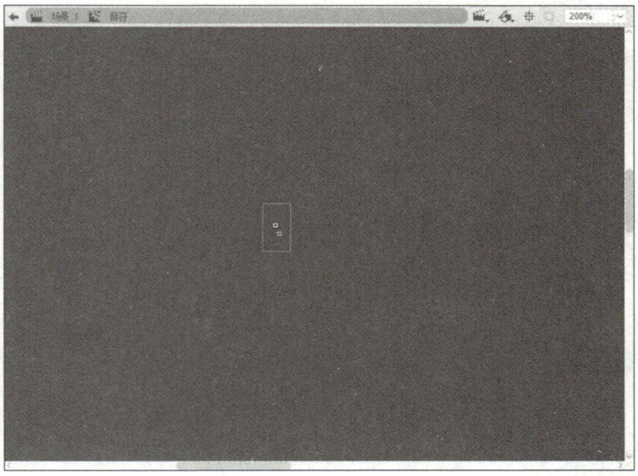

图 5-22

步骤21 在“3”图层的上方新建“4”图层，选择“4”图层的第50帧，按F6键插入关键帧，将影片剪辑元件“动3”拖动至舞台中，并调整至合适的大小和位置，如图5-23所示。

步骤22 在“4”图层的上方新建“5”图层，选择“5”图层的第18帧，按F6键插入关键帧，将影片剪辑元件“动2”拖动至舞台中，并调整至合适的大小和位置，如图5-24所示。

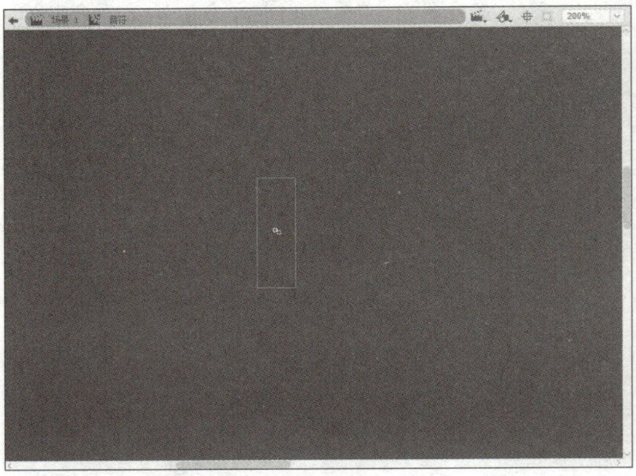

图 5-23

图 5-24

提示：这里是为了制作音符逐渐显现的效果，可以根据自己的需要调整各图层中音符出现的时间，以制作更丰富的视觉效果。

步骤23 在“5”图层的上方新建“6”图层，选择“6”图层的第77帧，按F6键插入关键帧，将影片剪辑元件“动1”拖动至舞台中，并调整至合适的大小和位置，如图5-25所示。

步骤24 在“6”图层的上方新建“7”图层，选择“7”图层的第66帧，按F6键插入关键帧，将影片剪辑元件“动4”拖动至舞台中，并调整至合适的大小和位置，如图5-26所示。

图 5-25

图 5-26

步骤25 在“7”图层的上方新建“8”图层，选择“8”图层的第87帧，按F6键插入关键帧，将影片剪辑元件“动4”拖动至舞台中，并调整至合适的大小和位置，如图5-27所示。

步骤26 在“8”图层的上方新建“9”图层，选择“9”图层的第95帧，按F6键插入关键帧，将影片剪辑元件“动2”拖动至舞台中，并调整至合适的大小和位置，如图5-28所示。

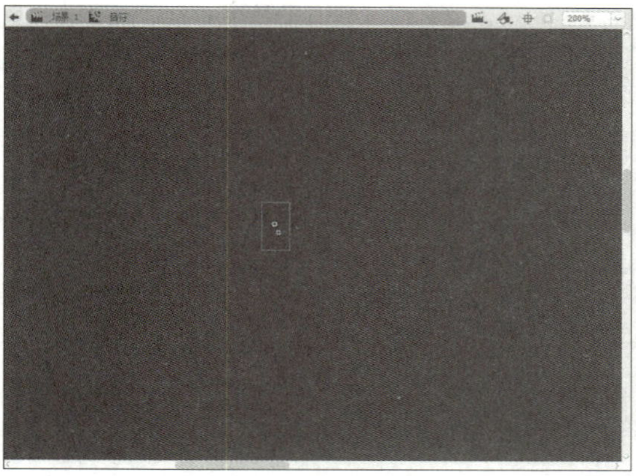

图 5-27

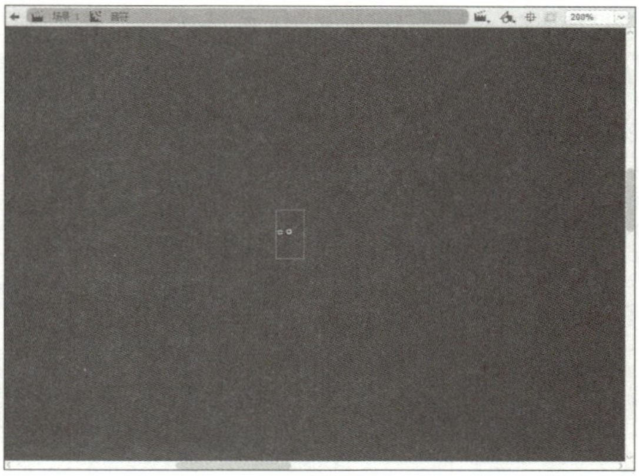

图 5-28

步骤27 在“9”图层的上方新建“动作”图层，在第95帧插入关键帧，在“动作”面板中添加脚本，如图5-29所示。

步骤28 切换至“场景1”，新建影片剪辑元件“音乐”，修改“图层_1”的名称为“线”，将影片剪辑元件“合”拖动至舞台中，并调整至合适的大小，如图5-30所示。

图 5-29

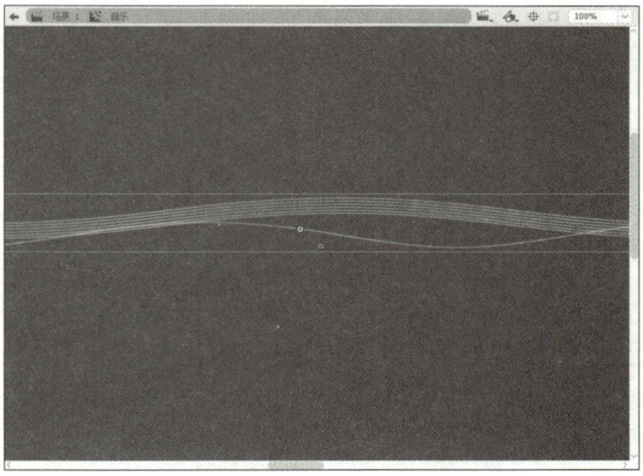

图 5-30

步骤29 选择置入的元件，在“属性”面板中设置其Alpha值为50%，效果如图5-31所示。

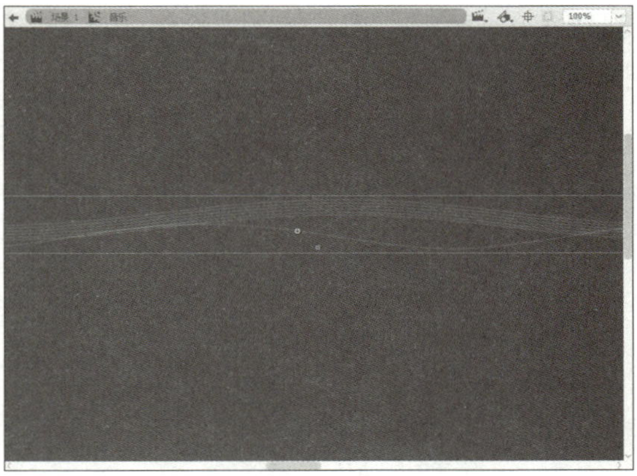

图 5-31

提示：该脚本可以使动作在相应的位置停止。

步骤30 在“线”图层的上方新建“音符”图层，将影片剪辑元件“音符”拖动至舞台中，如图5-32所示。

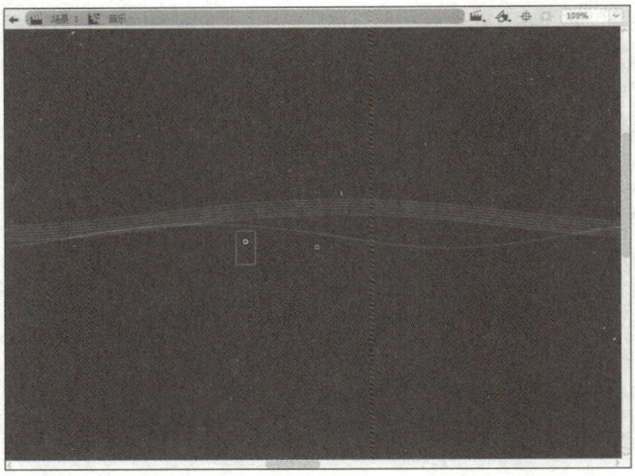

图 5-32

步骤31 选择置入的影片剪辑元件“音符”，在“属性”面板中为其添加“发光”滤镜效果，如图5-33所示。

步骤32 切换至“场景1”，在“背景”图层的上方新建“音乐”图层，拖动影片剪辑元件“音乐”至舞台中的合适位置，如图5-34所示。

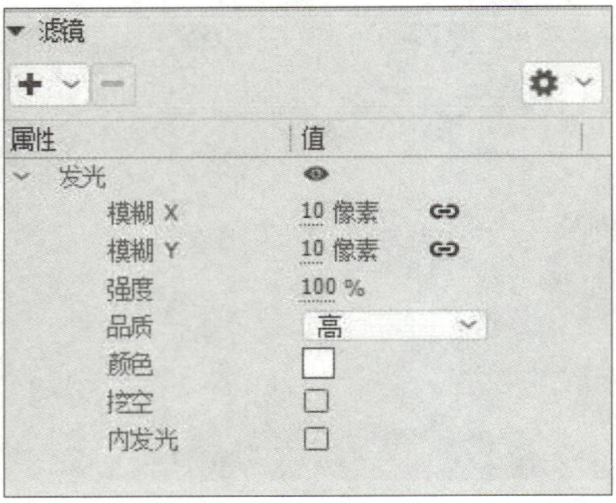

图 5-33

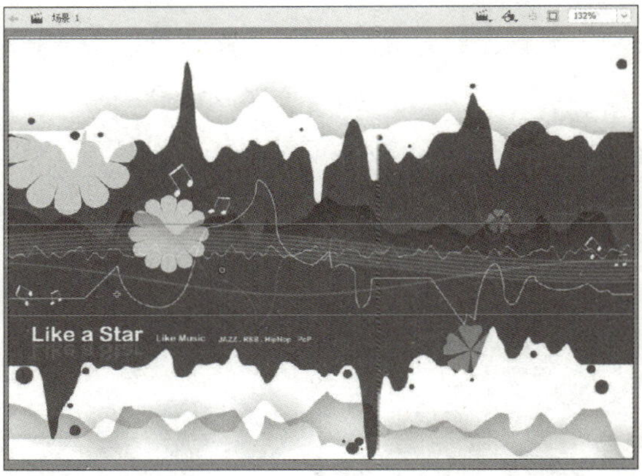

图 5-34

步骤33 在“音乐”图层的上方新建“声音”图层，在第1帧添加声音并进行设置，如图5-35和图5-36所示。

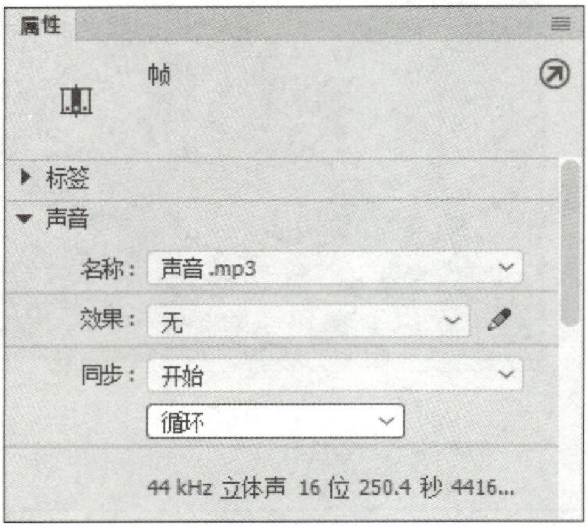

图 5-35

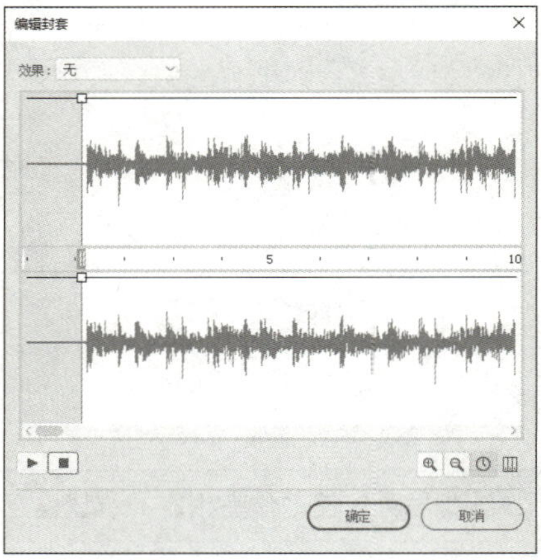

图 5-36

步骤34 至此，完成舞动音符的制作。按Ctrl+Enter组合键进行测试，效果如图5-37~图5-40所示。

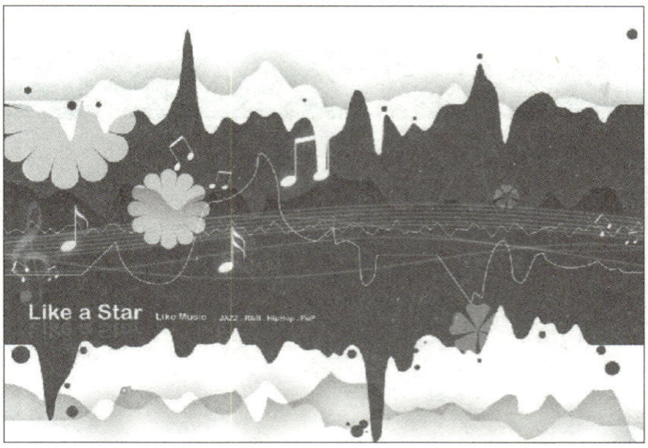

图 5-37

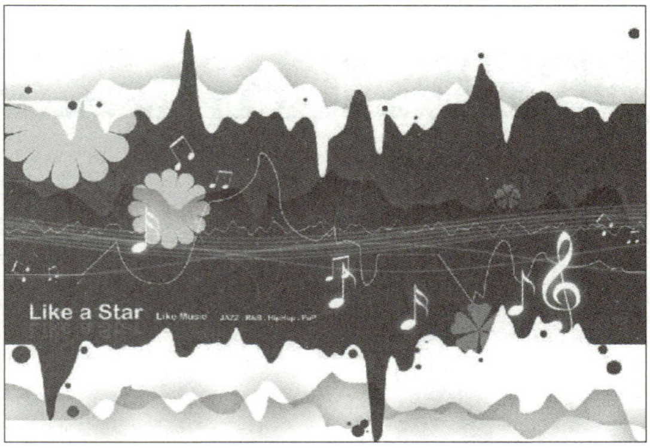

图 5-38

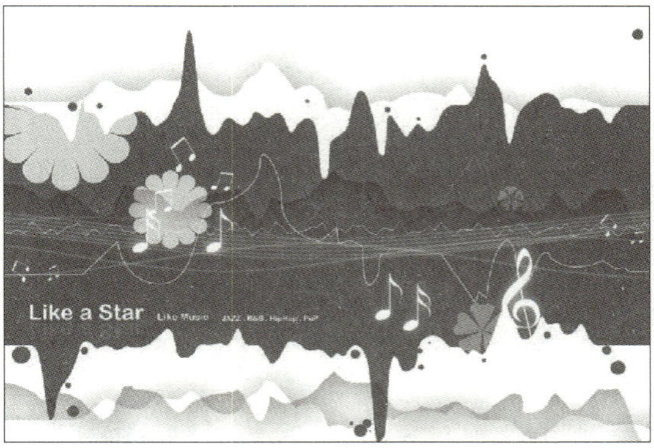

图 5-39

图 5-40

学习体会

边用边学

5.1 认识元件

Animate中的元件分为影片剪辑元件、图形元件和按钮元件3种类型，如图5-41所示。元件可以重复使用，以提高动画制作的效率。本小节将针对元件的基础知识进行介绍。

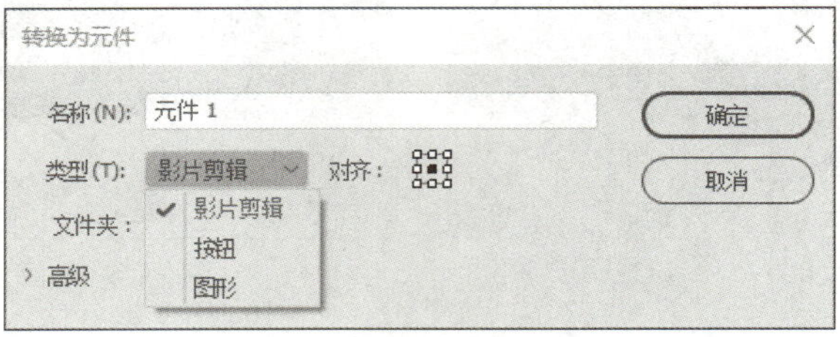

图 5-41

■5.1.1 影片剪辑元件

影片剪辑元件用于创建可重复使用的动画片段，该元件的时间轴是独立的，不受主时间轴的控制，能独立于主动画进行播放。影片剪辑是主动画的一个组成部分，可以将影片剪辑元件的时间轴看作主时间轴内的嵌套时间轴，其中包含交互式控件、声音及其他影片剪辑实例。

■5.1.2 图形元件

图形元件用于制作动画中的静态图形，是制作动画的基本元素之一。它也可以是影片剪辑元件或场景的一个组成部分，但是图形元件不能添加声音，图形元件的实例也不能添加脚本动作。

提示：应用图形元件到场景中时，受主场景中时间轴的控制，图形元件中的时间轴与主时间轴同步运行。

■5.1.3 按钮元件

按钮元件是一种特殊的元件，具有一定的交互性，用于创建动画的交互控制按钮。按钮元件具有“弹起”“指针经过”“按下”“点击”4个不同状态的帧，如图5-42所示。

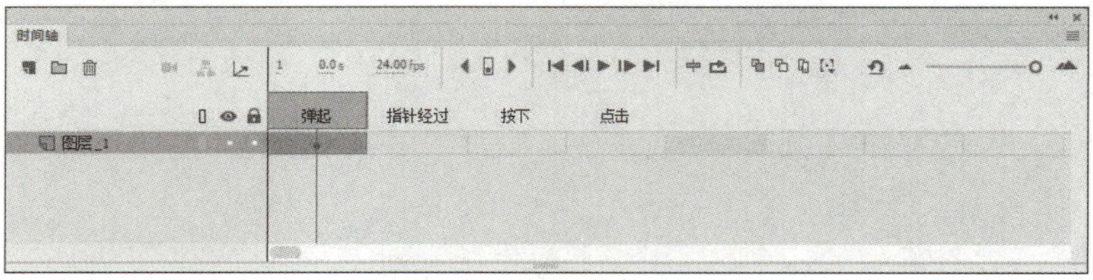

图 5-42

其中，“弹起”表示鼠标指针没有经过按钮时的状态；“指针经过”表示鼠标指针经过按钮时的状态；“按下”表示单击按钮时的状态；“点击”表示用来定义可以响应鼠标事件的最大区域。

5.2 创建与编辑元件

在Animate中，可以通过两种途径创建元件，即将舞台中的对象转换成元件或直接创建一个空白的元件，然后在元件编辑模式下制作或导入图形、按钮及动画等。

■5.2.1 创建元件

在Animate中创建元件的方式有多种，下面将一一进行介绍。

1. 使用命令创建元件

执行“插入”→“新建元件”命令或按Ctrl+F8组合键，打开“创建新元件”对话框，如图5-43所示，在该对话框中设置“名称”“类型”等参数后，单击“确定”按钮，即可创建新元件。

图 5-43

其中，“创建新元件”对话框中主要选项的作用如下。

- **名称：** 用于设置元件的名称。
- **类型：** 用于设置元件的类型，包括“图形”“按钮”“影片剪辑”3个选项。
- **文件夹：** 单击“库根目录”，打开“移至文件夹…”对话框，如图5-44所示。通过该对话框可以将元件放置在新建文件夹中，也可以将元件放置在现有文件夹或库根目录中。
- **高级：** 单击该选项左侧的箭头，可展开高级设置面板，从而对元件进行高级设置，如图5-45所示。

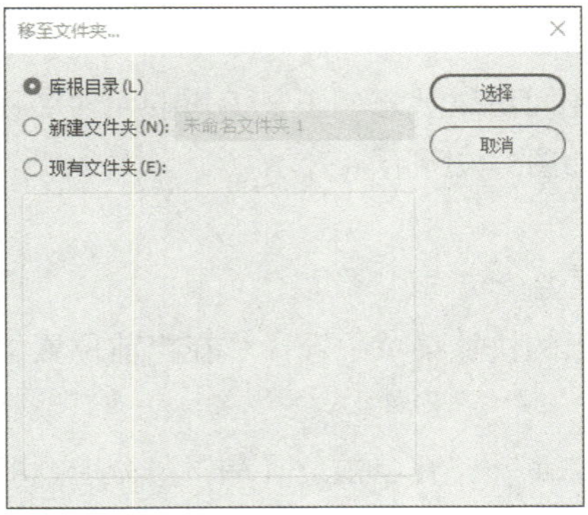

图 5-44

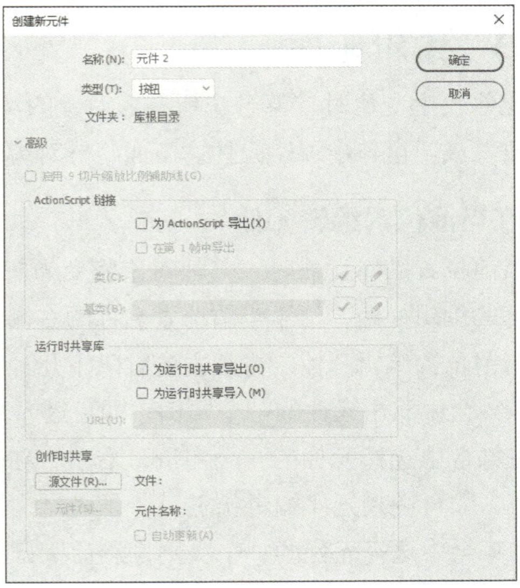

图 5-45

2. 使用“库”面板创建元件

除了使用“新建元件”命令创建新元件外，还可以通过“库”面板创建新元件。

执行“窗口”→“库”命令，打开“库”面板，在“库”面板中的空白处右击，在弹出的快捷菜单中选择“新建元件”命令，即可打开“创建新元件”对话框新建元件。

也可以单击“库”面板右上角的面板菜单按钮，在弹出的菜单中选择“新建元件”命令，或者直接单击“库”面板底部的“新建元件”按钮，打开“创建新元件”对话框新建元件。

■5.2.2 转换元件

在制作动画的过程中，也可以通过“转换为元件”命令将舞台中的对象转换为元件，以便于使用。

选中要转换为元件的对象，执行“修改”→“转换为元件”命令或按F8快捷键，打开“转换为元件”对话框，如图5-46所示，在该对话框中设置“名称”“类型”等参数，完成后单击“确定”按钮，即可按照设置将选中的对象转换为元件。

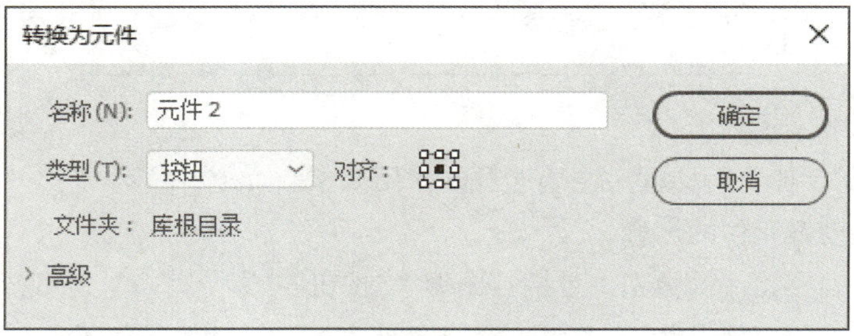

图 5-46

提示：除了执行菜单命令外，还可以在选中对象后右击，在弹出的快捷菜单中选择“转换为元件”命令，打开“转换为元件”对话框进行设置。

■5.2.3 编辑元件

当元件发生变化时，舞台中所有该对象的实例都会发生相应的变化。在Animate中，可以在当前位置或新窗口中编辑元件。下面将针对编辑元件的方法进行介绍。

1. 在当前位置编辑元件

在当前位置编辑元件时，其他对象将变为灰色不可编辑状态，正在编辑的元件名称显示在舞台顶部的编辑栏内，位于当前场景名称的右侧，如图5-47所示。

在当前位置编辑元件的方法主要有以下几种。

- 在舞台中双击元件的一个实例，即可进入元件编辑状态。
- 在舞台中选择元件的一个实例，右击，在弹出的快捷菜单中选择“在当前位置编辑”命令，即可进入元件编辑状态。
- 在舞台中选择元件的一个实例，然后执行“编辑”→“在当前位置编辑”命令，即可进入元件编辑状态。

图 5-47

2. 在新窗口中编辑元件

若舞台中的对象较多、颜色较复杂，在当前位置编辑元件不方便，也可以在新窗口中进行编辑。

在舞台中选择要进行编辑的元件，右击，在弹出的快捷菜单中选择“在新窗口中编辑”命令，进入新窗口中的元件编辑状态，正在编辑的元件的名称会显示在舞台顶部的编辑栏内，并且位于当前场景名称的右侧，如图5-48所示。

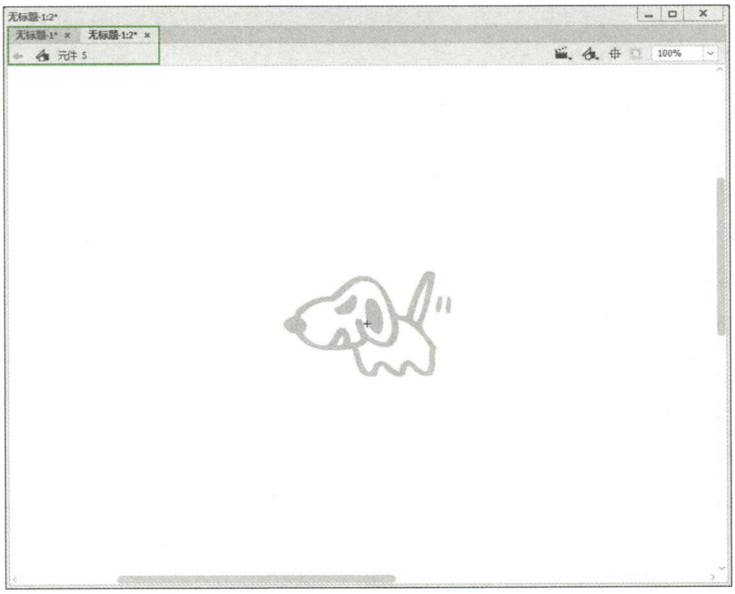

图 5-48

除了使用以上方法编辑元件外，还可以右击选中的对象，在弹出的快捷菜单中选择“编辑元件”或“编辑所选项”命令进入元件编辑状态，快捷键为Ctrl+E。

5.3 使用“库”面板

在“库”面板中包括当前影片中的所有元件，可以直接拖动使用。此外，在制作动画的过程中还可以从其他影片的“库”面板中调用元件，以节省操作时间。下面将针对库的各种操作进行详细介绍。

■5.3.1 “库”面板简介

Animate中的“库”面板可用于存储动画制作过程中创建的各种元件和导入的素材文件。新建Animate文档时，“库”面板是空的，可以将图片、声音等资源导入到库中，以增加“库”面板的内容。

执行“窗口”→“库”命令，即可打开“库”面板。“库”面板由多个库项目组成，每一个库项目的基本信息均会反映在“库”面板中，如“名称”“使用次数”等。单击这些选项按钮，即可按照相应的顺序为“库”面板中的对象排序，如图5-49所示。

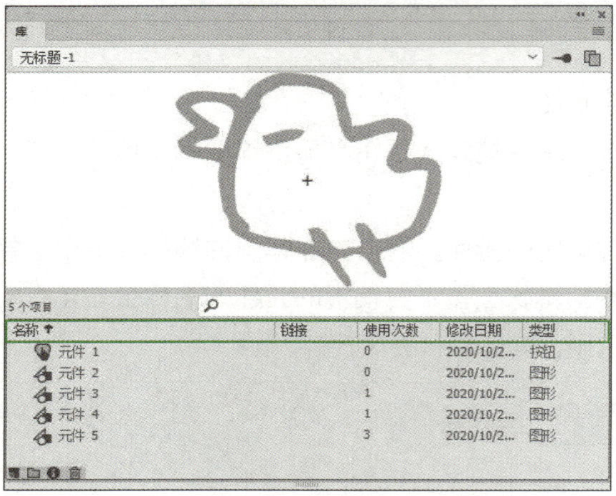

图 5-49

在“库”面板中，主要组成部分的作用如下。

- **预览窗口：** 用于显示所选对象的内容。
- **面板菜单按钮** ：单击该按钮，可以弹出“库”面板的选项菜单。
- **“新建库面板”按钮** ：用于新建“库”面板。
- **“新建元件”按钮** ：单击该按钮，可以弹出“创建新元件”对话框。
- **“新建文件夹”按钮** ：用于新建文件夹。
- **“属性”按钮** ：用于打开相应的元件属性对话框。
- **“删除”按钮** ：用于删除元件或文件夹。

在Animate中，可以根据需要创建永久的库，只要启动Animate即可使用。

■5.3.2 重命名库项目

在制作动画时，为了更好地使用和管理“库”面板中的项目，可以重命名库项目。本小节将介绍重命名库项目的方法。

1. 双击项目名称

在“库”面板中，双击项目的名称，待其进入可编辑状态后，在文本框中输入新名称，按Enter键确认即可。

2. 使用“重命名”命令

在“库”面板中选中项目，右击或单击面板菜单按钮，在弹出的菜单中选择“重命名”命令，使项目名称进入可编辑状态，然后进行修改即可，如图5-50所示。

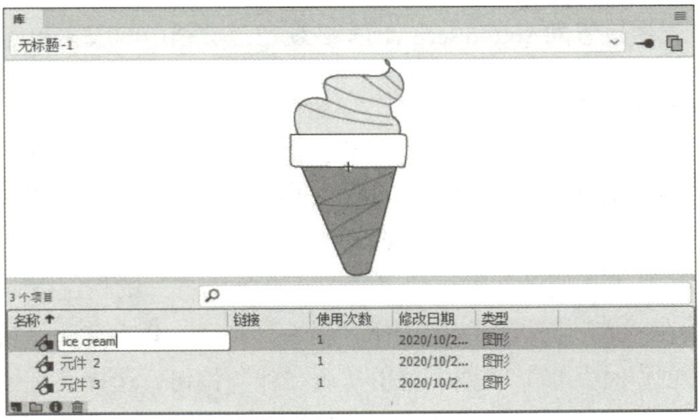

图 5-50

■5.3.3 共享库资源

共享库资源可用于共享一个影片“库”面板中的资源，以减少动画或影片的制作周期。下面将介绍库资源的共享与应用。

1. 复制库资源

在Animate中，有多种方法可以将库从源文档复制到目标文档中。在制作动画时，还可以将元件作为共享库资源在文档之间共享。

- 通过“复制”和“粘贴”命令复制库资源。

在源文档舞台中选择要复制的对象，然后执行“编辑”→“复制”命令，即可复制选中的对象。

打开目标文档，执行“编辑”→“粘贴到中心位置”命令即可将复制的对象粘贴到舞台的中心位置；执行“编辑”→“粘贴到当前位置”命令即可将资源放置在与源文档中相同的位置。

- 通过拖动复制库资源。

在源文档和目标文档都打开的情况下，在源文档的“库”面板中选择该资源，直接将其拖动至目标文档中即可。

- 通过在目标文档中打开源文档库复制库资源。

当目标文档处于活动状态时，执行“文件”→“导入”→“打开外部库”命令，选择源文档并单击“打开”按钮，即可打开源文档的“库”面板。

2. 实时共享库中的资源

运行时将共享资源，源文档的资源是以外部文件的形式链接到目标文档中的，资源在文档运行时加载到目标文档中。在制作目标文档时，包含共享资源的源文档并不需要在本地网络上。为了让共享资源在运行时可供目标文档使用，源文档必须发布到URL（统一资源定位符）上。

使用实时共享库资源需要执行以下操作。

- 设计者在源文档中定义共享资源并输入该资源的标识符字符串和源文档将要发布到的URL（仅 HTTP 或 HTTPS）。
- 用户在目标文档中定义一个共享资源，并输入一个与源文档的那些共享资源相同的标识符字符串和URL。或者，用户可以将共享资源从发布的源文档拖动到目标文档的库中。在“发布”设置中设置的ActionScript版本必须与源文档中的版本相匹配。

3. 在创作时共享库中的资源

对于创作期间的共享资源，可以使用本地网络上的任何其他可用元件来更新或替换正在制作的文档中的任何元件。在创建文档时更新目标文档中的元件，目标文档中的元件保留了原始名称和属性，但其内容会被更新或替换为所选元件的内容。

在Animate中，替换或更新元件的操作很简单。在文档打开的情况下，选择影片剪辑、按钮或图形元件，然后在“库”面板菜单中选择“属性”命令，弹出“元件属性”对话框，展开高级设置面板，在“创作时共享”区域中单击“源文件”按钮，选择要替换的FLA文件，勾选“自动更新”复选框，然后单击“确定”按钮，如图5-51所示。

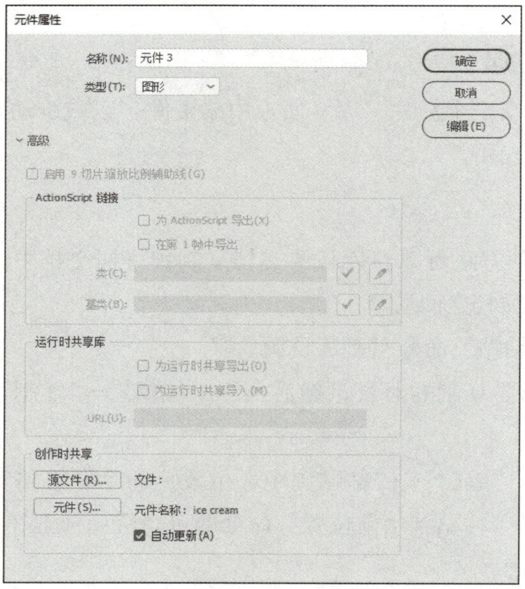

图 5-51

4. 解决库资源之间的冲突

如果将一个库资源导入或复制到含有同名的不同资源的文档中，可以在弹出的“解决库冲突”对话框中选择是否用新项目替换现有项目，如图5-52所示。

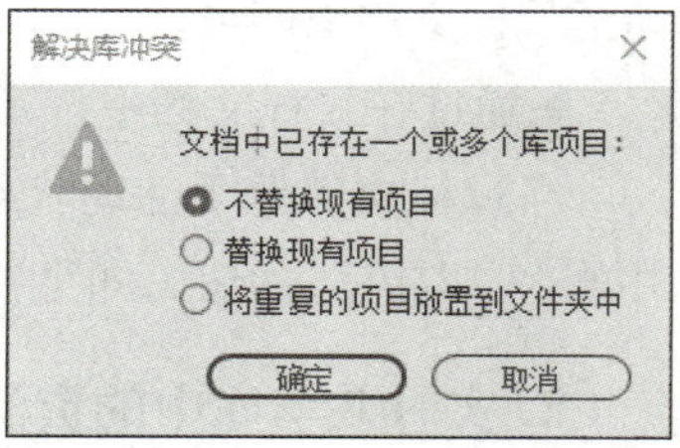

图 5-52

在“解决库冲突”对话框中可执行以下操作。

- 选中“不替换现有项目”单选按钮，将保留目标文档中的现有资源。
- 选中“替换现有项目”单选按钮，将用同名的新项目替换现有资源及其实例。
- 选中“将重复的项目放置到文件夹中”单选按钮，可以保留目标文档中的现有资源，同名的新项目将被放置在重复项目文件夹中。

5.4 创建与编辑实例

在场景或元件中的元件为实例，即将元件从库中拖到舞台或其他元件中后，就变为实例。本小节将针对实例的相关知识进行讲解。

5.4.1 创建实例

每个实例都有自己的属性，可以在“属性”面板中对实例的相关属性进行修改，修改效果只会显示在当前所选的实例上，对元件和场景中的其他实例没有影响。

在“库”面板中选择元件，将其拖动至舞台中即可创建实例。

5.4.2 复制实例

在使用Animate制作影片的过程中，若需要重复使用实例，可以直接在舞台中进行复制，以简化操作。

选中要复制的目标实例对象，按住Alt键并拖动该目标实例对象，此时鼠标指针的右下角会显示一个小“+”标志，将目标实例对象拖动到目标位置后，释放鼠标即可复制所选择的目标实例对象，如图5-53所示。

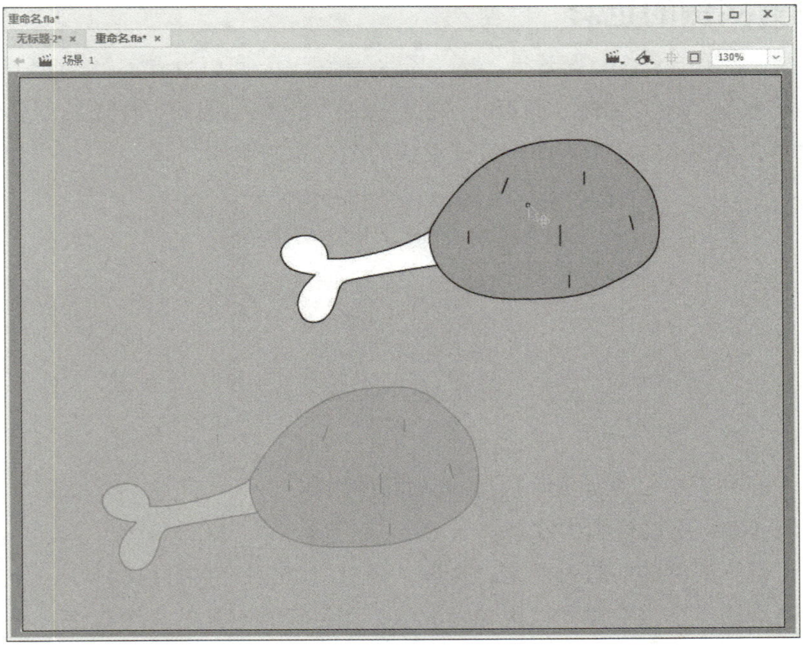

图 5-53

5.4.3 查看实例信息

在Animate中，可以在“属性”面板和“信息”面板中查看舞台中选定实例的相关信息。例如，在Animate文档中处理同一元件的多个实例时，识别舞台中元件的特定实例比较复杂，此时便可以借助“属性”面板或“信息”面板。

在“属性”面板中，可以查看实例的行为和设置，如图5-54所示。对于所有实例类型，均可以查看其色彩效果、位置和大小设置。

在“信息”面板中，可以查看实例的大小和位置、实例注册点的位置、指针的位置，以及实例的红（R）、绿（G）、蓝（B）和Alpha（A）值，如图5-55所示。

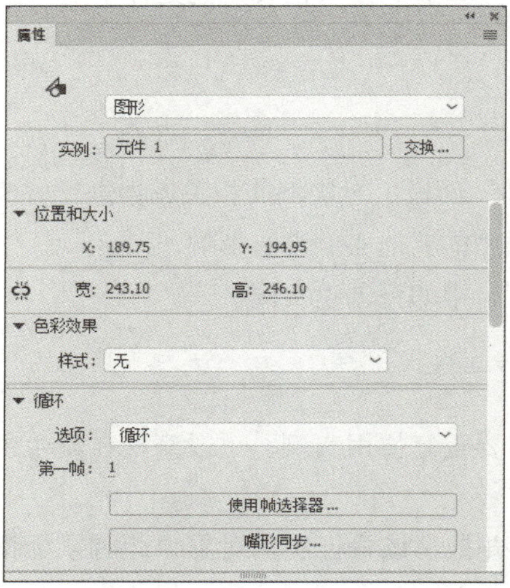

图 5-54

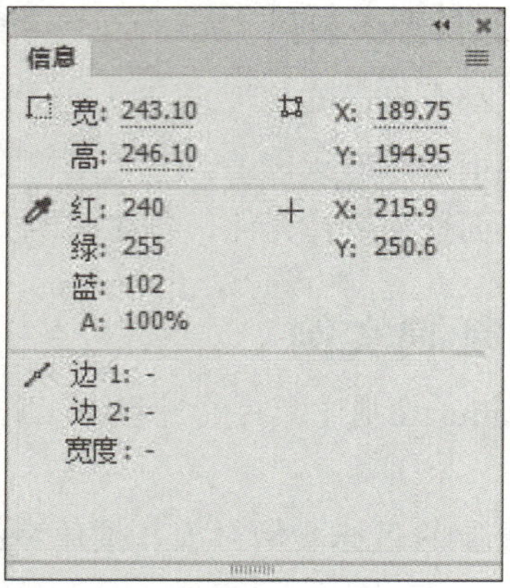

图 5-55

5.4.4 设置实例的色彩

每个元件的实例都有自己的色彩效果。在“属性”面板中，可以设置实例的颜色和透明度等。

选中舞台中的实例，在“属性”面板的“色彩效果”区域中展开“样式”下拉列表，在其中选择相应的选项，如图5-56所示，即可设置实例的颜色和透明度。

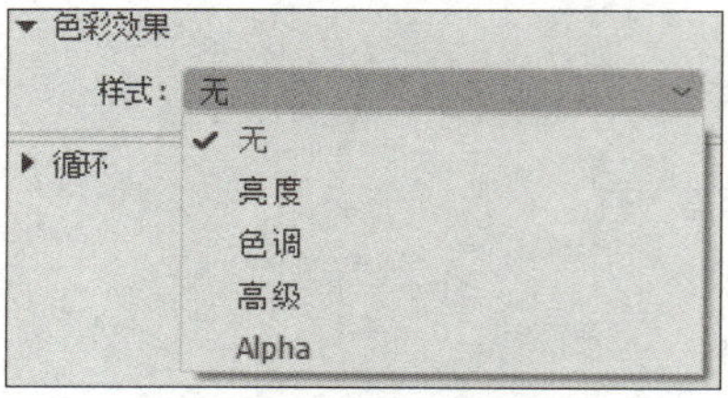

图 5-56

在“样式”下拉列表中包含5个选项，各选项的作用如下。

- **无：** 选择该选项，不设置颜色效果。
- **亮度：** 用于设置实例的明暗对比度，范围从黑（-100%）到白（100%）。选择“亮度”选项，拖动滑块或直接在文本框中输入数值，即可设置对象的亮度属性。如图5-57和图5-58所示分别为设置“亮度”值为-30%和30%的画面效果。

图 5-57

图 5-58

- **色调：**用于设置实例的颜色。选择“色调”选项，单击右侧的色块，从“颜色”面板中选择一种颜色，或者在文本框中输入“红”“绿”“蓝”的颜色值，即可改变实例的色调。如图5-59所示为选择“色调”选项时的“色彩效果”区域。
- **高级：**用于设置实例的“红”“绿”“蓝”“Alpha”的值，如图5-60所示。
- **Alpha：**用于设置实例的透明度，调节范围从透明（0%）到完全不透明（100%）。选择“Alpha”选项并拖动滑块，或在文本框中输入数值，即可调整Alpha值。

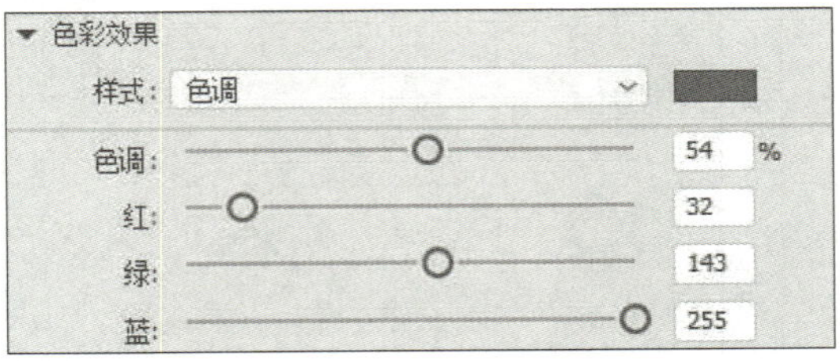

图 5-59

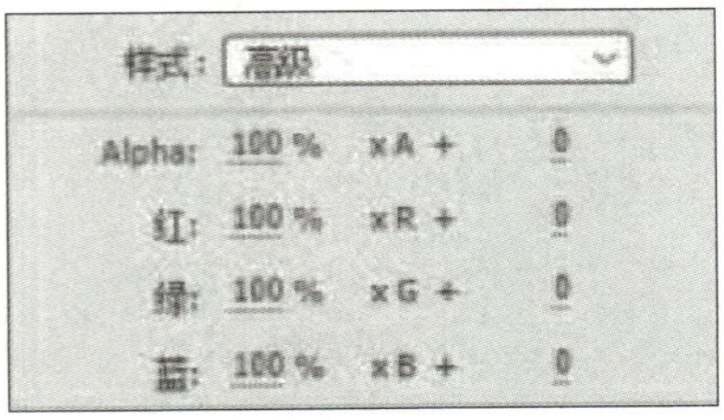

图 5-60

你学会了吗？

经验之谈 如何转换实例的类型及替换实例

经验一：转换实例类型的方法

在Animate中，所使用的实例均为其对应元件的类型，可以对其类型进行修改以便于操作。

以将图形实例转换为按钮实例为例，选中舞台中的图形对象，在“属性”面板中单击“实例行为”选项下拉列表，如图5-61所示，在该下拉列表中选择“按钮”选项，即可将实例类型从“图形”转换为“按钮”，如图5-62所示。

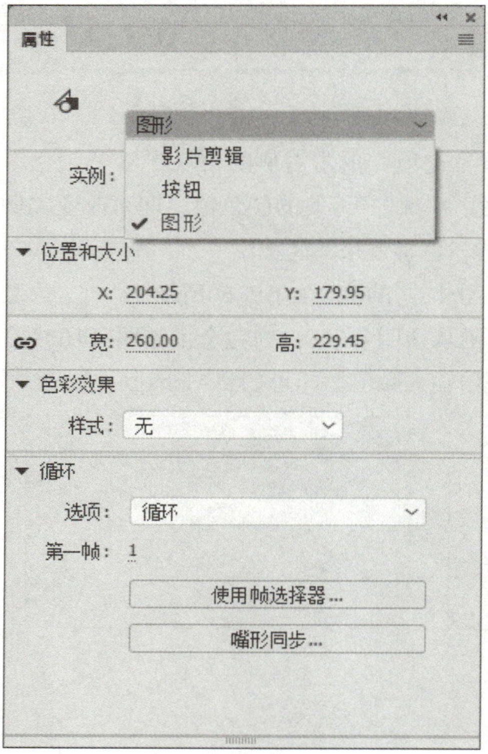

图 5-61

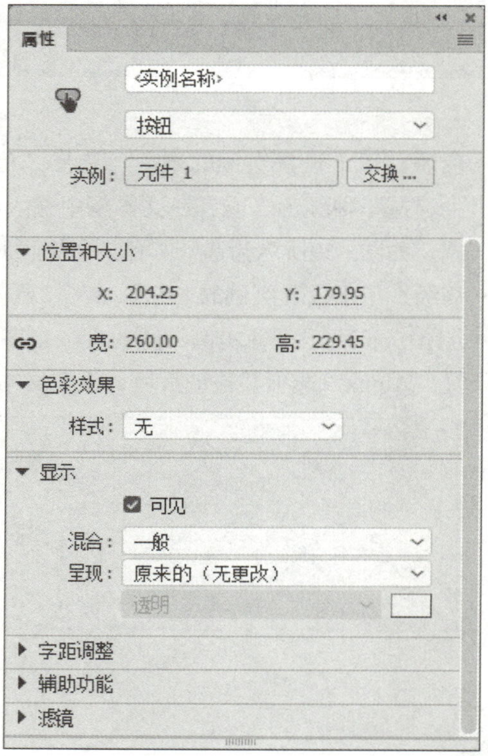

图 5-62

这样修改后，实例的本质还是图形。若想使其具有按钮元件的特性，需要单击“打开元件属性”按钮，在弹出的“元件属性”对话框中调整元件的类型，将其转换为“按钮”，使其具有按钮元件的特性，如图5-63所示。

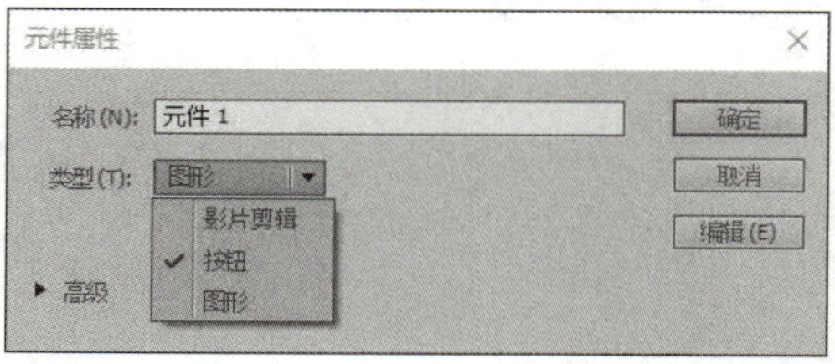

图 5-63

学习体会

经验二：替换实例的方法

在Animate中，若想替换实例所引用的元件但保留其设置好的属性，可以通过“属性”面板中的“交换”按钮实现。

选中舞台中的元件，如图5-64所示，单击“属性”面板中的“交换”按钮，弹出“交换元件”对话框，如图5-65所示。

图 5-64

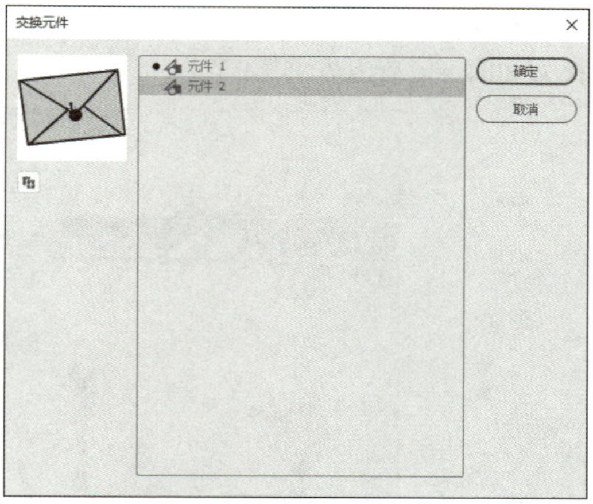

图 5-65

选择要交换的元件，单击“确定”按钮，即可替换元件，并且保留设置好的属性，如图5-66所示。

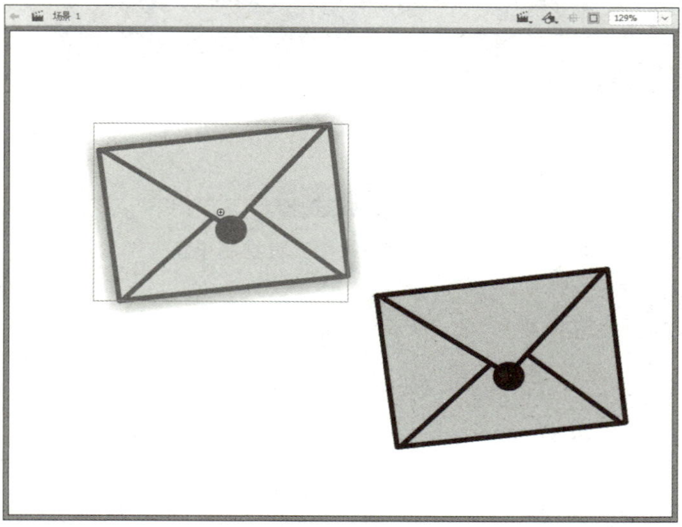

图 5-66

学习体会

上手实操

实操一：制作跟随鼠标指针游动的鱼

本案例将制作跟随鼠标指针移动的效果。当鼠标指针移动时，动画中的鱼也跟随鼠标指针移动，如图5-67所示为案例效果。本案例涉及的知识点包括绘图工具的使用、补间动画的制作及ActionScript 3.0的应用。其中，补间动画的相关知识可以查看本书第6章；ActionScript 3.0的相关知识可以查看本书第9章。

图 5-67

设计要领

- 启动Animate软件后，新建影片剪辑元件，使用绘图工具绘制小鱼各部分。
- 添加关键帧与补间动画。
- 设置元件实例名称，添加控制脚本，如下所示。

```
var i:uint;
var yu:Array=new Array();
var yur:Array=new Array();
for (i=0; i<21; i++) {
        if (i==0) {
                var tou:Tou=new Tou();
                addChild(tou);
                yu.push(tou);
        } else if ((i==2)||(i==10)) {
                var qi:Qi=new Qi();
```

```
            addChild(qi);
            yu.push(qi);
        } else {
            var ti:Ti=new Ti();
            addChild(ti);
            yu.push(ti);
        }
}
for (i=0; i<21; i++) {
        if (i<12) {
            yu[i].scaleX=(50+i-0.20*i*i)/50;
            yu[i].scaleY=(50+i-0.20*i*i)/50;
            yu[i].aa=(50+i-0.20*i*i)/5;
            yu[i].alpha=1-i*0.03;
        } else if (i<19) {
            yu[i].scaleX=1.5-i/(10+i/3);
            yu[i].scaleY=1.5-i/(10+i/3);
            yu[i].aa=10*(1.5-i/(12+i/3));
            yu[i].alpha=0.8;
        } else {
            yu[i].scaleX=0.55;
            yu[i].scaleY=0.45;
            yu[i].aa=7;
            yu[i].alpha=0.18;
        }
        setChildIndex(yu[i],20-i);
}

addEventListener(Event.ENTER_FRAME,fff);
function fff(e:Event) {
        yu[0].x+=(mouseX-yu[0].x)/12;
        yu[0].y+=(mouseY-yu[0].y)/12;
        yur[0]=Math.atan2(yu[0].y-mouseY,yu[1].x-mouseX);
        yu[0].rotation=yur[0]*180/Math.PI;
        for (i=1; i<21; i++) {
            yur[i]=Math.atan2(yu[i].y-yu[i-1].y,yu[i].x-yu[i-1].x);
            yu[i].x=yu[i-1].x+yu[i].aa*Math.cos(yur[i-1]);
            yu[i].y=yu[i-1].y+yu[i].aa*Math.sin(yur[i-1]);
            yu[i].rotation=yur[i]*180/Math.PI;
        }
}
```

● 制作跟随效果。

实操二：制作放大效果

本案例将练习制作透过放大镜观察物体的效果，移动鼠标指针时会根据鼠标指针所在位置放大当前位置的图像，如图5-68所示。本案例涉及的知识点包括新建元件、命名实例及添加代码。其中，代码的相关知识可以查看本书第9章。

图 5-68

设计要领

- 启动Animate软件，新建元件。
- 将元件拖入舞台，设置实例名称。
- 调整实例尺寸，添加相应代码，如下所示。

```
bg_large.mask=zoom_mc.mask_mc;
Mouse.hide();

this.parent.addEventListener("mouseMove",moveMc);
function moveMc(me:MouseEvent)
{
        zoom_mc.x=this.parent.mouseX;
        zoom_mc.y=this.parent.mouseY;
}
```

第6章

基本动画的创建

内容概要

制作动画是Animate最主要的功能。本章将针对各类动画的制作方法进行讲解。通过对本章的学习，可以了解简单动画的类型并学会其制作方法，以及掌握复杂动画的制作并对其进行编辑。

知识要点

- 了解动画类型。
- 学会创建简单的动画。
- 学会创建复杂的动画。

数字资源

【本章案例素材来源】："素材文件\第6章"目录下

【本章案例最终文件】："素材文件\第6章\案例精讲\制作父亲节贺卡.fla"

案例精讲 制作父亲节贺卡

案/例/描/述

本案例讲解的是父亲节贺卡的制作，动画主题为感恩父爱，通过祝福词和与之相配的背景、轻松的音乐，传达对父亲的感谢与爱。本案例涉及的知识点包括传统补间动画、引导动画的创建，以及帧的相关知识等。

扫码观看视频

案/例/详/解

下面将详细介绍父亲节贺卡的制作过程。

步骤01 启动Animate，打开本章素材文件“父亲节贺卡素材.fla”，如图6-1所示。

步骤02 从“库”面板中拖动“山.jpg”至舞台中，如图6-2所示。

图 6-1

图 6-2

步骤03 双击“时间轴”面板中的“图层_1”，修改图层名称为“背景1”，移动时间线至第77帧，按F6键添加关键帧，如图6-3所示。

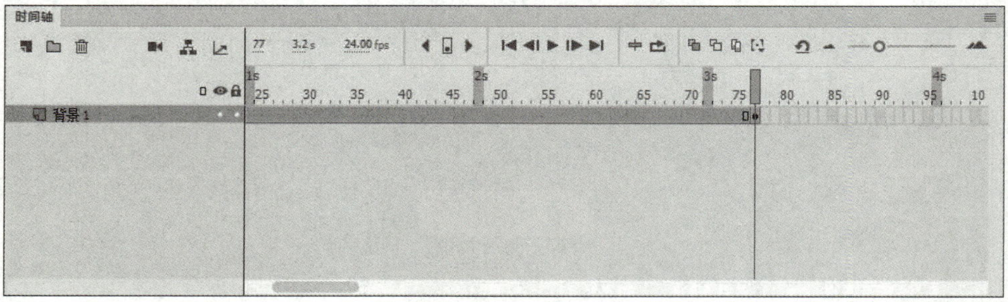

图 6-3

步骤04 隐藏“背景1”，单击“时间轴”面板中的“新建图层”按钮，新建图层并重命名为“背景2”，调整图层顺序，在“背景2”图层的第66帧按F6键插入关键帧，从“库”面板中拖动“海.jpg”至舞台中，如图6-4所示。

步骤05 选中导入的素材，按F8键打开“转换为元件”对话框，将素材转换为影片剪辑元件，如图6-5所示。

图 6-4

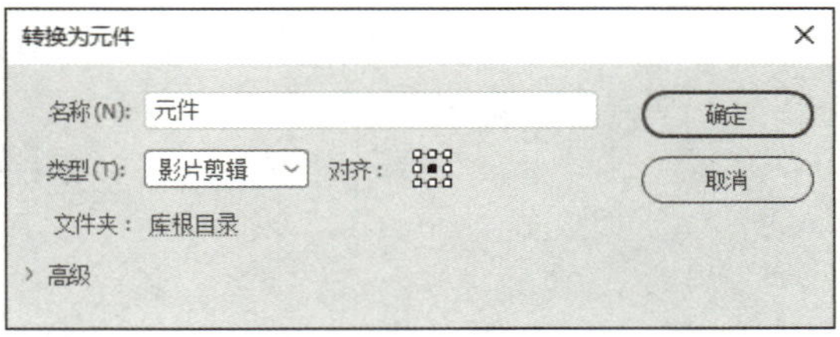

图 6-5

步骤06 移动时间线至第155帧，按F6键添加关键帧，如图6-6所示。

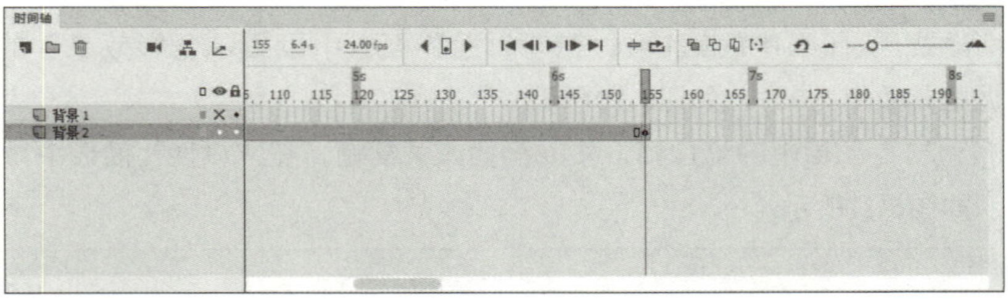

图 6-6

步骤07 使用相同的方法，新建“背景3”“背景4”“背景5”“背景6”图层，并在“背景3”图层的第140～224帧导入“库”面板中的“人.jpg”素材，在“背景4”图层的第210～295帧导入“库”面板中的“梦想.jpg”素材，在“背景5”图层的第280～400帧导入“库”面板中的“风景.jpg”素材，在“背景6”图层的第385～450帧导入“库”面板中的“感谢.jpg”素材，如图6-7～图6-9所示。

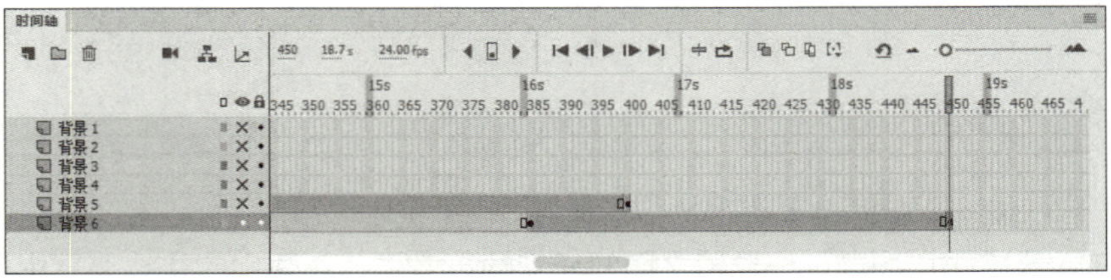

图 6-7

图 6-8

图 6-9

步骤08 选择“背景1”图层中的第1帧，在“属性”面板中设置“色彩效果”的“样式”为“Alpha”，并调整其数值为0%，如图6-10所示。

步骤09 选择“背景1”图层中的第12帧，按F6键插入关键帧，在“属性”面板中设置“Alpha”数值为100%，如图6-11所示。

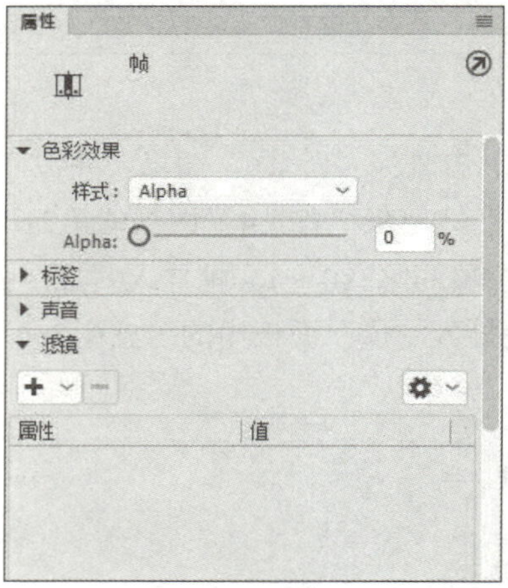

图 6-10

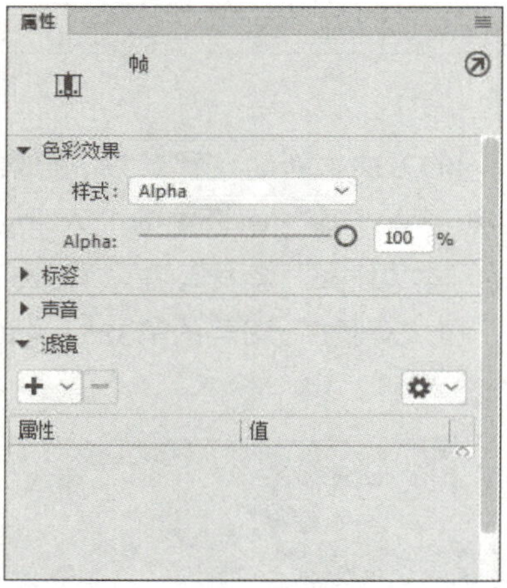

图 6-11

步骤10 选中“背景1”图层中第1～12帧之间的任意帧，右击，在弹出的快捷菜单中选择“创建传统补间”命令，创建传统补间动画，如图6-12所示。

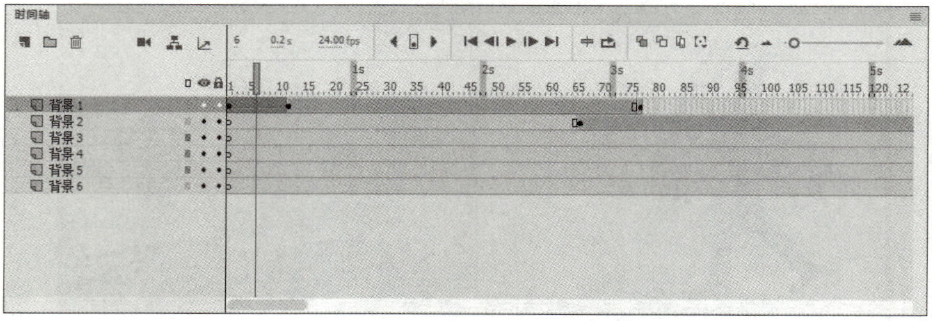

图 6-12

步骤11 使用相同的方法，在“背景1”图层的第66帧按F6键插入关键帧，设置“Alpha”数值为100%，并设置第77帧的“Alpha”数值为0%，创建传统补间动画，如图6-13所示。

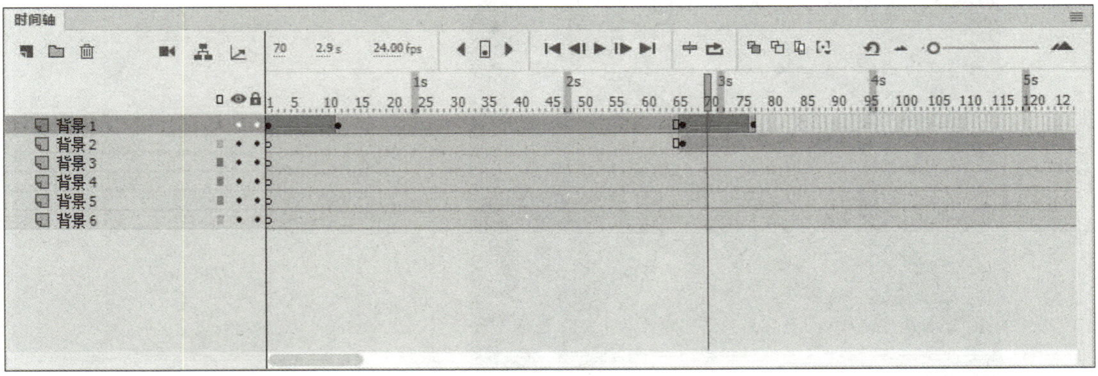

图 6-13

步骤12 使用相同的方法，继续在图层交叉的位置创建传统补间动画，以制作渐隐渐现的动画效果，如图6-14所示。

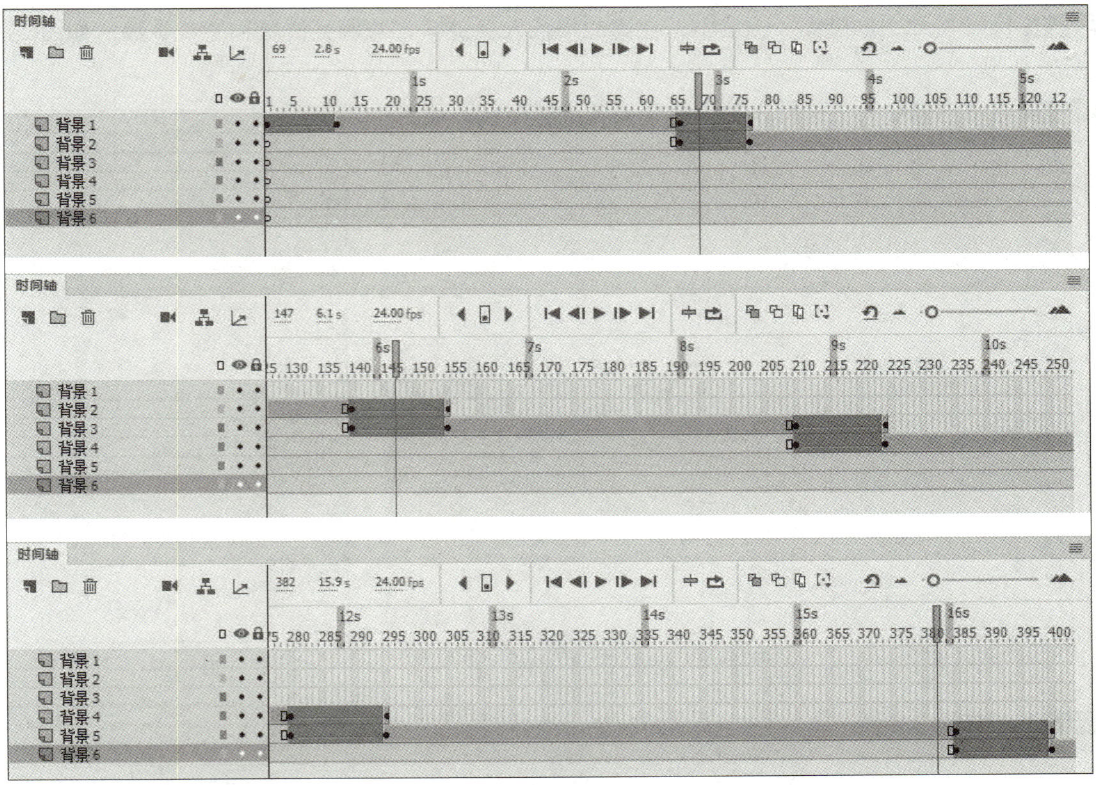

图 6-14

步骤13 新建“文本模糊”图层，并将其置于图层的最上方，在第20帧按F6键插入关键帧，从“库”面板中拖动“元件1”至舞台中，如图6-15所示。

步骤14 选择舞台中置入的对象，在“属性”面板中单击“添加滤镜”按钮，为选中的对象添加“模糊”滤镜并调整其位置，如图6-16所示。

图 6-15

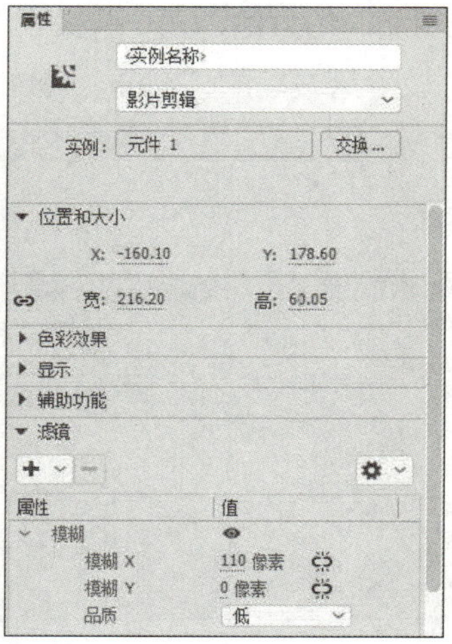

图 6-16

步骤15 在“文本模糊”图层的第38帧按F6键插入关键帧，在“属性”面板中调整滤镜参数，并右移对象，如图6-17所示。

步骤16 保持在“文本模糊”图层中，在第52帧插入关键帧，并调整位置和滤镜参数，如图6-18所示。

步骤17 在第53帧插入关键帧，并调整位置和滤镜参数，如图6-19所示。

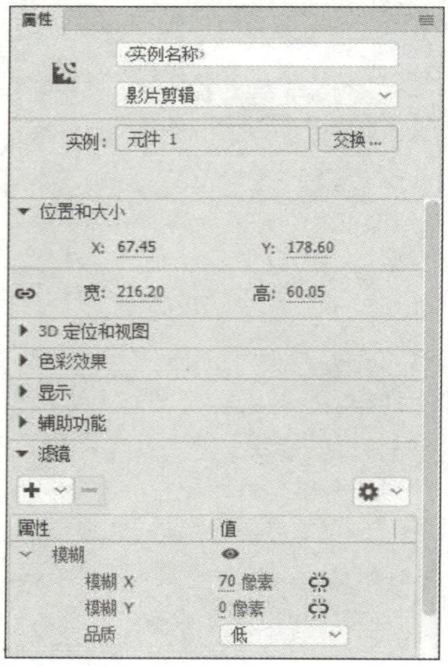

图 6-17

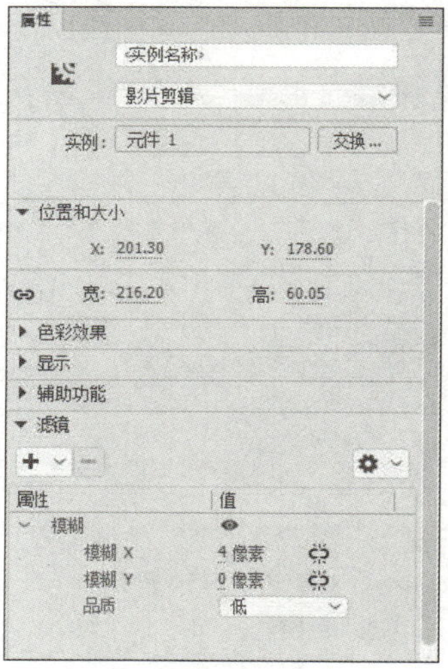

图 6-18

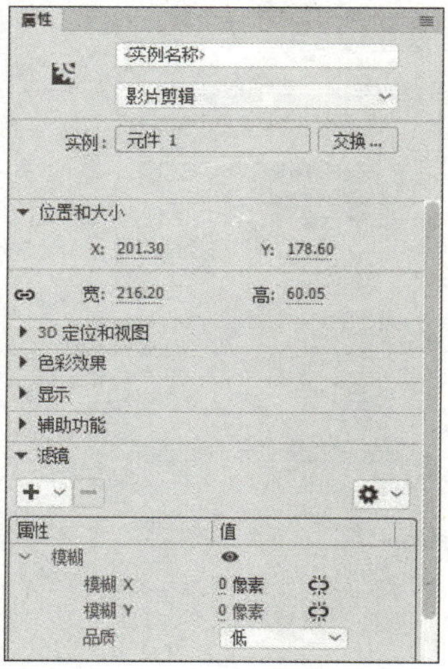

图 6-19

步骤18 在第12～38帧、第38～52帧之间创建传统补间动画，如图6-20所示。

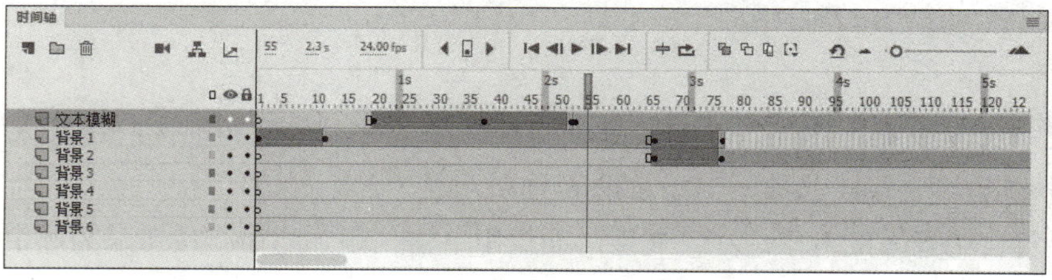

图 6-20

步骤19 在第66帧和第77帧插入关键帧，调整“Alpha”数值分别为100%和0%，并创建传统补间动画，如图6-21所示。

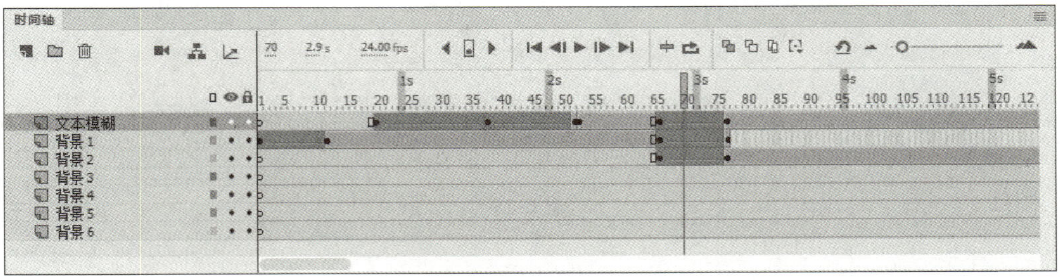

图 6-21

步骤20 在第78帧插入关键帧，删除原来的对象，从“库”面板中拖动“元件2”至舞台中的合适位置，如图6-22所示。

步骤21 在第105帧、第124帧和第125帧插入关键帧，使用相同的方法，为关键帧添加“模糊”滤镜并调整位置，参照步骤13～步骤17中4个关键帧的参数进行设置，然后创建传统补间动画，如图6-23所示。

图 6-22

图 6-23

步骤22 在第140帧和第155帧插入关键帧，调整“Alpha”数值分别为100%和0%，并创建传统补间动画，如图6-24所示。

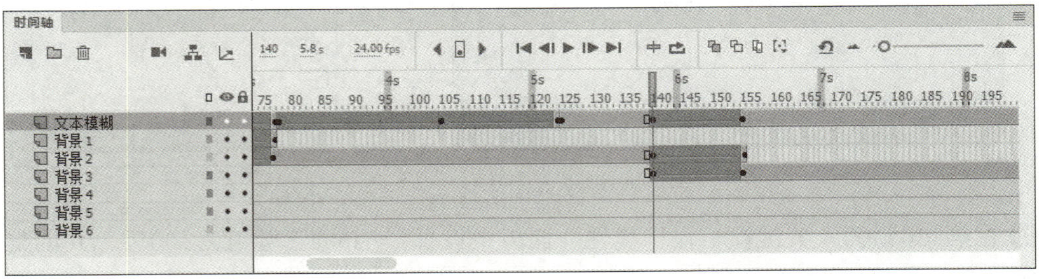

图 6-24

步骤23 使用相同的方法，依次导入“元件3”和“元件4”，并创建传统补间动画，如图6-25和图6-26所示。

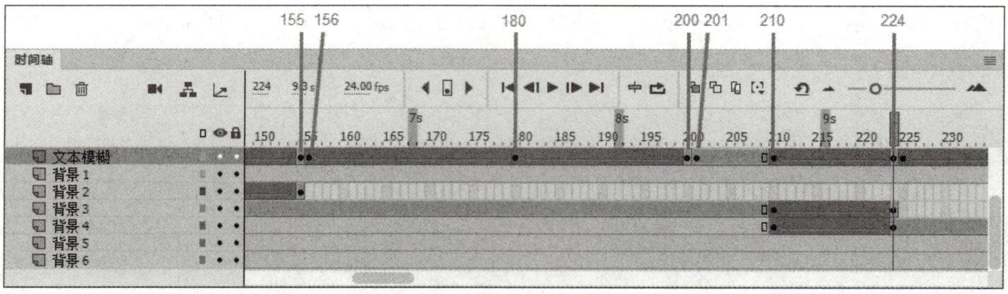

图 6-25

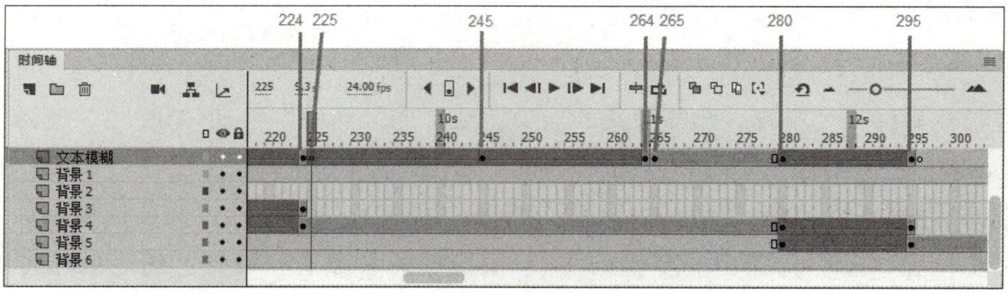

图 6-26

步骤24 在第310帧插入关键帧，删除原来的对象，从“库”面板中拖动“元件5”至舞台中的合适位置，如图6-27所示。

步骤25 选中第310帧，在“属性”面板中设置“Alpha”数值为0%，并添加“模糊”滤镜，如图6-28所示。

图 6-27

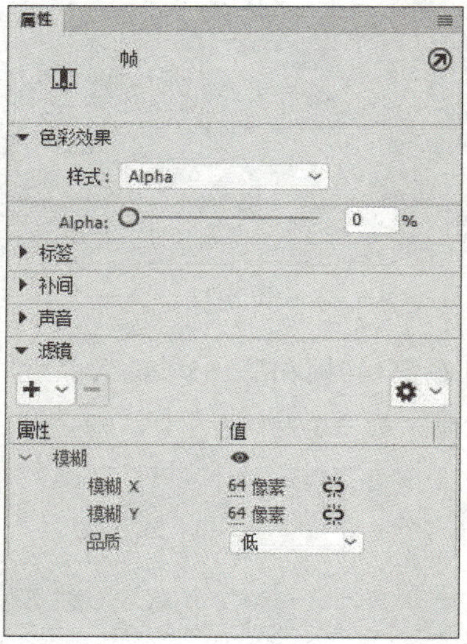

图 6-28

步骤26 在第330帧插入关键帧，在“属性”面板中设置“Alpha”数值为100%，并调整“模糊”滤镜参数，如图6-29所示。

步骤27 在第340帧插入关键帧，“属性”面板中的参数设置如图6-30所示。

步骤28 在第355帧插入关键帧，在“属性”面板中设置“Alpha”数值为0%，并调整“模糊”滤镜参数，如图6-31所示。

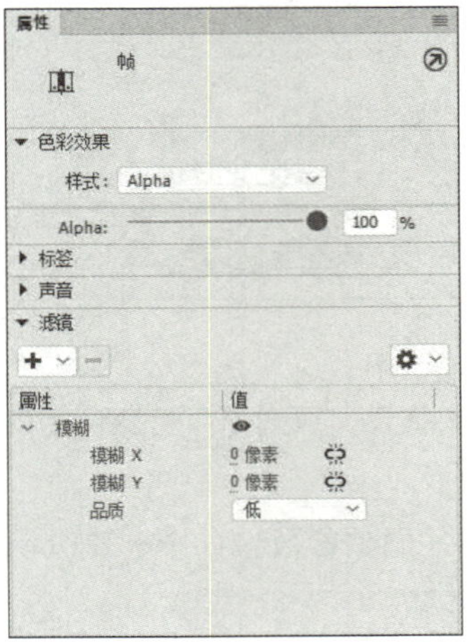

图 6-29

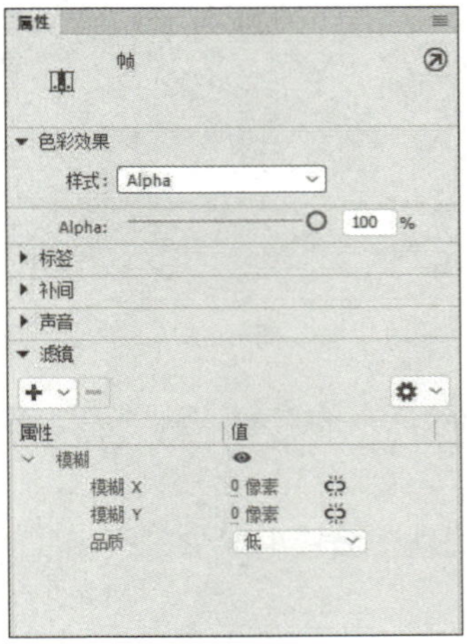

图 6-30

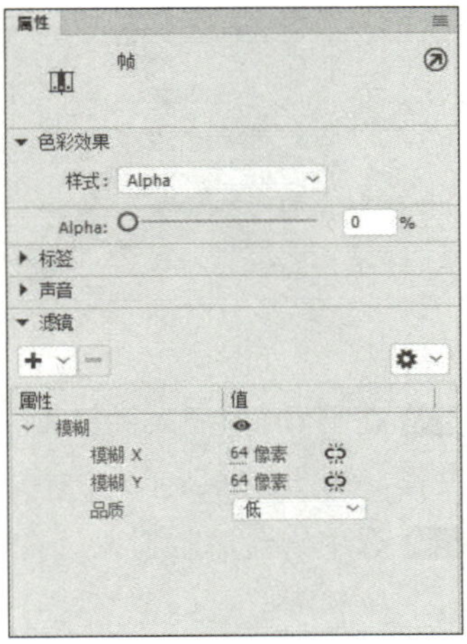

图 6-31

步骤29 在第310～330帧和第340～355帧之间创建传统补间动画，如图6-32所示。

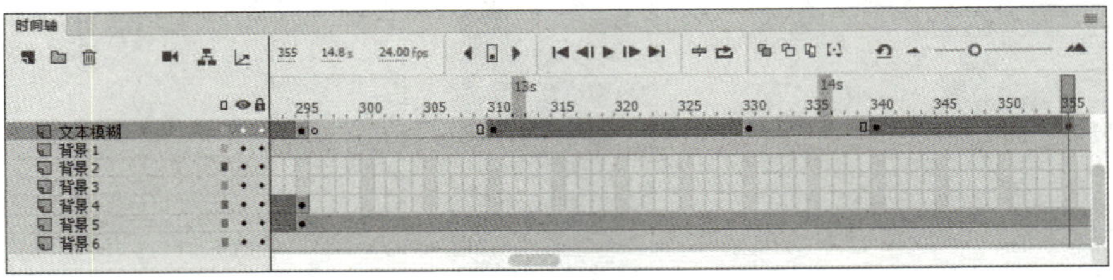

图 6-32

步骤30 在第360帧插入关键帧，删除原来的对象，从“库”面板中拖动“元件6”至舞台中的合适位置，如图6-33所示。

步骤31 选中第360帧，在“属性”面板中设置“Alpha”数值为0%，并添加“模糊”滤镜，如图6-34所示。

图 6-33

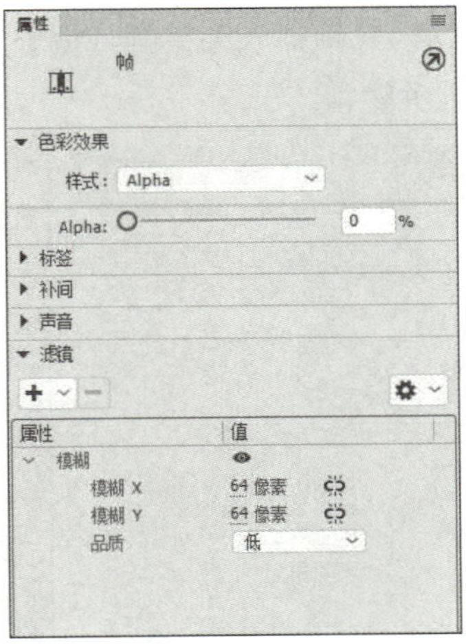

图 6-34

步骤32 在第375、385、400帧分别插入关键帧，并参照第330、340、355帧设置“Alpha”和“模糊”滤镜参数，并创建传统补间动画，如图6-35所示。

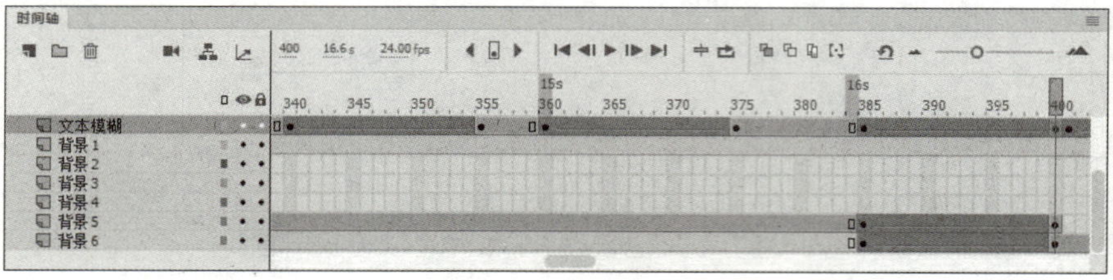

图 6-35

步骤33 在第401帧插入关键帧，删除原来的对象，从“库”面板中拖动“元件7”至舞台中的合适位置，如图6-36所示。

步骤34 选中舞台中的对象，在“属性”面板中添加“模糊”滤镜并调整参数，如图6-37所示。

图 6-36

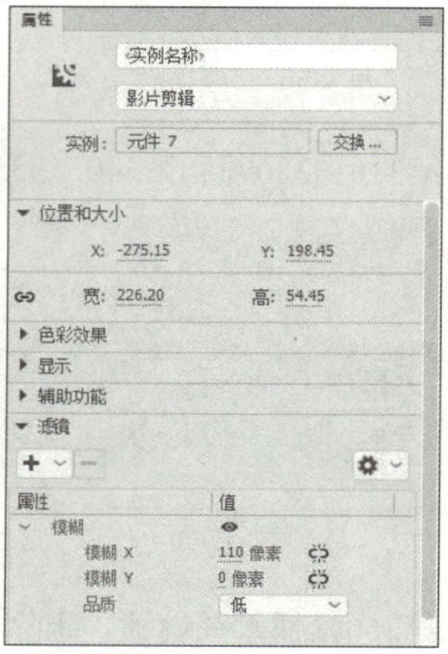

图 6-37

步骤35 在第420帧插入关键帧，调整“位置”参数和“模糊”滤镜参数，如图6-38所示。

步骤36 在第435帧插入关键帧，调整“位置”参数和“模糊”滤镜参数，如图6-39所示。

步骤37 在第436帧插入关键帧，调整“位置”参数和“模糊”滤镜参数，如图6-40所示。在第450帧插入关键帧。

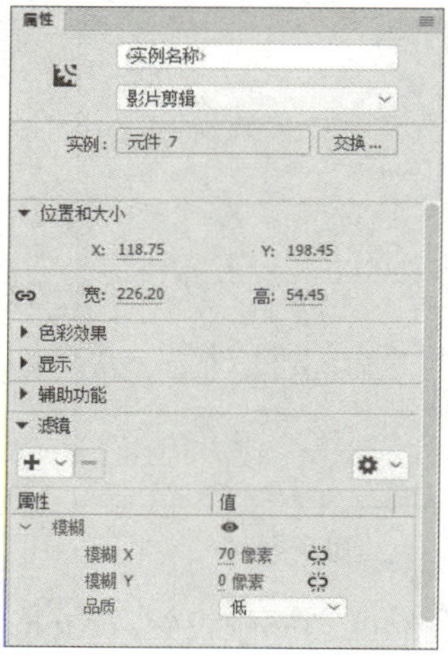

图 6-38

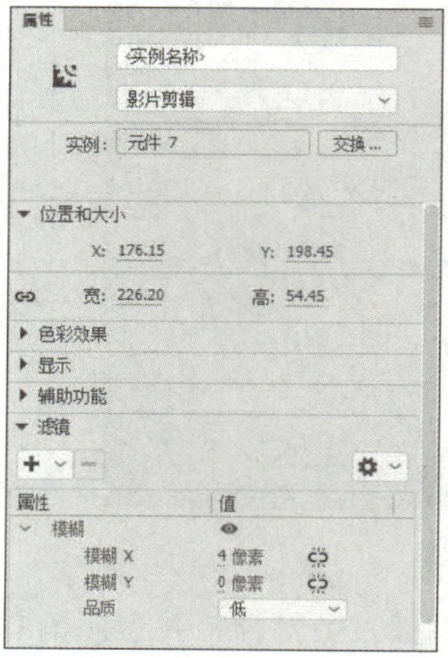

图 6-39

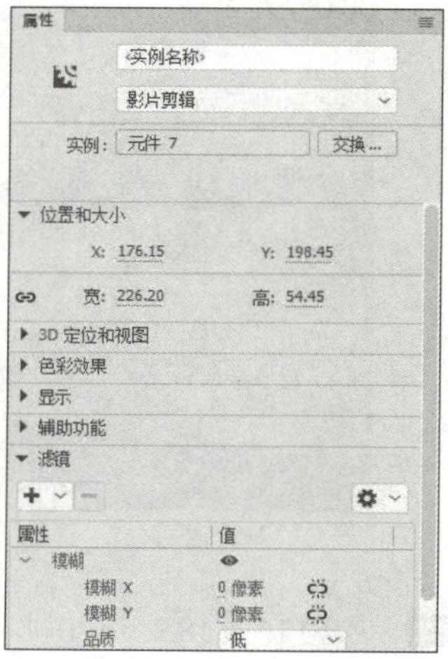

图 6-40

步骤38 在第400～420帧和第420～435帧之间创建传统补间动画，如图6-41所示。

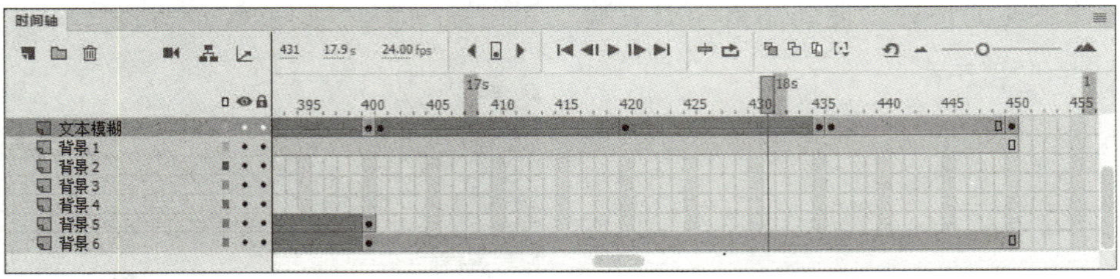

图 6-41

步骤39 新建“蒲公英”图层，并将其置于图层的最上方，在第310帧插入关键帧，从“库”面板中拖动“蒲公英.jpg”至舞台中并调整其大小，如图6-42所示。按F8键将其转换为图形元件。

图 6-42

步骤40 在“时间轴”面板中选中“蒲公英”图层，右击，在弹出的快捷菜单中选择“添加传统运动引导层”命令，创建其引导层，如图6-43所示。

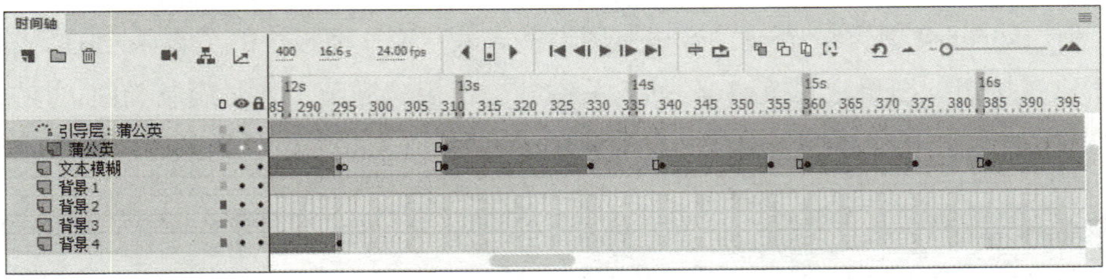

图 6-43

步骤41 使用“画笔工具（Y）”在舞台中绘制路径，并移动蒲公英，使其与路径的起点对齐，如图6-44所示。

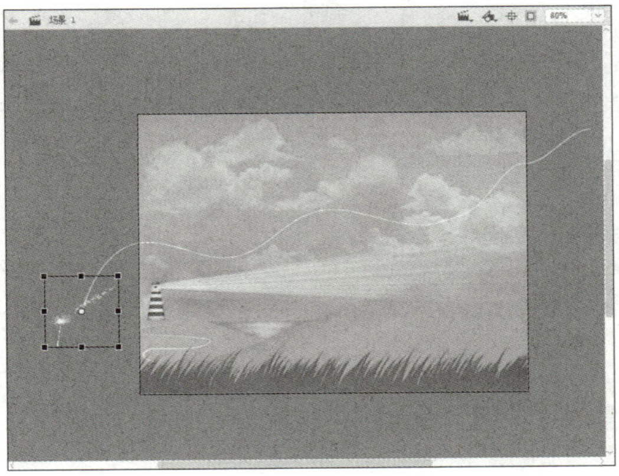

图 6-44

步骤 42 在“蒲公英”图层的第400帧插入关键帧，调整蒲公英的位置，使其与路径的末端对齐，如图6-45所示。

图 6-45

步骤 43 在“蒲公英”图层的第310～400帧之间创建传统补间动画，如图6-46所示。

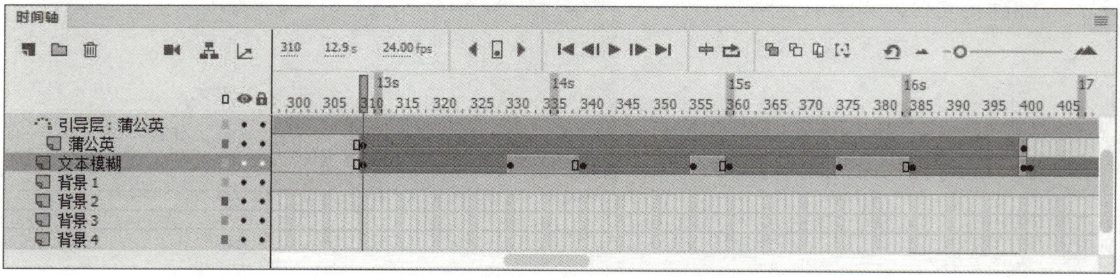

图 6-46

步骤 44 新建“光斑”图层，从“库”面板中拖动“闪耀光晕”影片剪辑元件至舞台中，调整其至合适大小，如图6-47所示。新建“音乐”图层，导入“库”面板中的“音乐.mp3”。

步骤 45 新建“按钮”图层，在第436帧插入关键帧，使用“椭圆工具”绘制椭圆，按F8键将其转换为按钮元件，并在“属性”面板中设置“Alpha”数值为40%，效果如图6-48所示。

图 6-47

图 6-48

步骤 46 选中“按钮”图层的第436帧，执行“窗口”→“动作”命令，打开“动作”面板并添加控制脚本，如图6-49所示。

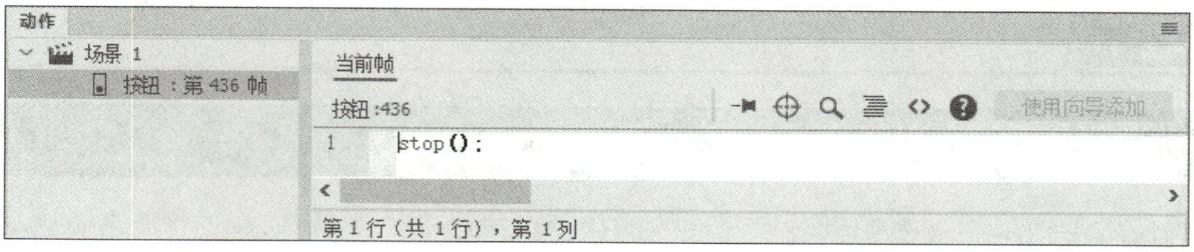

图 6-49

步骤 47 至此，完成父亲节贺卡的绘制。按Ctrl+Enter组合键进行测试，如图6-50所示。

图 6-50

你学会了吗？

边用边学

6.1 创建简单动画

动画技术是指采用逐帧拍摄对象并连续播放以产生运动的影像技术。当快速播放动画时，人的眼睛会产生视觉暂留现象，所以感觉画面动了起来。在Animate中，动画分为逐帧动画、补间动画、补间形状动画和传统补间动画4种类型。下面将对此进行介绍。

■6.1.1 逐帧动画

逐帧动画由若干关键帧组成，通过关键帧的不断变化，从而完成整个动画。在制作逐帧动画时，设计者需要对每一帧的内容进行绘制，因此，工作量较大，但产生的动画效果非常逼真。逐帧动画多用于制作复杂动画。本小节将针对逐帧动画进行介绍。

1. 逐帧动画的特点

逐帧动画是指在时间轴中逐帧绘制不同的内容，并连续播放以形成动画效果。逐帧动画具有以下几个特点。

- 逐帧动画占用较大内存，文件很大。
- 逐帧动画由许多单个的关键帧组合而成，每个关键帧均可独立编辑，并且相邻关键帧中的对象变化不大。
- 逐帧动画具有非常大的灵活性，几乎可以表达任何形式的动画。
- 逐帧动画分解的帧越多，动作就会越流畅；适合制作特别复杂及细节丰富的动画。
- 逐帧动画中的每一帧都是关键帧，每个帧的内容都要进行手动编辑，工作量很大，这也是传统动画的制作方式。

2. 导入逐帧动画

在制作Animate动画时，可以通过导入JPEG、PNG、GIF等格式的图像创建逐帧动画。导入GIF格式的位图与导入同一序列的JPEG格式的位图类似，如图6-51所示，只需将GIF格式的图像导入舞台，即可在舞台中直接生成动画。

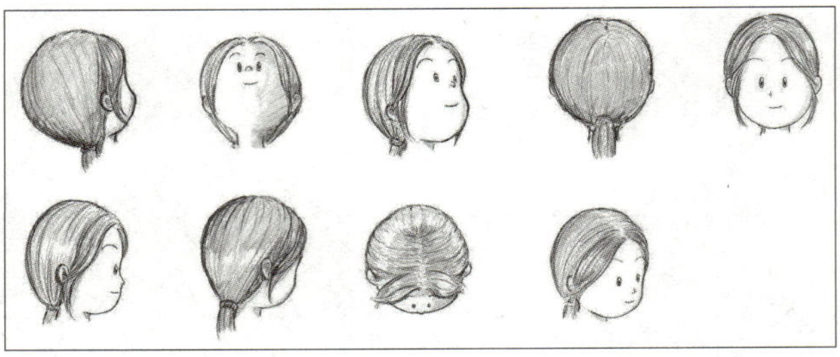

图 6-51

■6.1.2 补间动画

补间动画是指一种使用元件的动画，通过补间动画可以设置对象的属性，制作运动、大小和旋转的变化、淡化及颜色效果。补间动画常用于制作由对象的连续运动或变形所构成的动画。与传统补间和形状补间相比，补间动画会自动构建运动路径，以便为第1帧和下一个关键帧之间的各帧设置动画。

1. 创建补间动画

在Animate中，有3种创建补间动画的方式。

- 选择舞台中要创建补间动画的实例或图形，在时间轴中右击任意帧，在弹出的快捷菜单中选择“创建补间动画”命令。
- 选择舞台中要创建补间动画的实例或图形，执行“插入”→“补间动画”命令。
- 选择舞台中要创建补间动画的实例或图形，右击对象，在弹出的快捷菜单中选择“创建补间动画”命令。

2. 编辑补间动画运动路径

补间路径是一条表示所补间实例或图形空间运动的直线。确定补间实例或图形在舞台中的位置后，可以看到该对象在舞台中显示的一条运动路径，这条路径即为补间路径，如图6-52所示。

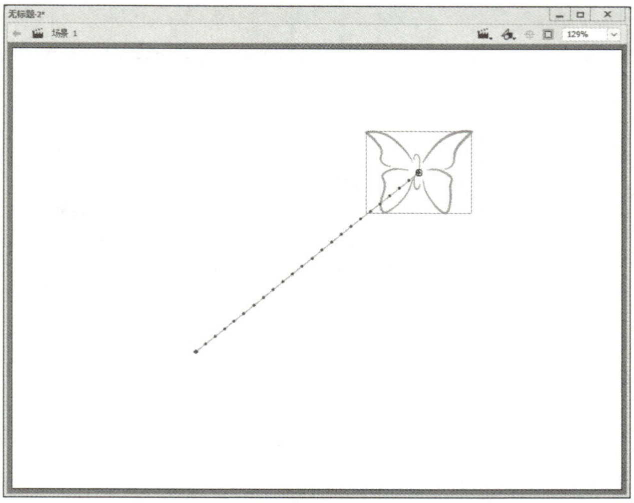

图 6-52

在Animate中，有多种方式可以改变补间动画的运动路径，常见的几种如下所示。

- 在补间范围的任意帧中改变对象位置，即可改变补间动画的运动路径，如图6-53和图6-54所示。

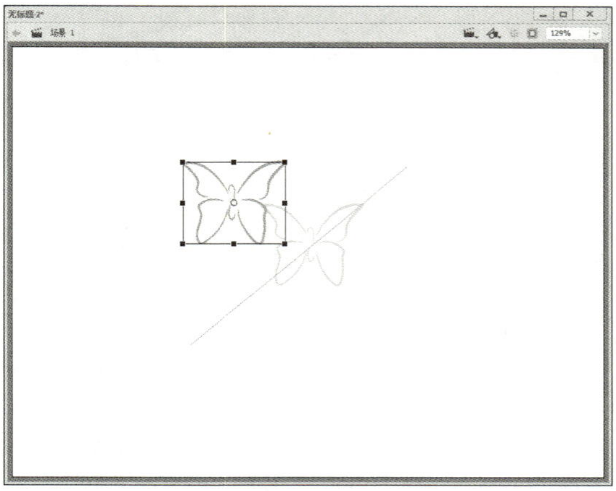

图 6-53

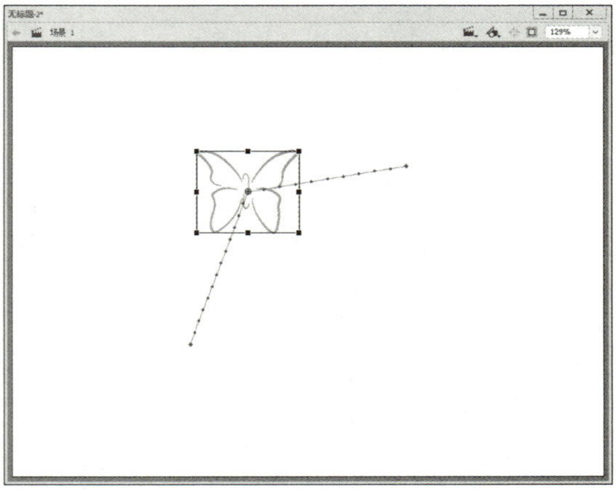

图 6-54

- 使用“选择工具”“部分选取工具”“任意变形工具”更改补间路径的位置、形状或大小，如图6-55和图6-56所示。

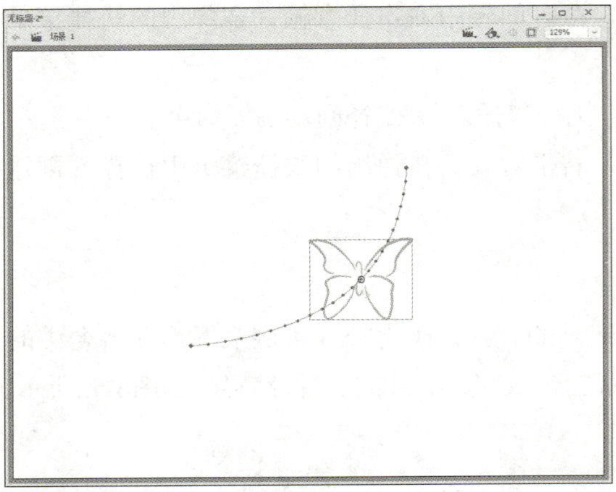

图 6-55

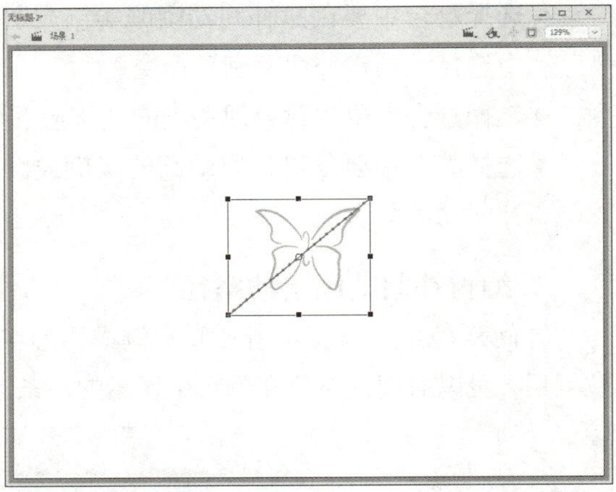

图 6-56

- 使用“修改”→“变形”命令中的子命令改变路径的形状，如图6-57和图6-58所示。

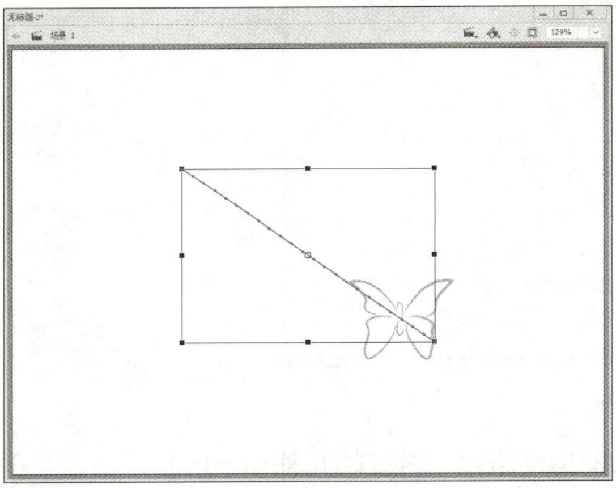

图 6-57

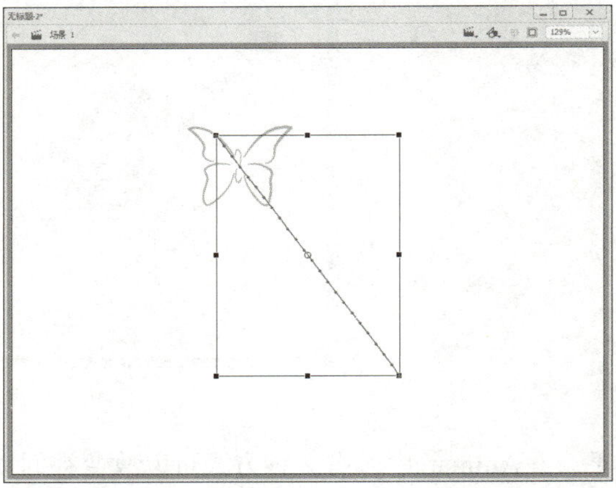

图 6-58

- 在“属性”面板中调整路径的选项，如图6-59和图6-60所示。

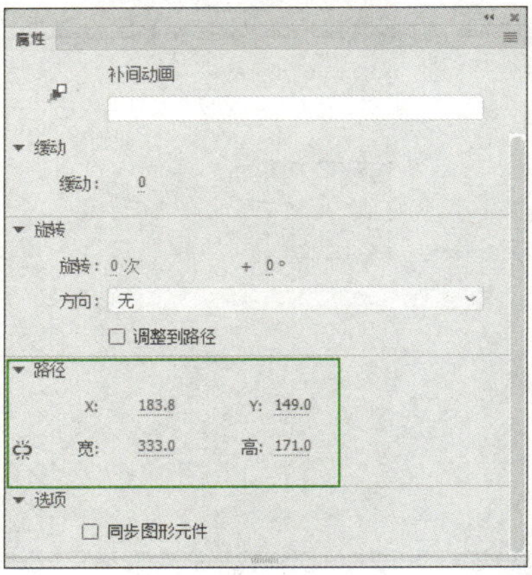

图 6-59

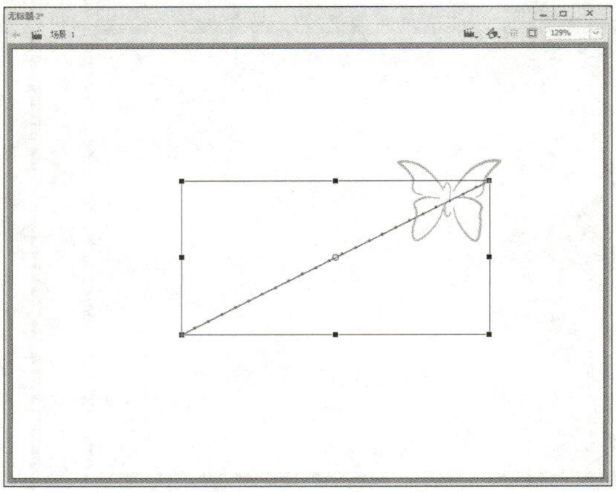

图 6-60

■6.1.3　补间形状动画

形状补间动画是指从一个形状变形为另一个形状的动画效果。可以在两个关键帧中分别绘制一个形状，然后利用Animate生成二者之间各帧中的值或形状的动画，如图6-61和图6-62所示为形状补间动画。形状补间动画适用于图形对象。

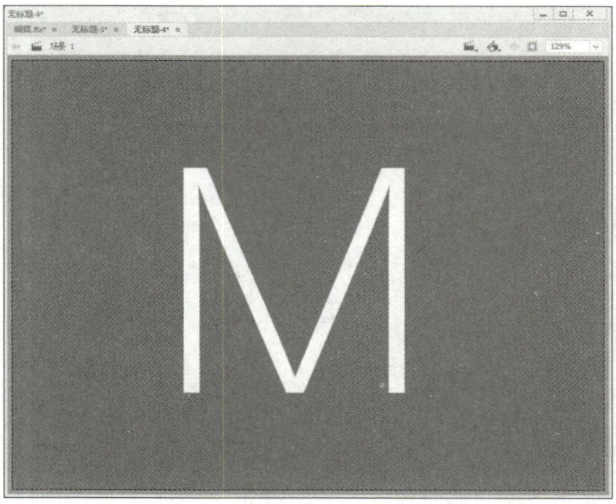

图 6-61

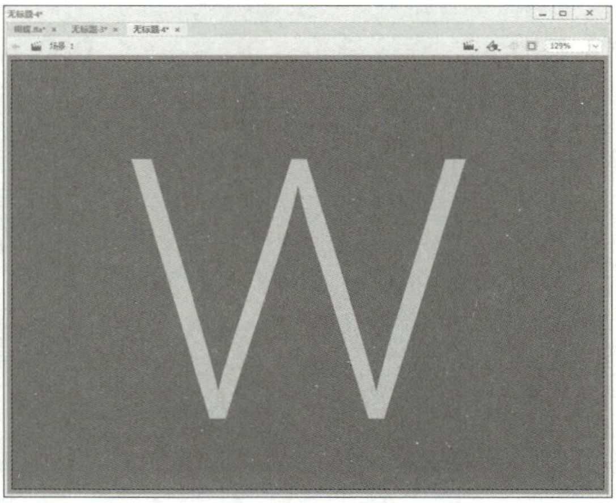

图 6-62

1. 创建形状补间动画

使用形状补间动画可以实现两个图形之间颜色、大小、形状和位置的相互变化，其变化的灵活性介于逐帧动画和补间动画之间。下面将介绍创建形状补间动画的方法。

移动时间线至第1帧，使用“文字工具”输入文字，按Ctrl+B组合键分离文字，如图6-63所示。移动时间线至第24帧，在同一图层中按F7键插入空白关键帧，再次输入文字，按Ctrl+B组合键分离文字，如图6-64所示。

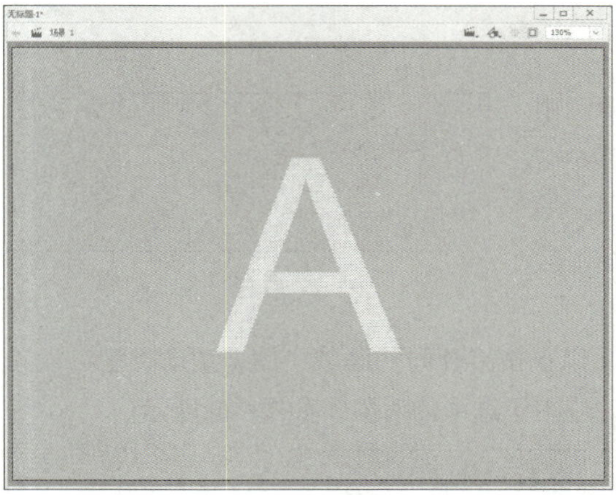

图 6-63

图 6-64

在两个关键帧之间的帧上右击，在弹出的快捷菜单中选择“创建形状补间”命令，即可创建形状补间动画，此时时间轴中的两个关键帧之间变为橘色，在起始帧和结束帧之间有一个长箭头，如图6-65所示。变化过程如图6-66所示。

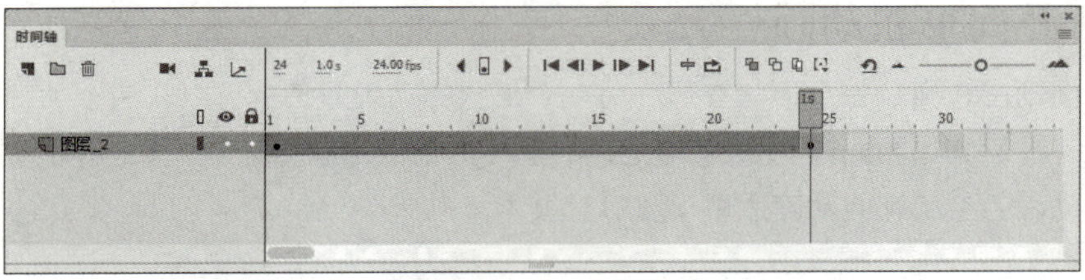

图 6-65

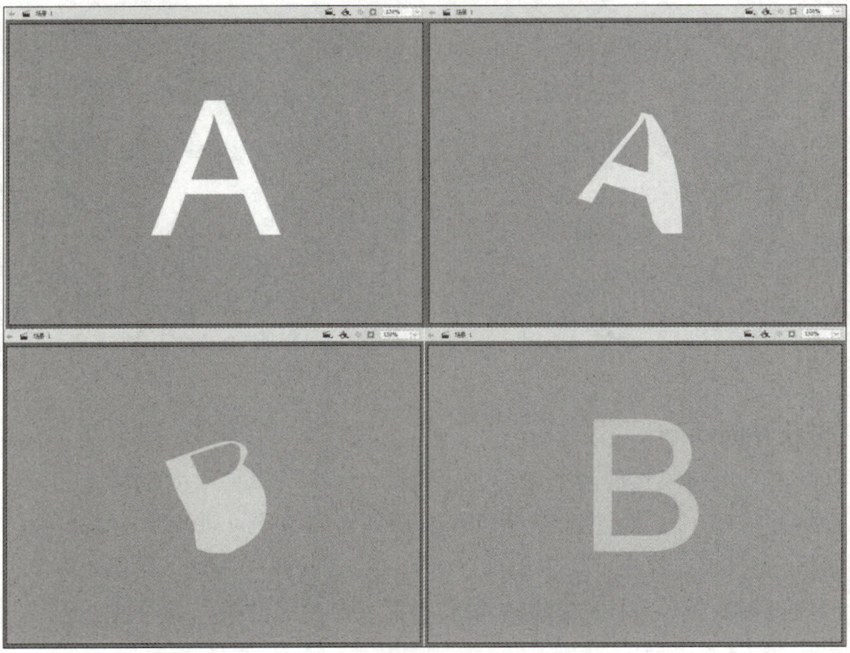

图 6-66

2. 编辑形状补间动画

创建形状补间动画后，可以选中形状补间动画中的帧，在“属性”面板中调整形状补间动画，如图6-67所示。

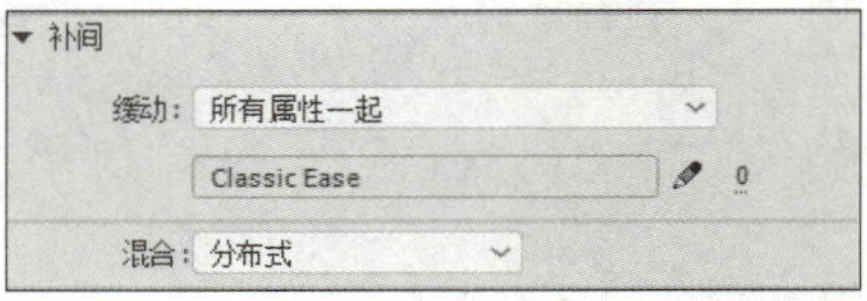

图 6-67

下面将针对形状补间动画的两个属性进行介绍。

(1) 缓动。

缓动可用于设置形状对象变化的快慢趋势。可以单击“补间”区域中的“缓动类型”设置框，在弹出的缓动预设列表中选择合适的预设，并应用于选中的对象，如图6-68所示。

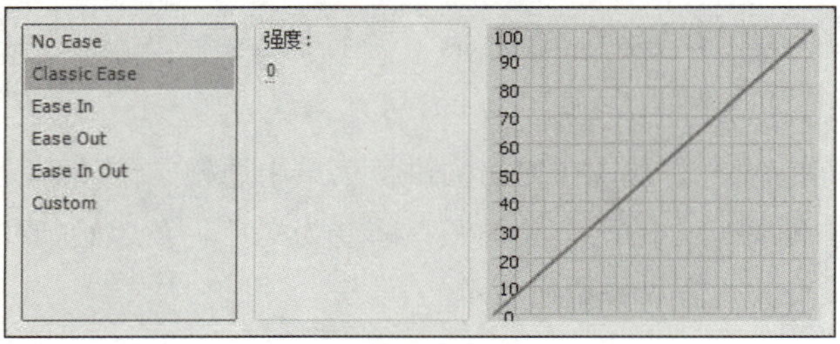

图 6-68

也可以单击“编辑缓动”按钮，在弹出的“自定义缓动”对话框中自定义缓动，如图6-69所示。

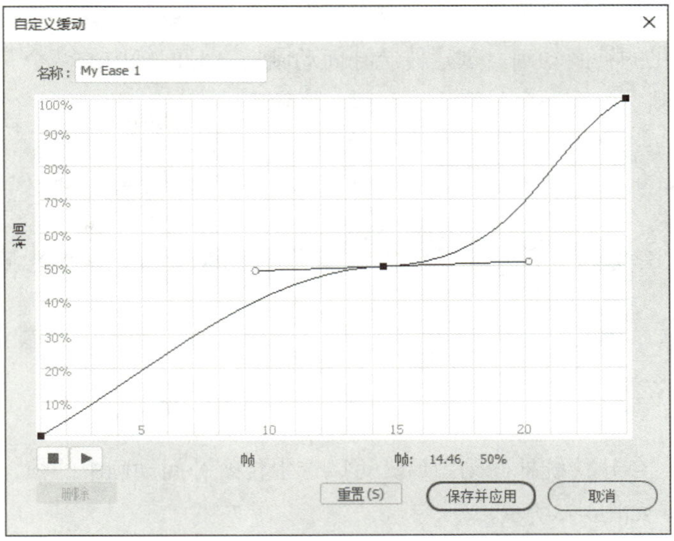

图 6-69

在“自定义缓动”对话框中，水平轴表示帧，垂直轴表示变化的百分比。第1个关键帧表示为 0%，最后一个关键帧表示为 100%。图形曲线的斜率表示对象的变化速率。曲线水平时（无斜率），变化速率为零；曲线垂直时，变化速率最大，一瞬间完成变化。

(2) 混合。

混合可用于设置形状补间动画的变形形式。在该下拉列表框中，包括 “分布式”和“角形”两个选项。若将其设置为“分布式”，则创建的动画中间形状比较平滑；若将其设置为“角形”，则创建的动画中间形状会保留明显的角和直线，该选项适合具有锐化角度和直线的混合形状。如图6-70和图6-71所示分别为同一帧不同混合形式的效果。

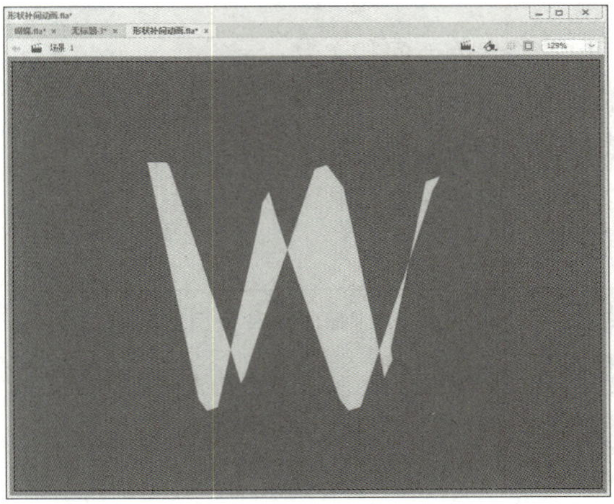
图 6-70

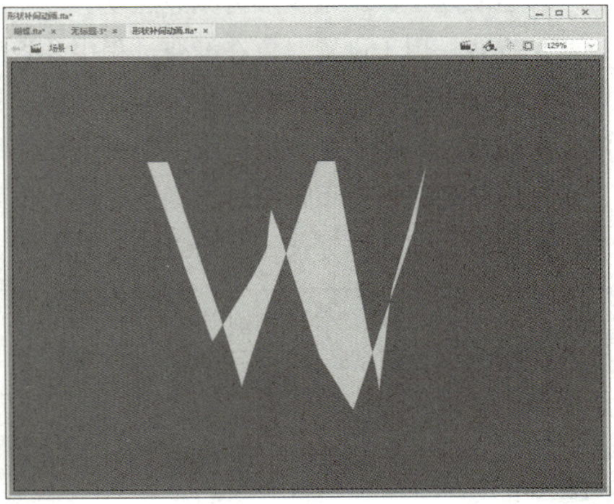
图 6-71

■6.1.4 传统补间动画

传统补间动画与补间动画类似，但是制作更复杂。在一个关键帧中定义一个元件的实例、组合对象或文字块的大小、颜色、位置、透明度等属性，在另一个关键帧中改变这些属性，根据二者之间的帧的值创建的动画被称为“传统补间动画”。

使用传统补间动画可以在两个具有相同或不同元件的关键帧之间进行补间，多用于有位置变化的补间动画。创建传统补间动画后，时间轴中的两个关键帧之间变为紫色，在起始帧和结束帧之间有一个长箭头，如图6-72所示。

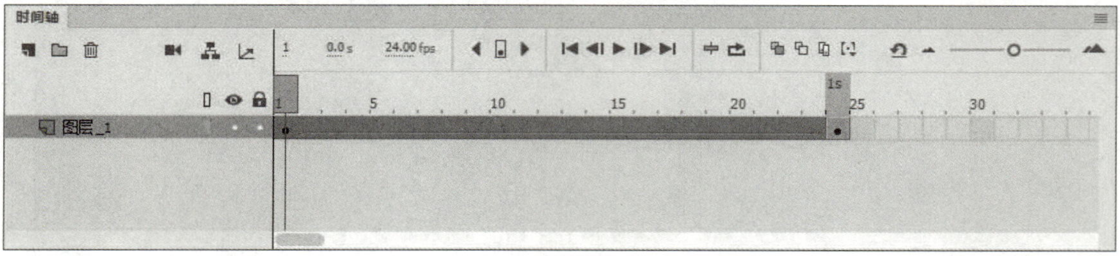

图 6-72

创建传统补间动画后，可以选中传统补间动画中的帧，在“属性”面板中调整传统补间动画，如图6-73所示。

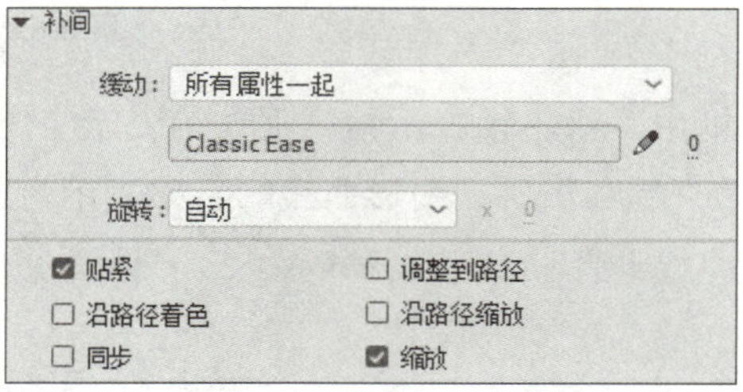

图 6-73

在“属性”面板的“补间”区域中，各属性作用介绍如下。

- **缓动：** 用于设置变形运动的加速或减速。0表示变形为匀速运动，负数表示变形为加速运动，正数表示变形为减速运动。
- **旋转：** 用于设置对象在渐变过程中是否旋转以及旋转的方向和次数。
- **贴紧：** 勾选该复选框，可以使动画自动吸附到路径上移动。
- **同步：** 勾选该复选框，可以使图形元件的实例动画和主时间轴同步。
- **调整到路径：** 用于引导层动画，勾选该复选框，可以使对象紧贴路径来移动。
- **缩放：** 勾选该复选框，可以改变对象的大小。

提示： 若创建传统补间动画时前后两个关键帧中的对象不是“元件”，则Animate会自动将前后两个关键帧中的对象分别转换为“补间1”和“补间2”两个元件。

学习体会

6.2 创建复杂动画

除了上一节中学习的简单动画，在Animate中还可以制作复杂动画，如引导动画、遮罩动画、骨骼动画等。

6.2.1 引导动画

引导动画可用于使对象沿引导线运动。只要固定起始点和结束点，对象就可以沿着两点定义的线段运动，这条线段就是引导线。引导线位于特殊的引导层中，在影片中起辅助作用，导出时不会显示，因此，不会显示在发布的SWF文件中。

引导层用于定义对象的运动路径，必须是打散的图形。被引导层中的对象必须依附在引导线上，即在动画的开始帧和结束帧上，元件实例的变形中心点吸附在引导线上，如图6-74和图6-75所示。

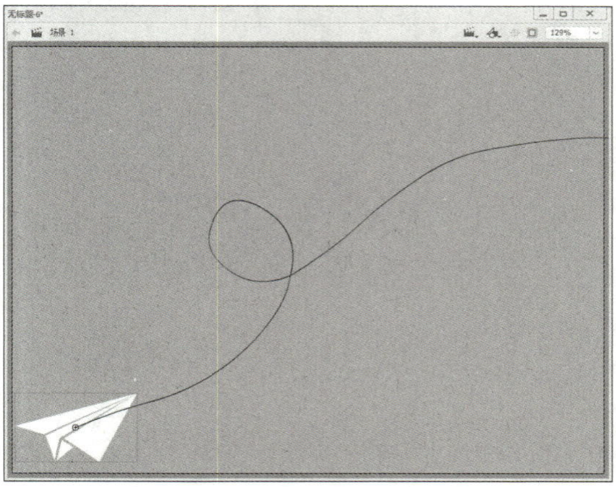

图 6-74

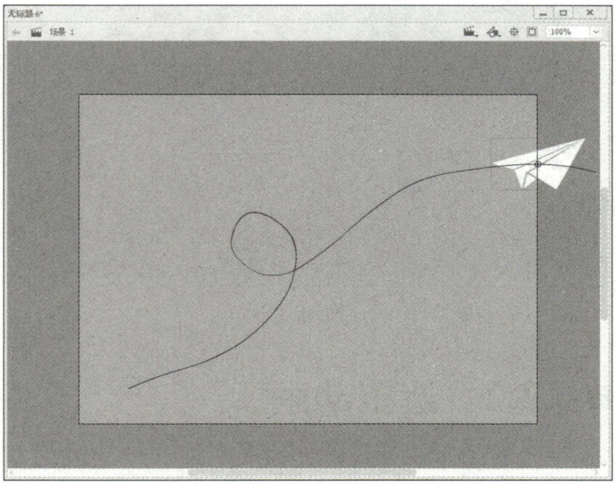

图 6-75

1. 创建引导动画

选择时间轴中要创建引导层的图层，右击，在弹出的快捷菜单中选择“添加传统运动引导层”命令，即可创建引导层，如图6-76所示。

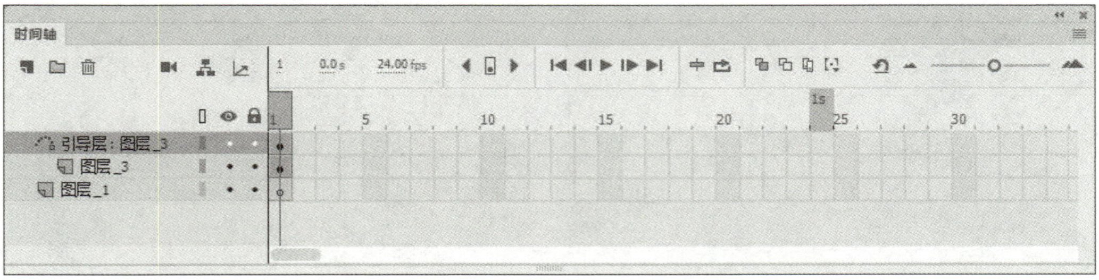

图 6-76

使用“铅笔工具”在引导层中绘制路径，移动被引导层中的对象置于路径的起始处，然后在时间轴中移动时间线，添加关键帧，移动对象置于路径的末端，在时间轴中的两个关键帧之间右击，在弹出的快捷菜单中选择“创建传统补间”命令，即可创建引导动画。

> ❗ **提示**：创建引导层动画必须具备两个条件，一是路径，二是在路径上运动的对象。一条路径上可以有多个对象运动，引导路径都是一些静态线条，在播放动画时路径线条不会显示。

2. 编辑引导层动画

创建引导动画后，选中时间轴中被引导层两个关键帧之间的帧，即可在“属性”面板中对其进行编辑，编辑方法与上文“传统补间动画”的编辑方法一致。以勾选“属性”面板中的“调整到路径”复选框为例，勾选该复选框后，引导层动画对象将随着路径的变化而变化，如图6-77和图6-78所示。

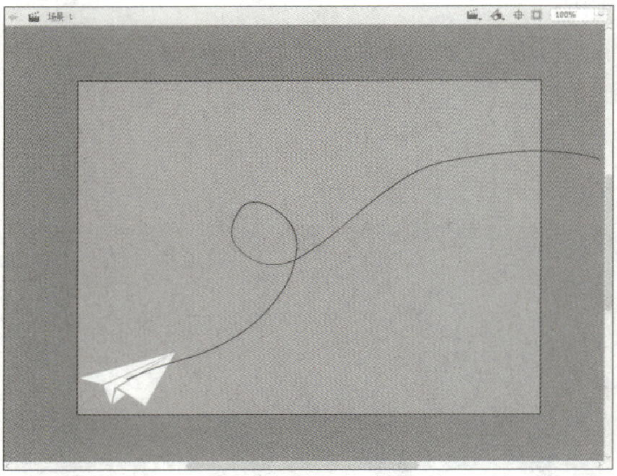

图 6-77

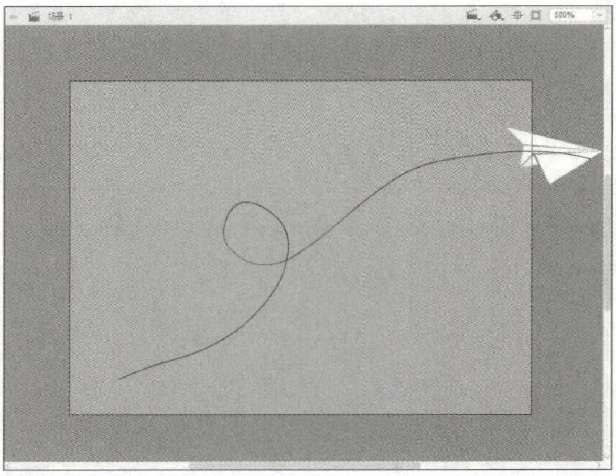

图 6-78

■6.2.2　遮罩动画

遮罩动画一般包括两个或两个以上的图层，即遮罩层和被遮罩层。在一个遮罩动画中，遮罩层只有一个，被遮罩层可以有多个。遮罩层中包含用于遮罩的对象，可以隐藏下方图层的选定部分，如图6-79和图6-80所示。

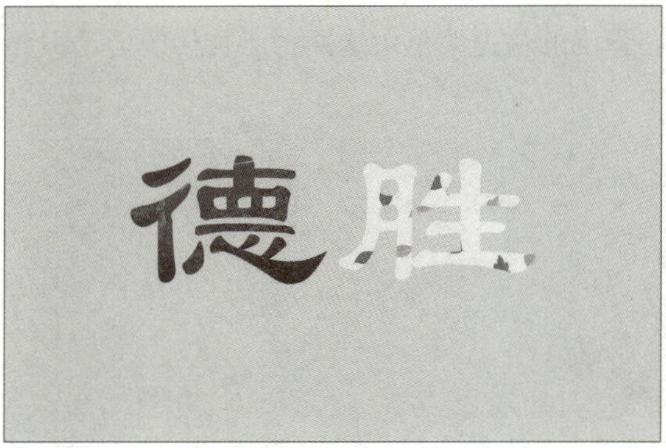

图 6-79

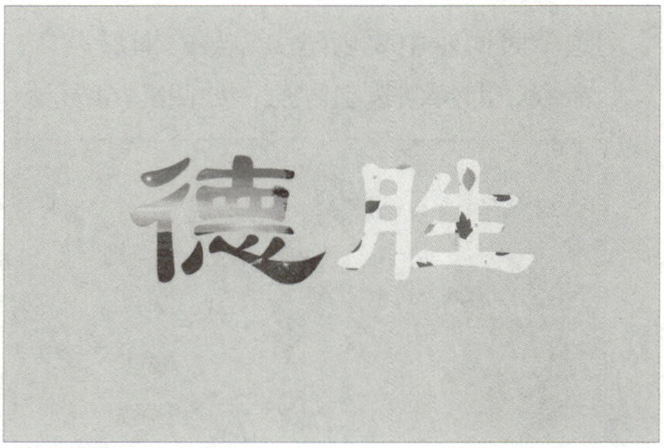

图 6-80

在动画制作过程中，为了得到特殊的显示效果，可以在遮罩层中创建一个任意形状的“视窗”，遮罩层下方的对象可以通过该“视窗”显示出来，而“视窗”之外的对象将不会显示。遮罩动画的制作原理是通过遮罩层来决定被遮罩层中的显示内容，这与Photoshop中的蒙版类似。

遮罩层的内容可以是填充的形状、文字对象、图形元件的实例或影片剪辑，不能是直线，如果一定要用线条，可以将线条转化为“填充”。“遮罩”主要有两个用途。

- 用于整个场景或一个特定区域，使场景外的对象或特定区域外的对象不可见。
- 用于遮罩住某一元件的一部分，从而实现一些特殊的效果。

在Animate中，遮罩层是由普通图层转换而来的。可以在要作为遮罩层的图层上右击，在弹出的快捷菜单中选择“遮罩层”命令，将该图层设置为遮罩层，遮罩层下面的一层关联为被遮罩层。此时，遮罩层的图层图标会从普通层图标变为遮罩层图标，被遮罩层的图层图标变为。若需要关联更多被遮罩层，将这些图层拖至被遮罩层下面即可，如图6-81和图6-82所示。

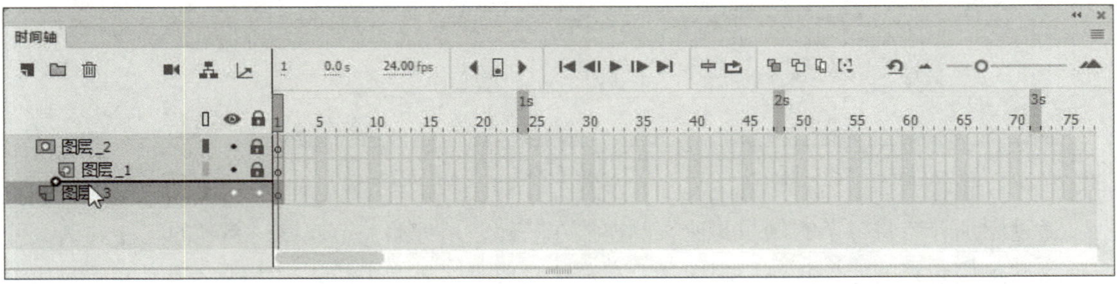

图 6-81

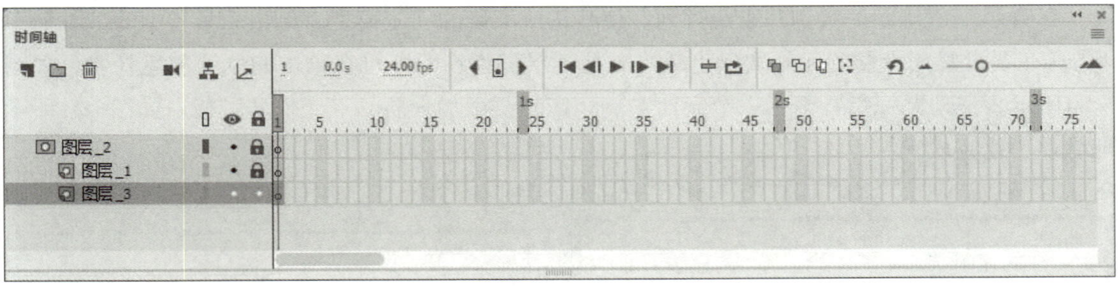

图 6-82

在制作遮罩层动画时，应注意以下几个方面。

- 若要创建遮罩层，可将遮罩项目放在要用作遮罩的图层中。
- 若要创建动态效果，可以让遮罩层动起来。
- 若要获得聚光灯效果和过渡效果，可以使用遮罩层创建一个孔，通过这个孔可以看到下面的图层。

6.2.3 骨骼动画

骨骼动画即为反向运动（IK）动画，是利用骨骼骨架对形状或元件进行动画处理。通过骨骼动画可以轻松地创建人物动画、机械运动等。

1. 添加骨骼

在Animate中，有两种创建骨骼动画的方式，即向元件添加骨骼和向形状添加骨骼。下面将针对这两种方式进行介绍。

（1）向元件添加骨骼。

在Animate中可以为元件实例或者图形形状创建骨骼动画。元件可以是影片剪辑、图形和按钮，如果是文本，则需要将文本转化为元件。向元件实例添加骨骼时，会创建一个链接实例链。根据需要，元件实例的链接可以是一个简单的线性链或分支结构。添加骨骼之前，元件实例可以在不同的图层中。添加骨骼时，Animate将它们移动到姿势图层中，如图6-83所示。

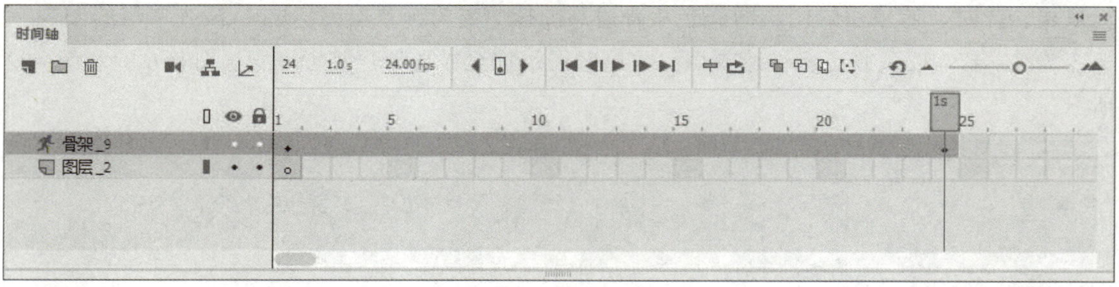

图 6-83

通过添加骨骼将每个实例与其他实例连接在一起，用骨骼关节连接一系列的元件实例，可以使这些连接起来的元件实例一起运动。在链接对象时，要考虑想要创建的父子关系，即从头部到身体再到腿部。

在舞台中创建元件实例并进行排列，使其构成准确的立体模型。单击工具箱中的“骨骼工具”，在要设置为骨骼的元件实例上单击并拖动鼠标指针，即可在单击的位置创建骨骼，如图6-84所示。拖动鼠标指针至另一个元件实例，在想要添加骨骼的点处松开鼠标，如图6-85所示即骨骼创建完成。

图 6-84

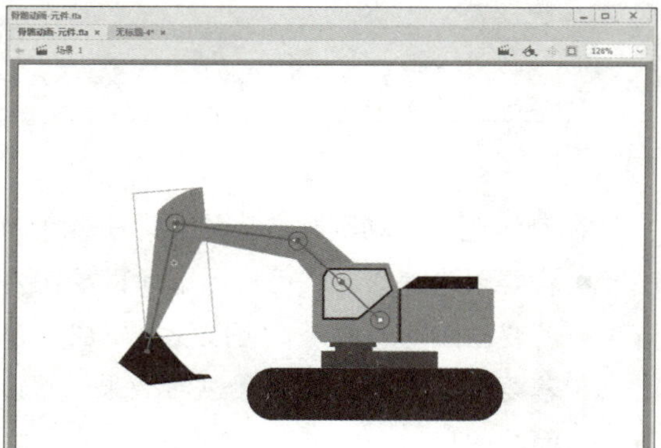

图 6-85

学习体会

创建骨骼动画后，即可使链接起来的元件实例一起运动，如图6-86和图6-87所示。

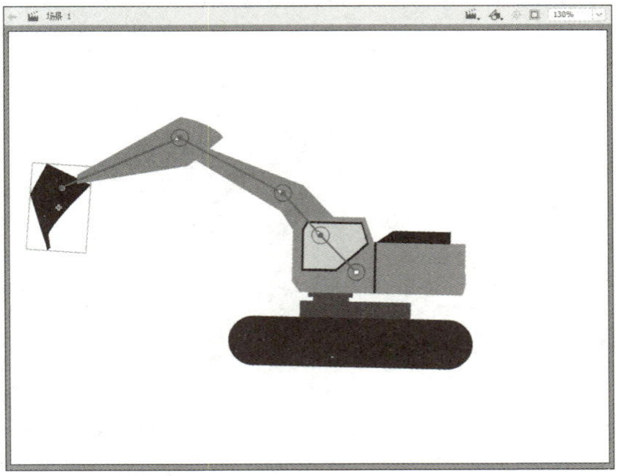

图 6-86

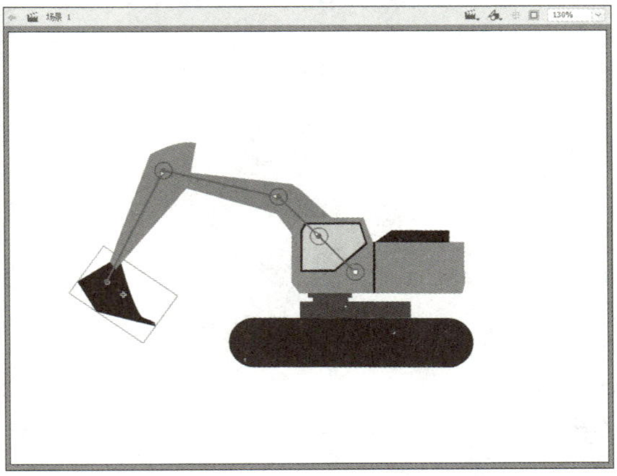

图 6-87

若要创建分支骨架，则单击分支开始的现有骨骼的头部，然后进行拖动以创建新分支的第一个骨骼。但该分支不能连接到其他分支（其根部除外）。拖动骨骼或实例自身，即可调整已完成骨架的元素的位置。

（2）向形状添加骨骼。

在Animate中也可以对形状创建骨骼动画，可以向单个形状的内部添加多个骨骼。添加第一个骨骼之前必须选择所有形状。

向形状对象的内部添加骨骼的优势在于无需绘制运动中该形状的不同状态，也无需使用补间形状来创建动画。添加骨骼后，Animate会将所有形状和骨骼转换为IK形状对象，并将该对象移动到新的姿势图层中，如图6-88所示。在某个形状转换为IK形状后，它无法再与IK形状外的其他形状合并。

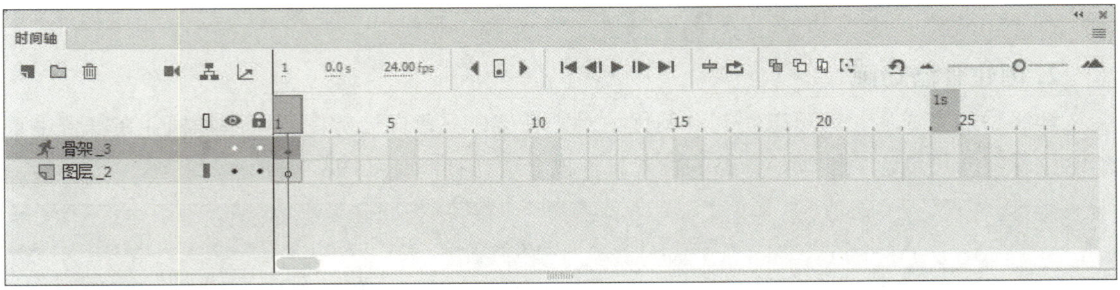

图 6-88

在舞台中创建填充的形状并全部选中，单击工具箱中的“骨骼工具”，在选中的形状内单击并将鼠标指针拖动到该形状内的另一个位置，即可创建骨骼。从第一个骨骼的尾部拖动鼠标指针到形状内的其他位置，可以继续添加骨骼，如图6-89和图6-90所示。

提示：当将形状转换为IK形状后，不能对其进行变形操作，也不能向该形状添加新的笔触。

图 6-89

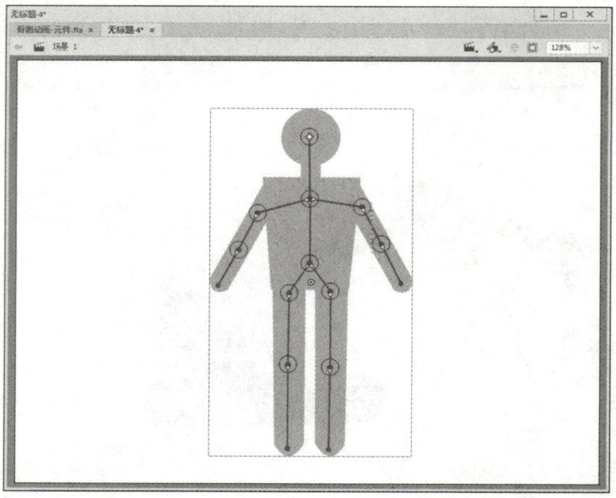

图 6-90

创建骨骼动画后，即可使链接起来的形状一起运动，如图6-91和图6-92所示。

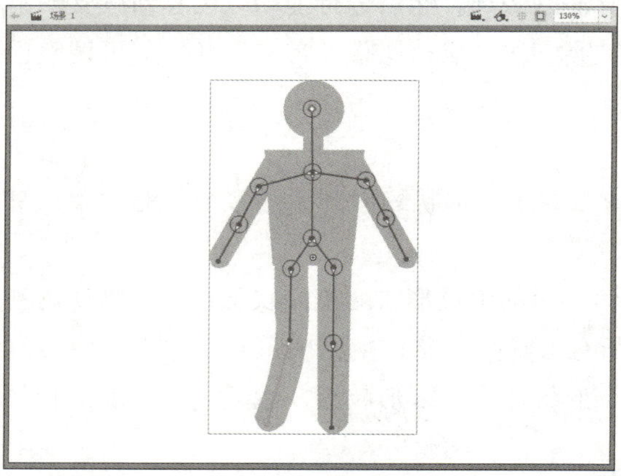

图 6-91

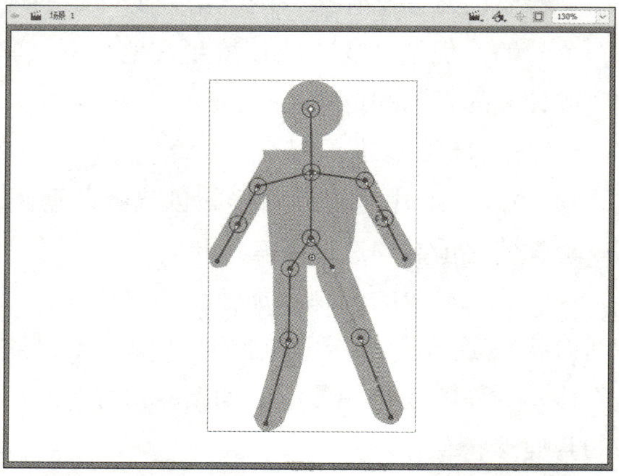

图 6-92

2. 创建骨骼动画

骨骼添加完成后，就可以将其动画化。对于骨架，只需向姿势图层中添加帧并在舞台中重新定位骨架即可创建关键帧，骨骼的位置属性也会进行补间，如图6-93所示。

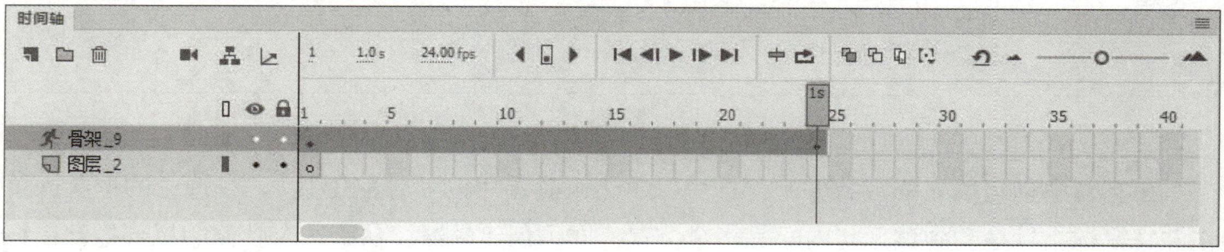

图 6-93

姿势图层中的关键帧被称为“姿势”。可以随时在姿势帧中调整骨架的位置或添加新的姿势帧。

经验之谈 如何定位补间形状动画

在Animate中，为了控制形状补间动画中的形状变化，可以使用形状提示。形状提示用于标识起始形状和结束形状中相对应的点。起始关键帧中的形状提示为黄色，结束关键帧中的形状提示为绿色，不在一条曲线上时的形状提示为红色。

选择形状补间动画中的第一个关键帧，执行“修改”→“形状”→“添加形状提示”命令，起始形状提示会在该形状的某处显示为一个带有字母 a 的红色圆点，如图6-94所示，将形状提示移动到要编辑的点，如图6-95所示。

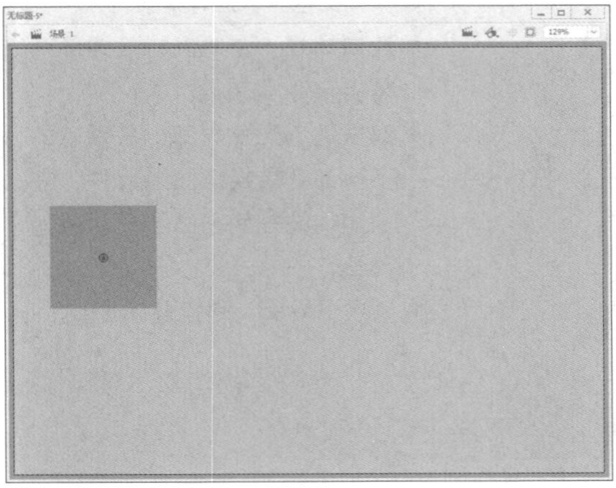

图 6-94

图 6-95

选择形状补间动画中的最后一个关键帧，结束形状提示会在该形状的某处显示为一个带有字母 a 的红色圆点，如图6-96所示。将形状提示移动到与标记的第一点对应的点，该点即变为绿色，如图6-97所示。

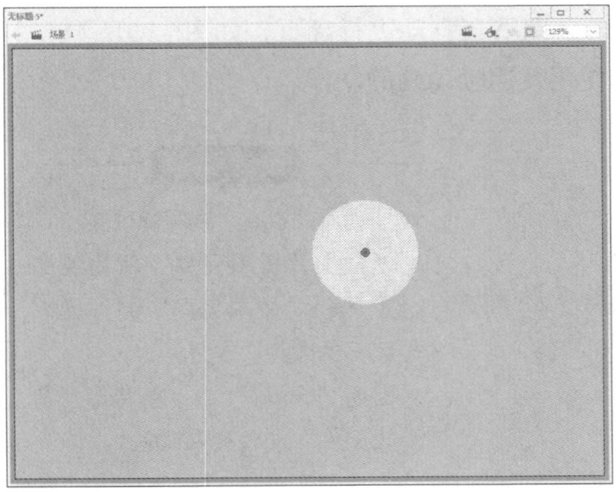

图 6-96

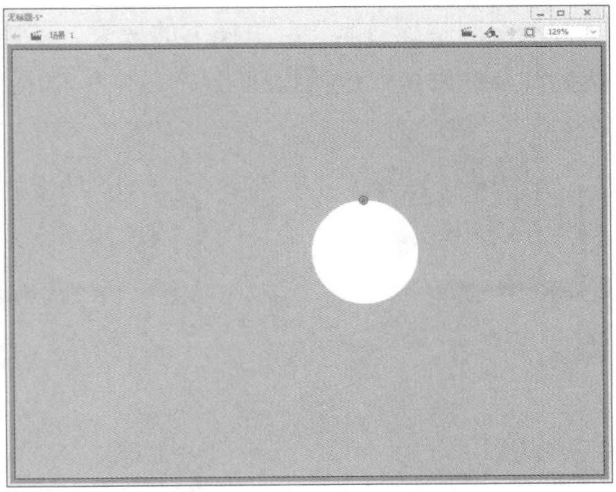

图 6-97

可以重复操作，添加更多的点。若要删除形状提示，可以选中要删除的形状提示，将其拖离舞台；也可以执行“修改”→“形状”→“删除所有提示”命令，删除所有的形状提示。

上手实操

实操一：制作飞舞的蝴蝶

本案例将练习制作飞舞的蝴蝶。在播放时，蝴蝶会根据预设的路径飞舞，如图6-98所示。本案例涉及的知识点包括补间动画、引导动画的应用及绘图工具的使用。

图 6-98

设计要领

- 新建文档，导入背景素材。
- 绘制蝴蝶，并将其转换为影片剪辑元件。
- 双击进入元件内部，将蝴蝶的不同部分转换为图形元件，并创建传统补间动画和形状补间动画。
- 创建引导层，制作引导动画。

实操二：制作翻页图书

本案例将练习制作翻页图书的效果。在播放时，图书会自动进行翻页，如图6-99所示。本案例涉及的知识点包括绘图工具、“文本工具”的使用及逐帧动画的制作。

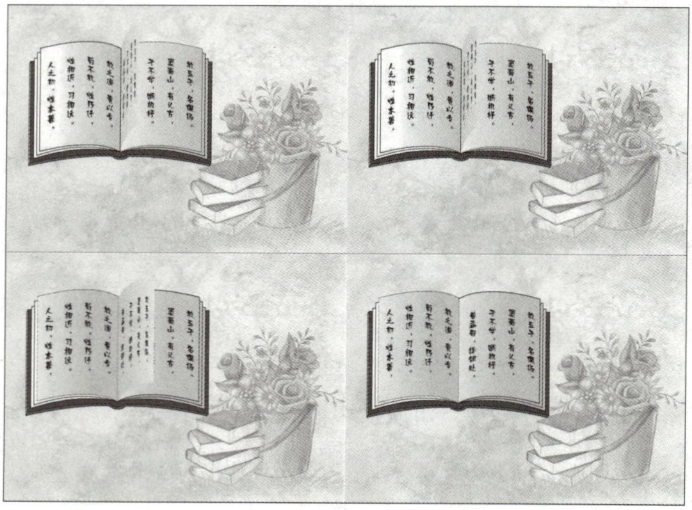

图 6-99

设计要领

- 启动Animate，导入背景素材。
- 新建影片剪辑元件，使用绘图工具和“文本工具”制作图书翻开的效果。
- 回到“场景1”中，新建影片剪辑元件，制作逐帧动画。

第7章

音/视频的应用

内容概要

添加必要的音效，可以更好地辅助渲染动画的视觉效果；而添加视频，则可以辅助说明动画内容。本章主要针对Animate中音/视频的应用进行讲解。通过对本章的学习，可以了解相关的音/视频类型及导入的方法，学会导入音/视频后如何进行编辑与使用。

知识要点

- 了解声音的类型及音频格式。
- 学会导入和编辑音频。
- 学会导入和编辑视频。

数字资源

【本章案例素材来源】："素材文件\第7章"目录下

【本章案例最终文件】："素材文件\第7章\案例精讲\制作安全驾驶动画.fla"

案例精讲 制作安全驾驶动画

案/例/描/述

本案例将练习制作安全驾驶动画，主要内容为当一辆汽车在行驶过程中发生意外时，系安全带与不系安全带的乘客所面临的不同程度的危险。本案例涉及的知识点包括补间动画的制作、音频的添加、逐帧动画的制作等。

扫码观看视频

案/例/详/解

下面将针对安全驾驶动画制作的具体步骤进行详细介绍。

步骤01 启动Animate，打开“安全驾驶素材.fla”，修改图层名称为“框”，使用“矩形工具”绘制边框，如图7-1所示。在第314帧按F5键插入空白帧。

步骤02 新建“背景”图层，调整其在“框”图层的下方，在“库”面板中拖动“背景.jpg”至舞台中，调整其至合适的大小与位置，如图7-2所示。

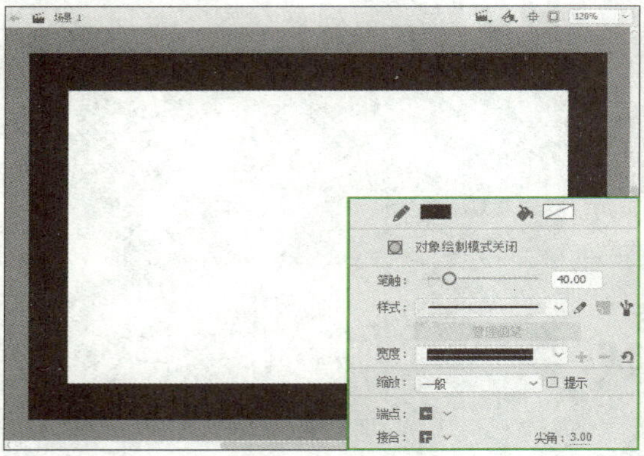

图 7-1

图 7-2

步骤03 选中导入的对象，按F8键打开“转换为元件”对话框，将其转换为图形元件，如图7-3所示。

步骤04 在“背景”图层的上方新建“文字”图层，使用“文本工具”输入文字，如图7-4所示。在第11帧按F7键插入空白关键帧。

图 7-3

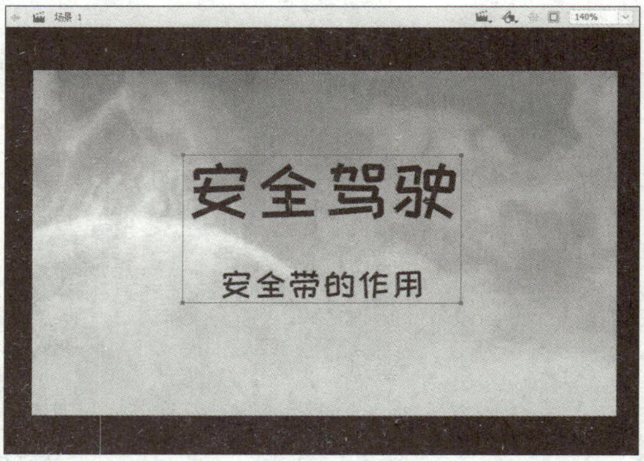

图 7-4

步骤05 选中“背景”图层的第11、24帧，按F6键插入关键帧，并调整背景元件的位置和大小，如图7-5和图7-6所示。

图 7-5

图 7-6

步骤06 选中“背景”图层第11～24帧之间的帧，右击，在弹出的快捷菜单中选择“创建传统补间”命令，创建补间动画，如图7-7所示。

步骤07 在“背景”图层的第63帧按F6键插入关键帧，并右移背景元件，如图7-8所示。

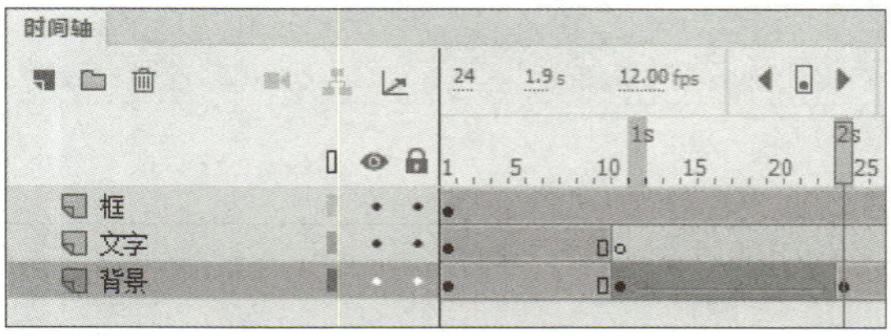

图 7-7

图 7-8

步骤08 在第24～63帧之间创建传统补间动画，如图7-9所示。

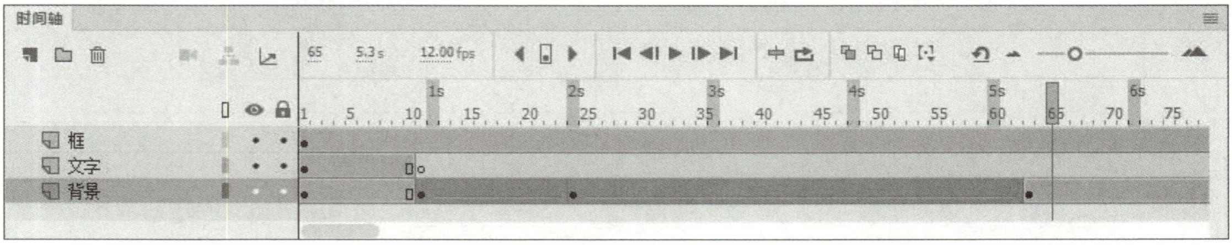

图 7-9

步骤09 在“背景”图层的上方新建“后景”图层，选中“后景”图层的第11、24帧，按F6键插入关键帧，导入并调整“后景”元件的位置和大小，如图7-10和图7-11所示。

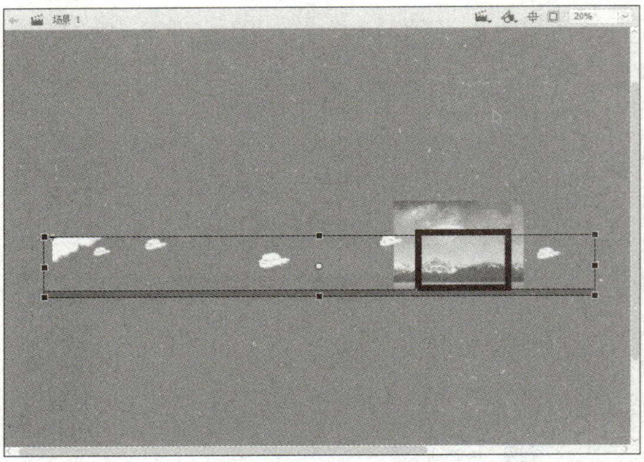

图 7-10

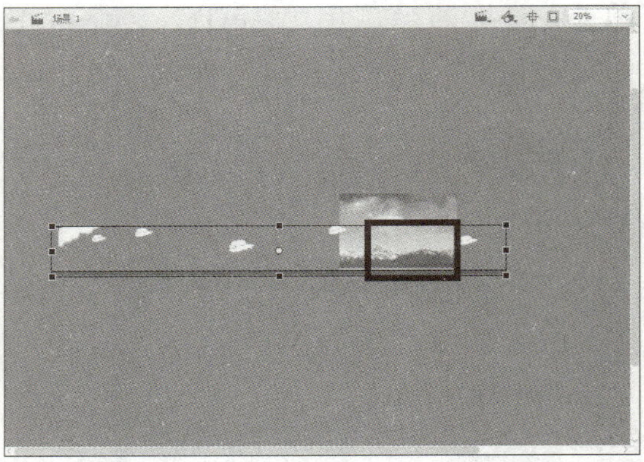

图 7-11

步骤 10 在第11～24帧之间创建传统补间动画，如图7-12所示。

步骤 11 在第63帧插入关键帧，右移“后景”元件，如图7-13所示。

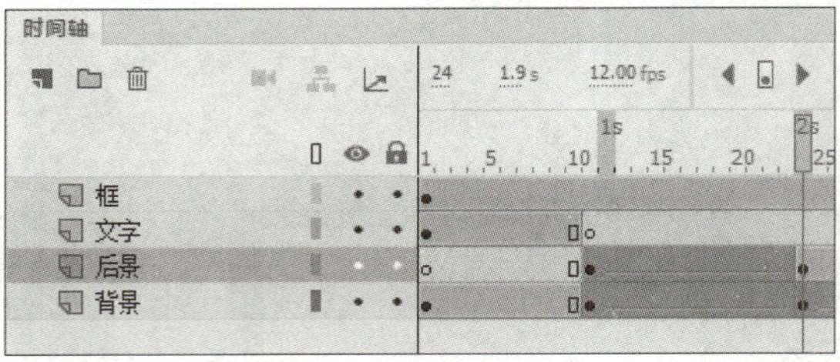

图 7-12

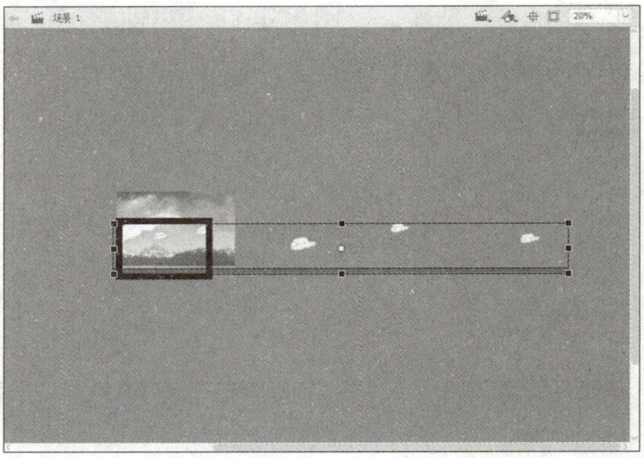

图 7-13

步骤 12 在第24～63帧之间创建传统补间动画，如图7-14所示。

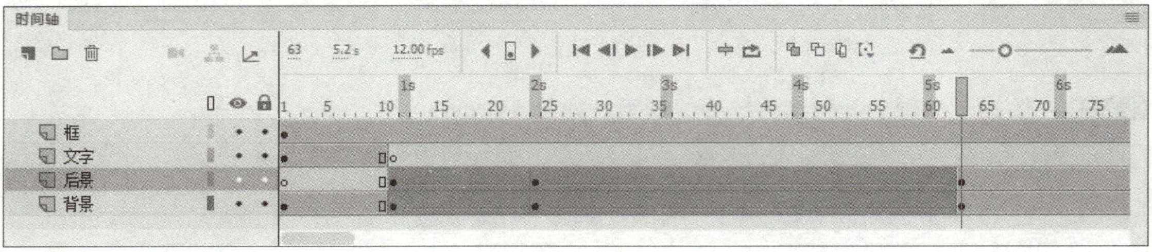

图 7-14

> **提示：** 选择两个关键帧之间的帧，右击，在弹出的快捷菜单中可以选择相应的命令制作动画。

步骤 13 在“后景”图层的上方新建“车”图层，在第11帧插入关键帧，导入并调整“车1”元件的位置和大小，如图7-15所示。

步骤 14 在第24帧插入关键帧，调整元件的大小和位置，如图7-16所示。在第11～24帧之间创建传统补间动画。

图 7-15

图 7-16

步骤15 在“车”图层的上方新建“前景”图层，在第24帧插入关键帧，导入并调整“前景”元件的大小和位置，如图7-17所示。

步骤16 在第63帧插入关键帧，右移“前景”元件，如图7-18所示。在第24～63帧创建传统补间动画。在第64帧按F7键插入空白关键帧。

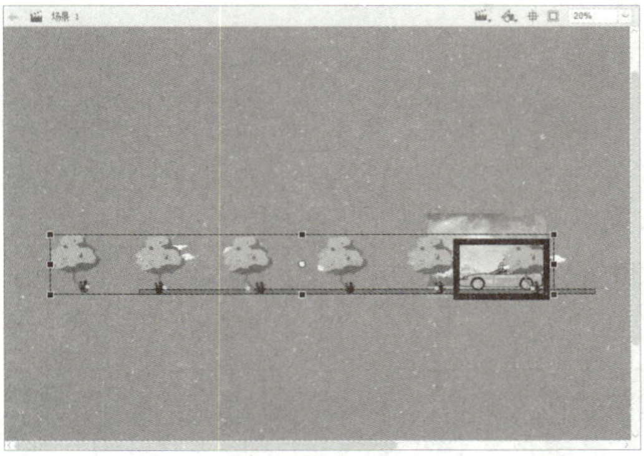

图 7-17

图 7-18

步骤17 选中“后景”图层的第64帧，按F7键插入空白关键帧，然后将“库”面板中的“后景2”拖动至舞台中的合适位置，如图7-19所示。

步骤18 在“车”图层的第64帧插入空白关键帧，将“库”面板中的“撞车”元件拖动至舞台中，如图7-20所示。

图 7-19

图 7-20

步骤19 选中导入的“撞车”元件，在“属性”面板中设置循环选项为“播放一次”，如图7-21所示。

步骤20 在“背景”图层的第109帧插入关键帧，调整元件的大小和位置，如图7-22所示。

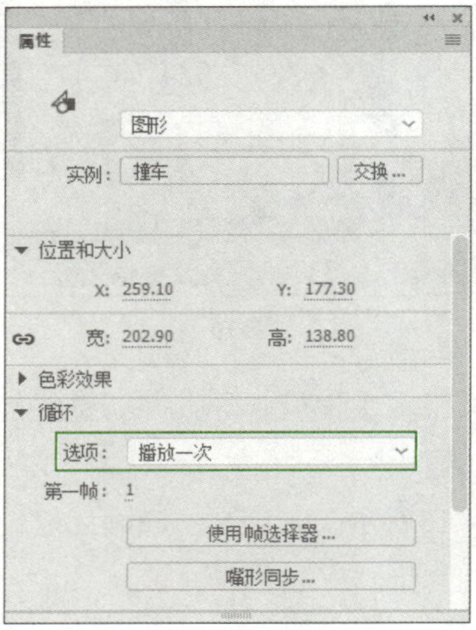

图 7-21

图 7-22

步骤21 在“后景”图层的第109帧插入空白关键帧，导入“库”面板中的“后景3”元件，如图7-23所示。

步骤22 在“后景”图层的第136帧和第141帧插入关键帧，在“属性”面板中设置第141帧对应元件的Alpha值为0%，效果如图7-24所示。在第136～141帧之间创建传统补间动画，在第142帧插入空白关键帧。

图 7-23

图 7-24

提示：插入空白关键帧可以删除后面的普通帧，使该图层的动画到此处为止。

步骤23 在“车”图层的第109帧插入空白关键帧，导入并调整“车4”元件的大小和位置，如图7-25所示。

步骤24 在“车”图层的第118帧和第124帧插入关键帧，调整第124帧中“车4”元件的大小，如图7-26所示。在第118帧和第124帧之间创建传统补间动画。

图 7-25

图 7-26

步骤25 在“车”图层的第127帧和第134帧插入关键帧，调整第134帧中“车4”元件的大小，并调整Alpha值为80%，效果如图7-27所示。在第118帧和第134帧之间创建传统补间动画。

步骤26 在“车”图层的第141帧插入关键帧，设置元件的Alpha值为10%，效果如图7-28所示。在第134～141帧之间创建传统补间动画。

图 7-27

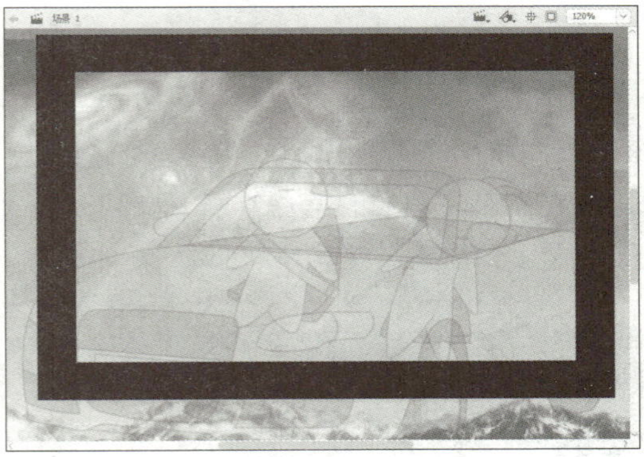

图 7-28

步骤27 在“前景”图层的第109帧插入关键帧，导入并调整“前景2”元件的位置和大小，如图7-29所示。

步骤28 在“前景”图层的第118帧和第124帧插入关键帧，选择第124帧处的元件，根据“车4”元件调整其大小，如图7-30所示。在第118～124帧之间创建传统补间动画。

图 7-29

图 7-30

步骤29 在“前景”图层的第127帧和第134帧插入关键帧，选择第134帧处的元件，根据“车4”元件调整其大小，并调整其Alpha值为80%，效果如图7-31所示。在第127～134帧之间创建传统补间动画。

步骤30 在“前景”图层的第141帧插入关键帧，设置元件的Alpha值为0%，效果如图7-32所示。在第134～141帧之间创建传统补间动画。在第142帧插入空白关键帧。

图 7-31

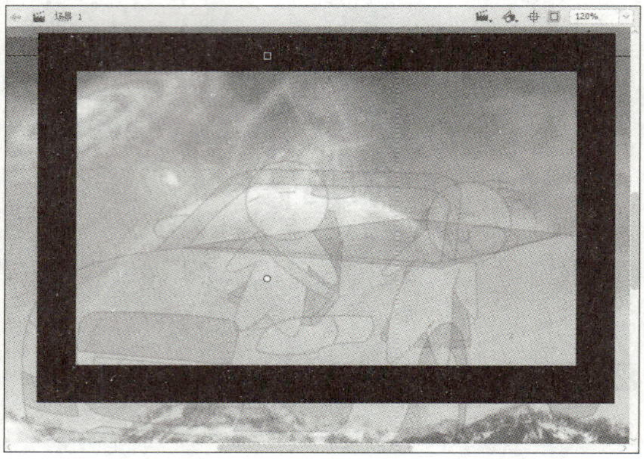

图 7-32

步骤31 在“车”图层的上方新建“两人”图层，在第134帧插入关键帧，导入并调整“2人”元件的位置，如图7-33所示。

步骤32 在“车”图层的第142帧和第282帧插入空白关键帧。选中第142帧，导入并调整“车5”元件的大小和位置，使其与“车4”元件对齐，并调整其Alpha值为10%，效果如图7-34所示。

图 7-33

图 7-34

步骤33 在“两人”图层的上方新建“右人”图层，在第150帧插入关键帧，导入并调整“右人动”元件的位置，如图7-35所示。在“属性”面板中设置循环选项为“播放一次”。在第206帧插入空白关键帧。

步骤34 在“右人”图层的上方新建“左人”图层，在第158帧插入关键帧，导入并调整“左人动”元件的位置，如图7-36所示。在“属性”面板中设置循环选项为“播放一次”。在第282帧插入空白关键帧。

图 7-35

图 7-36

步骤35 在“两人”图层的第236帧插入空白关键帧，拖动“库”面板中的元件“1人”至舞台中，调整其至合适位置，如图7-37所示。在第282帧插入空白关键帧。

步骤36 在“前景”图层的上方新建“安全带”图层，在第158和第282帧插入空白关键帧，在第158帧绘制对应的安全带图形，如图7-38所示。

图 7-37

图 7-38

步骤37 在“安全带”图层的上方新建“手”图层，在第185帧插入关键帧，导入并调整“手”元件的位置，如图7-39所示。在“属性”面板中设置循环选项为“播放一次”。在第282帧插入空白关键帧。

步骤38 选择“文字”图层的第282帧插入关键帧，使用“文本工具”输入文字，如图7-40所示。

图 7-39

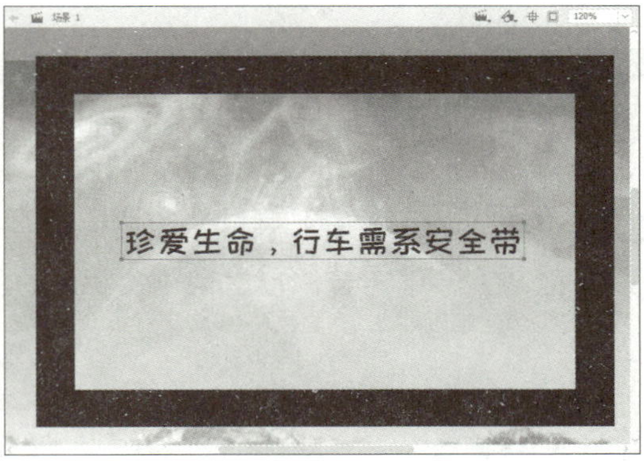

图 7-40

步骤39 在“框”图层的上方新建“配音”图层，在第31、36、48、53、77、90、100帧插入关键帧，在第31帧和第48帧添加“笛声.wav”，在第77帧添加“刹车.wav”，在第90帧添加“碰撞.wav”，如图7-41所示。

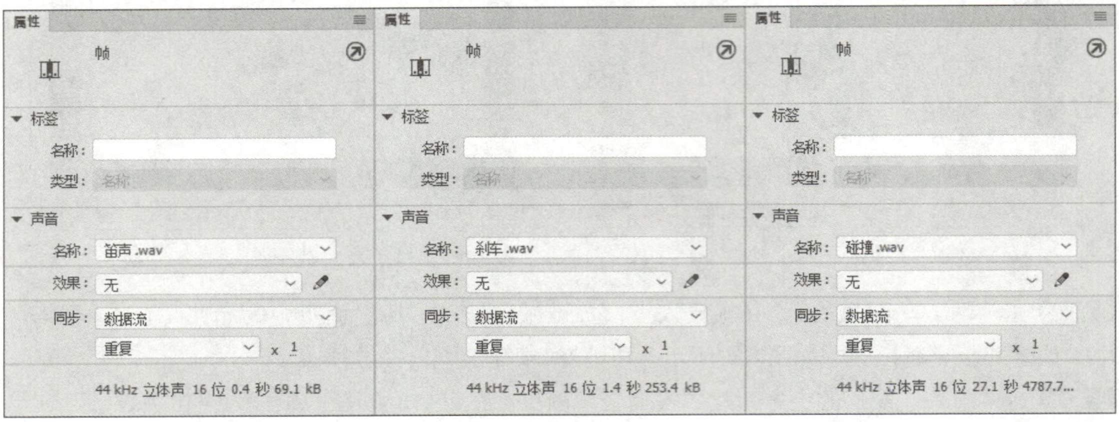

图 7-41

步骤40 选择第90帧，在“属性”面板中单击“编辑声音封套”按钮，打开“编辑封套”对话框，拖动上、下声音波形之间刻度栏内的左、右两个灰色控制条，截取声音片断，如图7-42所示。

步骤41 在“配音”图层的上方新建“配乐”图层，在第11帧插入关键帧，并添加声音“音乐.wav”，在第88帧和第109帧插入空白关键帧，在第109帧添加声音“音乐2.wav”，如图7-43所示。

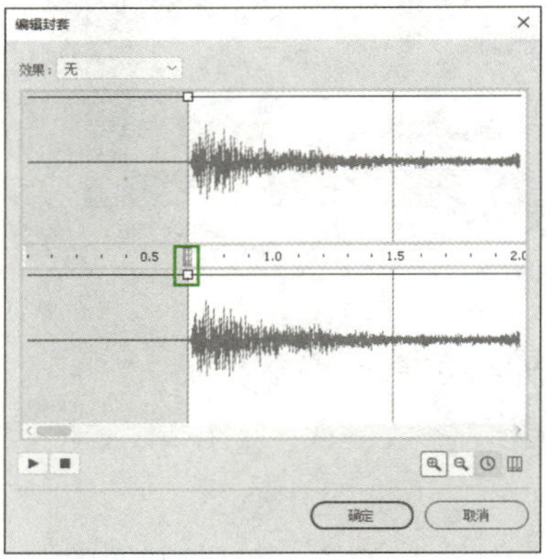

图 7-42

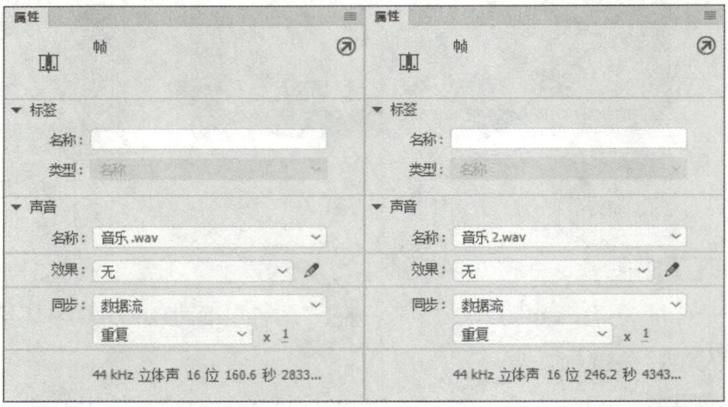

图 7-43

步骤42 选择第11帧，在“属性”面板中单击“编辑声音封套”按钮，打开“编辑封套”对话框，拖动上、下声音波形之间刻度栏内的左、右两个灰色控制条，截取声音片断，如图7-44所示。

步骤43 选择第109帧，在“属性”面板中单击“编辑声音封套”按钮，打开“编辑封套”对话框，拖动上、下声音波形之间刻度栏内的左、右两个灰色控制条，截取声音片断，如图7-45所示。

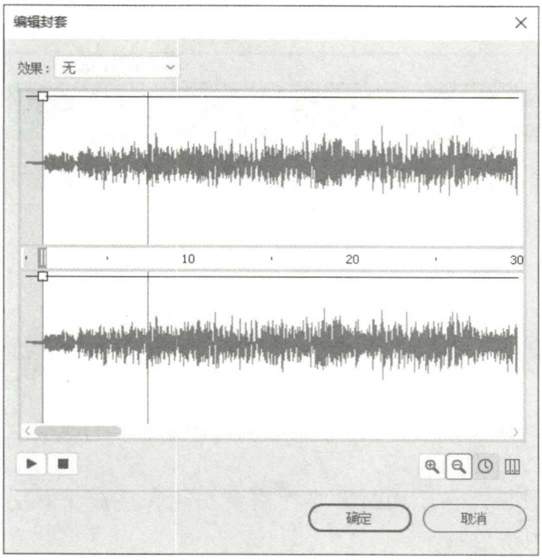

图 7-44

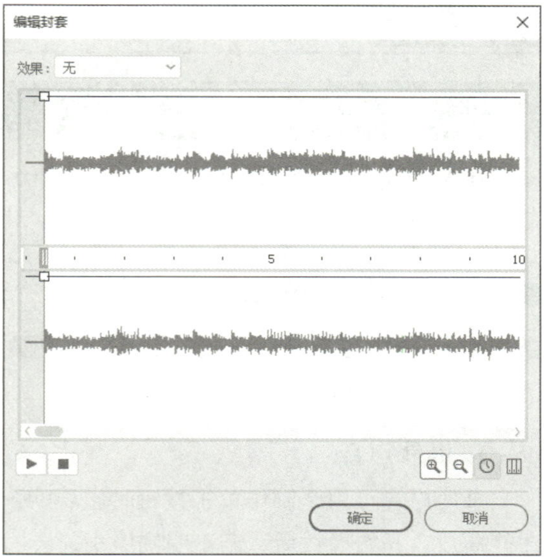

图 7-45

步骤44 在“配乐”图层的上方新建“动作”图层，选择第314帧插入关键帧，执行“窗口”→“动作”命令，打开“动作”面板并输入控制脚本，如图7-46所示。

图 7-46

步骤45 至此，完成安全驾驶动画的制作，按Ctrl+Enter组合键测试影片，如图7-47所示。

图 7-47

边用边学

7.1 在动画中添加音效

在Animate中，声音可以独立于时间轴连续播放，也可以与动画保持同步。可以向按钮添加声音，使按钮的交互性更强。本小节将针对音效的基本知识和应用方法进行介绍。

7.1.1 声音类型

Animate中包括事件声音和流声音两种类型的声音。事件声音可以独立于时间轴播放，而流声音将与时间轴同步播放。

1. 事件声音

事件声音可用于制作单击按钮时出现的声音效果。在使用时，事件声音必须在完成下载后才能播放；开始播放后，若不明确停止，会一直连续播放。

提示： 事件声音不论长短，都只能插入到一个帧中去，并且可以独立于动画播放完声音。若要重复播放声音，不必再次下载。

2. 流声音

流声音可以与动画同步播放。在使用时，只需要下载前几帧就可以开始播放。流声音依附在帧上，只能在它所在的帧中播放。动画播放的时间有多长，流声音播放的时间就有多长。

7.1.2 音频格式

Animate支持多种音频格式，包括WAV、MP3、FLAC、OGG和AIFF等格式。下面将介绍一些常用的音频格式。

1. WAV格式

WAV格式是微软公司为Windows开发的一种音频文件格式，文件的扩展名为“.wav”。利用该格式可以真实记录声音的波形，基本无压缩，但是所占存储空间较大，常用于存储一些较短的音频。

2. MP3格式

MP3格式是应用最为广泛的一种数字音频格式。MP3是利用 MPEG Audio Layer 3 的技术，将音频以1：10 甚至 1：12 的压缩率压缩成容量较小的文件，即可以在将文件压缩较小的情况下保持原音频。

对于追求体积小、音质好的Animate MTV来说，MP3是最理想的格式。它取样与编码的技术优异，经过压缩，音频的体积很小。虽然MP3经过了破坏性的压缩，但是其音质仍然大体接近CD的水平。

3. FLAC格式

FLAC格式可以无损压缩音频，即不会破坏原有的音频信息，并且压缩率相对较高，是专门针对PCM音频的特点设计的压缩方式。

4. OGG格式

OGG格式是类似于MP3的音频格式，是完全免费、开放并且没有专利限制的。OGG文件格式可以不断进行大小和音质的改良，而不影响旧的编码器或播放器。但OGG格式播放的兼容性差，普及性也较低。

5. AIFF格式

AIFF是音频交换文件格式（Audio Interchange File Format）的英文缩写。AIFF格式是苹果公司开发的一种音频文件格式，被Macintosh平台及其应用程序所支持。AIFF是苹果电脑中的标准音频格式，属于QuickTime技术的一部分。

AIFF支持各种比特决议、采样率和音频通道，应用于个人电脑及其他电子音响设备以存储音乐数据。AIFF支持ACE2、ACE8、MAC3和MAC6压缩，支持16位44.1kHz立体声。

■7.1.3　为对象导入声音

当准备好音频素材后，就可以通过“导入到库”或者“导入到舞台”命令将声音导入至Animate中，从而增添动画的感染力。

1. 导入到库

将音频导入库时，音频将只存在于库中，而不会在时间轴中。

执行“文件”→“导入”→“导入到库”命令，打开“导入到库”对话框，选中要打开的音频文件，单击“打开”按钮，即可将音频文件导入“库”面板中，如图7-48所示。也可以直接从文件中拖动音频至“库”面板。导入的音频文件图标为喇叭状。

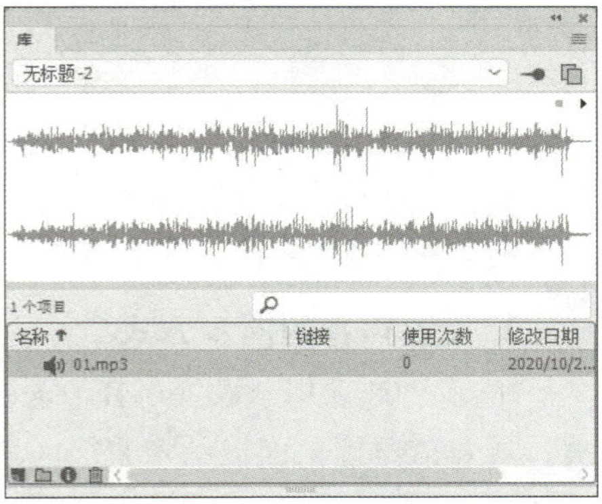

图 7-48

导入声音到“库”面板中后，选中图层，将声音从“库”面板中拖动至舞台，即可将其添加到当前图层中。

2. 导入到舞台

将音频导入舞台中时，可以直接将音频文件放置于活动层的活动帧上。

执行“文件”→“导入”→“导入到舞台”命令，打开“导入”对话框，选中要打开的音频文件，单击“打开”按钮，即可将选中的音频文件导入当前图层中。也可以直接拖动文件中的音频文件至舞台中，导入音频文件。

提示：因为一个帧中只能包含一个音频，所以拖放多个音频文件时将只导入一个音频文件。

■7.1.4　在Animate中编辑声音

导入音频文件后，可以在“声音属性”对话框、“属性”面板或“编辑封套”对话框中对声音效果进行处理。下面将针对如何编辑声音进行介绍。

1. 设置声音属性

在Animate中，有3种常用的方法可以打开“声音属性”对话框，对导入的声音进行属性设置。

双击“库”面板中音频文件的喇叭图标，或选中“库”面板中的音频文件，右击，在弹出的快捷菜单中选择“属性”命令，即可打开“声音属性”对话框，如图7-49所示；也可以在选中“库”面板中的音频文件后，单击面板底部的“属性”按钮，打开“声音属性”对话框。

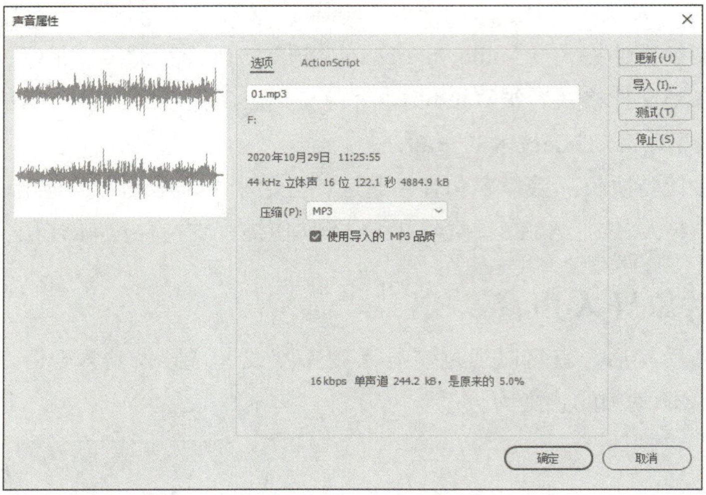

图 7-49

在“声音属性”对话框中，可以查看音频文件的属性，对当前音频的压缩方式进行调整，也可以重命名音频文件。

2. 设置声音的同步方式

“同步”选项用于设置声音与动画是否进行同步播放。展开“属性”面板“声音”区域中的“同步”下拉列表，如图7-50所示。

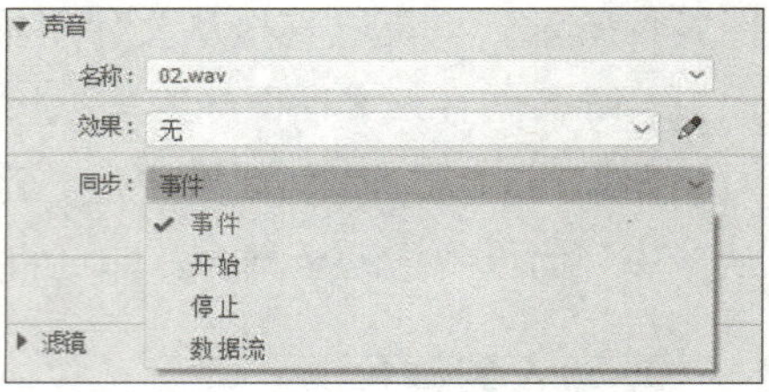

图 7-50

在“同步”下拉列表中各选项的作用分别如下。

- **事件：** 默认选项。选择该选项后，必须等声音全部下载完成才能播放动画，并独立于时间轴播放整个声音。即使影片停止，声音也会继续播放。一般在不需要控制声音播放的动画中使用。
- **开始：** 该选项与“事件”选项的功能近似。若选择的声音实例已在时间轴上的其他地方播放过了，Animate将不会再播放该实例。
- **停止：** 用于使正在播放的声音文件停止。
- **数据流：** 用于使声音与动画同步，以便在网页上播放。

3. 设置声音的重复播放

在Animate中，可以设置声音在影片中重复播放。在“属性”面板中展开“声音”区域中的“声音循环”下拉列表，如图7-51所示。

- **重复：** 选择该选项后，可以在右侧的文本框中设置播放的次数，默认播放一次。
- **循环：** 选择该选项后，声音将一直不停地循环播放。

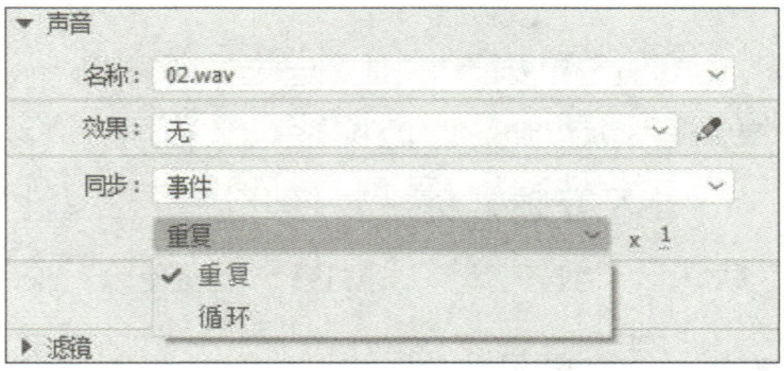

图 7-51

4. 设置声音的效果

在“属性”面板的“效果”下拉列表中，可以选择为声音添加不同的效果，如图7-52所示。

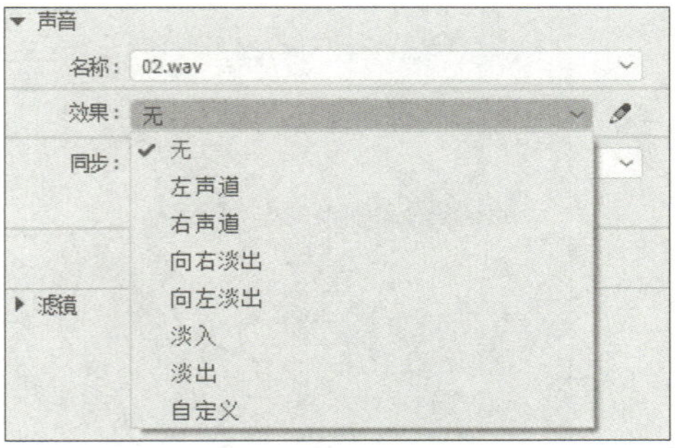

图 7-52

在该下拉列表中各选项的作用分别如下。

- **无：** 不使用任何效果。
- **左声道、右声道：** 只在左声道或者右声道播放音频。
- **向左淡出：** 将声音从右声道切换到左声道。
- **向右淡出：** 将声音从左声道切换到右声道。
- **淡入：** 表示在声音的持续时间内逐渐增大声强。
- **淡出：** 表示在声音的持续时间内逐渐减小声强。
- **自定义：** 选择该选项，将打开“编辑封套”对话框，在该对话框中可以编辑音频，如图7-53所示。

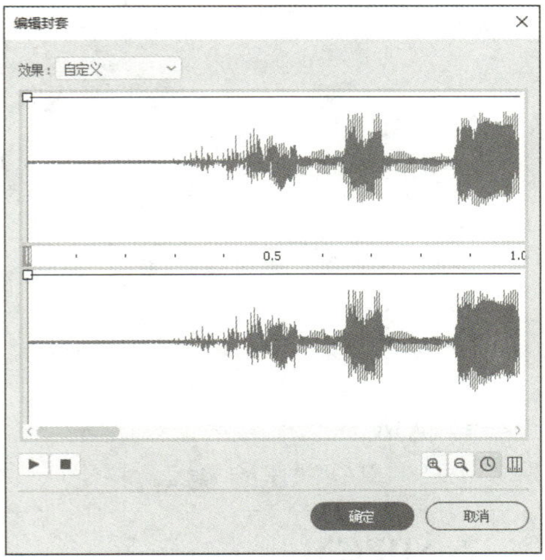

图 7-53

“编辑封套”对话框分为上、下两个编辑区，上方代表左声道波形编辑区，下方代表右声道编辑区。在每一个编辑区的上方都有一条带有小方块的控制线，可以通过控制线调整声音的大小、淡出和淡入等。

其中，“编辑封套”对话框中各选项的含义介绍如下。

- **效果：** 用于选取预设好的声音效果。
- **播放声音 ▶ 、停止声音 ■ ：** 单击这两个按钮，可以播放或暂停编辑后的声音。
- **放大、缩小：** 单击这两个按钮，可以使显示窗口内的声音波形在水平方向放大或缩小。
- **秒、帧：** 单击该按钮，可以在秒和帧之间切换时间单位。
- **灰色控制条：** 拖动上、下声音波形之间刻度栏内的左、右两个灰色控制条，可以截取声音片断。

■7.1.5 在Animate中优化声音

在Animate动画中添加音频，可以为动画赋予活力，使其更加真实，更具有感染力。为了使声音和动画更好地衔接，可以对声音进行优化与压缩，使其品质与文件大小达到平衡。

导入音频素材后，打开“声音属性”对话框，在该对话框的“压缩”下拉列表中可以选择“默认”“ADPCM”“MP3”“Raw”“语音”5个选项中的一个，如图7-54所示。

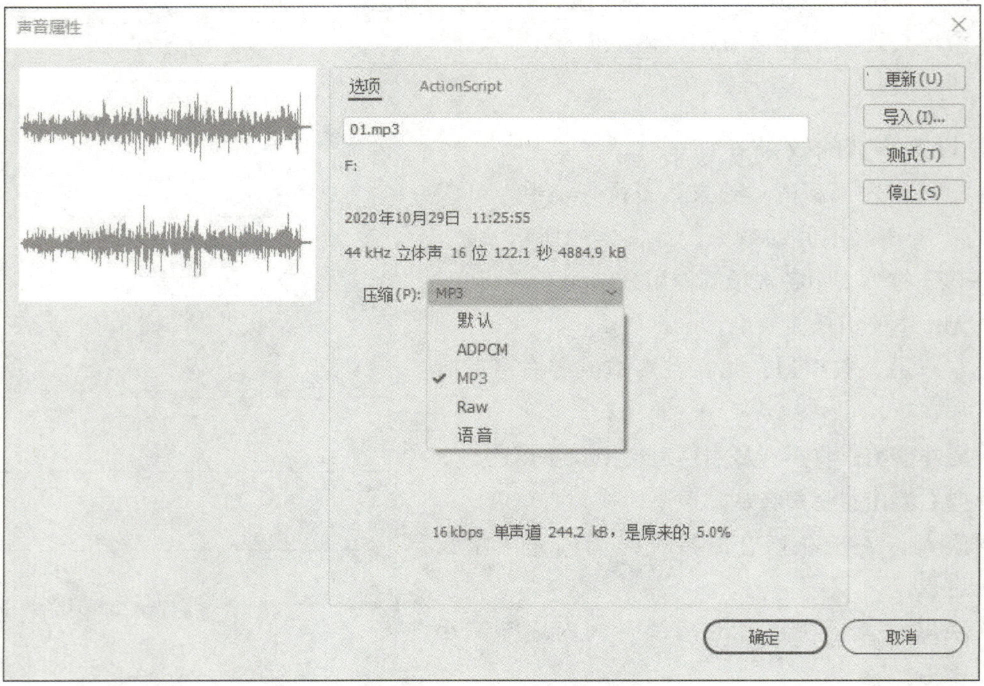

图 7-54

下面将针对这5种压缩类型进行介绍。

1. 默认

选择“默认”压缩方式，将使用“发布设置”对话框中的默认声音压缩设置。

2. ADPCM

ADPCM压缩适用于压缩较短的事件声音，可以根据需要设置声音属性。选择该选项后，在“压缩”下拉列表框的下方会出现有关ADPCM压缩的设置选项，如图7-55所示。

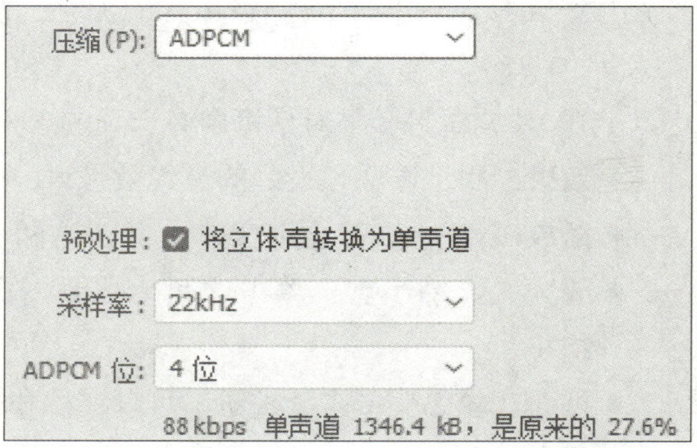

图 7-55

其中，各主要选项的含义介绍如下。

(1) 预处理。

勾选“将立体声转换为单声道”复选框后，可以将混合立体声转换为单声道，如原始声音为单声道则不受此选项影响。

（2）采样率。

采样率的大小关系到音频文件的大小。适当调整采样率，既能增强音频效果，又能减少文件的大小。较低的采样率可减小文件，但也会降低声音品质。Animate只能降低导入声音的采样率，而不能将其提高。

在采样率下拉列表中各选项的含义如下。

- **5kHz：**表示一般声音的质量。
- **11kHz：**表示一般声音的质量，是CD音质的四分之一。
- **22kHz：**表示声音可以达到CD音质的一半，一般都选用该采样率。
- **44kHz：**是标准的CD音质，可以达到很好的听觉效果。

（3）ADPCM位。

可以从其下拉列表中选择2～5位的选项，以调整文件的大小。

3. MP3

MP3压缩一般用于压缩较长的流声音，它的最大特点是接近于CD音质。选择该选项后，会在“压缩”下拉列表框的下方出现与MP3压缩有关的设置选项，如图7-56所示。

其中，各主要选项的含义介绍如下。

（1）比特率。

用于决定导出的声音文件每秒播放的位数，范围为8～160kbps。导出声音时，需要将比特率设置为16 kbps或更高，以获得最佳效果。

（2）品质。

用于选择预设的品质，包括“快速”“中”“最佳”3个选项。

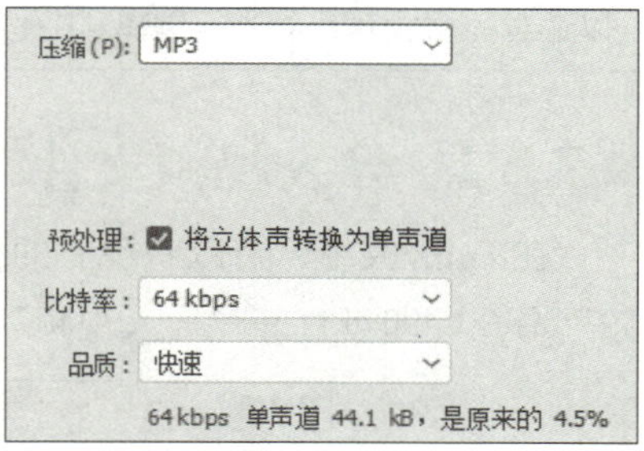

图 7-56

4. Raw

Raw压缩选项不会压缩导出的声音文件。选择该选项后，会在“压缩”下拉列表框的下方出现与原始压缩有关的设置选项，如图7-57所示。

设置“压缩”类型为“Raw”方式后，只需要设置采样率和预处理即可。

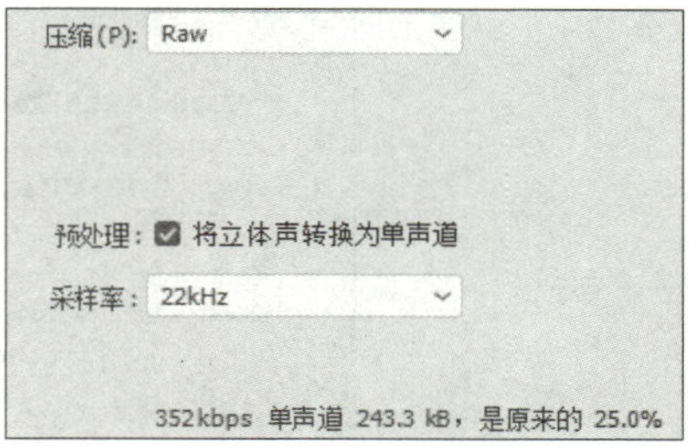

图 7-57

5. 语音

“语音”压缩选项是一种适合语音的压缩方式。选择该选项后，会在“压缩”下拉列表框的下方出现有关语音压缩的设置选项，如图7-58所示。只需要设置采样率和预处理即可。

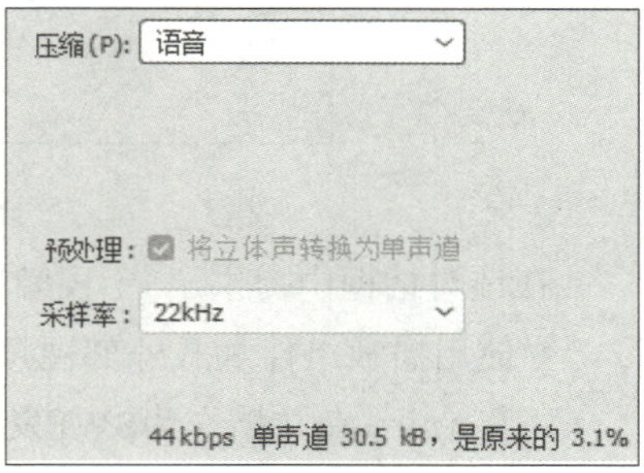

图 7-58

7.2 在动画中插播视频

除了导入图像素材、音频素材外，还可以在Animate中导入视频素材。在Animate中，可以对导入的视频进行裁剪、控制播放进程等操作，但是不能更改视频中的内容。本小节将针对在动画中插播视频进行介绍。

■7.2.1 可导入的视频类型

Animate 是一款功能非常强大的软件，该软件可将视频镜头融入基于网页的演示文稿中。导入Animate软件的视频必须以FLV或H.264格式编码。在导入时，“视频导入”对话框会对导入的视频文件进行检查，若不是Animate可以播放的格式将进行提醒，如图7-59所示。

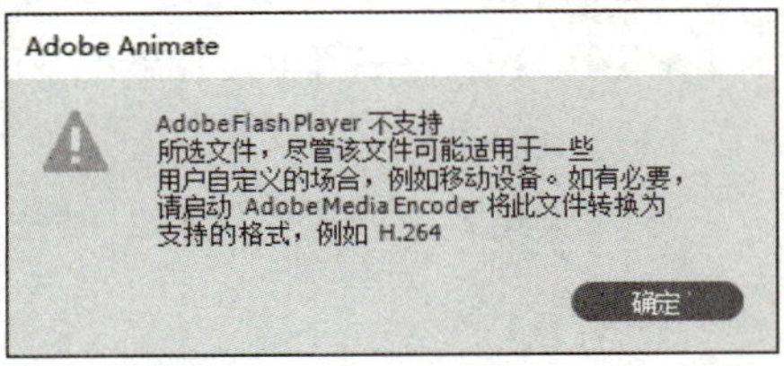

图 7-59

提示：若视频素材不是以FLV或H.264格式编码，可以使用Adobe Media Encoder独立编码应用程序以适当的格式对视频进行编码。

■7.2.2 导入视频文件

在Animate中，可以将现有的视频文件导入当前文档中。执行“文件”→“导入”→“导入视频”命令，即可打开“导入视频”对话框，如图7-60所示。

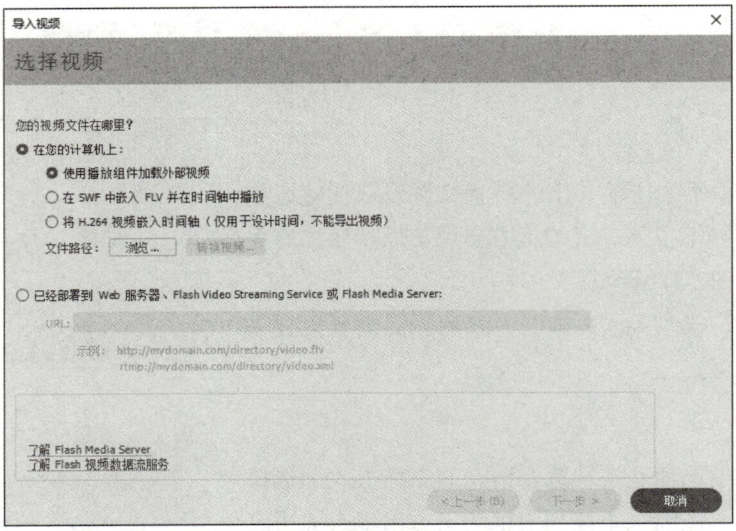

图 7-60

在该对话框中提供了3个视频导入选项，其含义分别介绍如下。

- 使用播放组件加载外部视频：导入视频并创建 FLVPlayback组件的实例以控制视频回放。将Animate文档作为SWF发布并将其上传到网络服务器时，必须将视频文件上传到网络服务器或Animate Media Server，并按照已上传视频文件的位置配置FLVPlayback组件。

- 在SWF中嵌入FLV并在时间轴中播放：该选项可用于将FLV嵌入到Animate文档中。这样在导入视频文件时，将该视频文件放置于时间轴中，可以看到时间轴帧所表示的各个视频帧的位置。嵌入的FLV视频文件成为Animate文档的一部分。选择该选项可以使此视频文件与舞台中的其他元素同步，但是也可能会出现声音不同步的问题，同时SWF的文件大小会增加。一般来说，品质越高，文件的大小也就越大。
- 将H.264视频嵌入时间轴（仅用于设计时间，不能导出视频）：该选项可用于将H.264 视频嵌入Animate文档中。使用此选项导入视频文件时，为了使视频文件作为设计阶段制作动画的参考，可以将视频文件放置在舞台中。在拖动或播放时间轴时，视频文件中的帧将呈现在舞台中，相关帧的音频也将播放。

以使用“使用播放组件加载外部视频”导入选项为例，单击“浏览”按钮，在弹出的“打开”对话框中选择要打开的视频素材，如图7-61所示。单击“打开”按钮，在“导入视频”对话框中单击“下一步”按钮，设定外观，如图7-62所示。

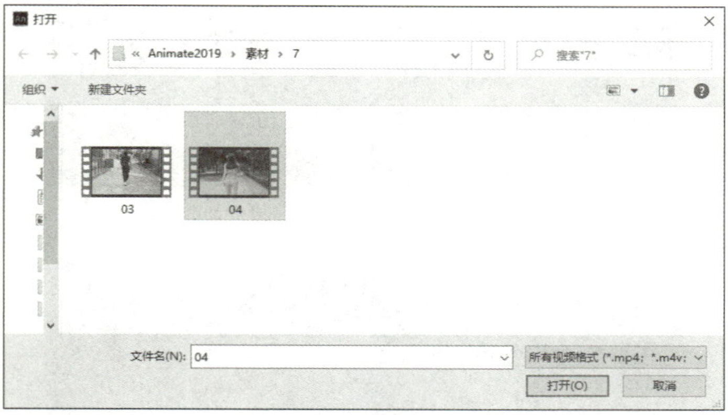

图 7-61

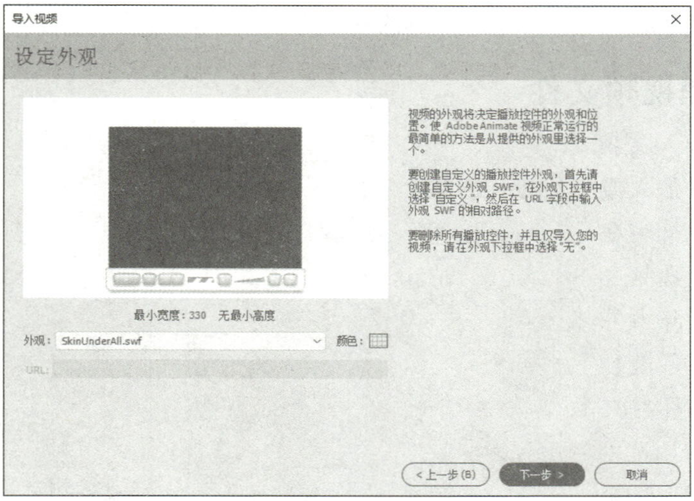

图 7-62

完成后再次单击“下一步”按钮，进入下一级界面，如图7-63所示。单击“完成”按钮完成视频导入，如图7-64所示。

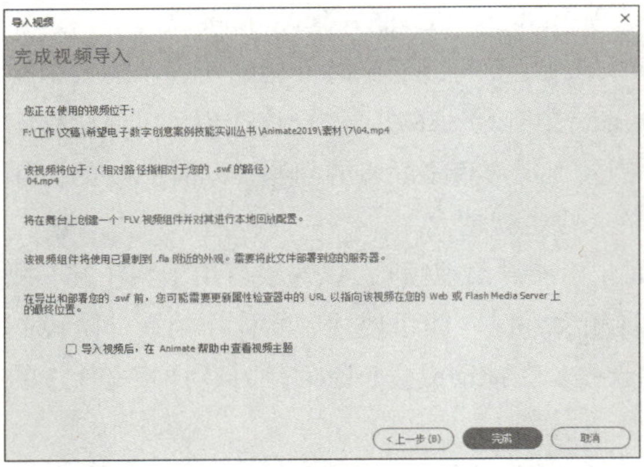

图 7-63

图 7-64

按Ctrl+Enter组合键可以导出SWF影片进行测试，如图7-65所示。

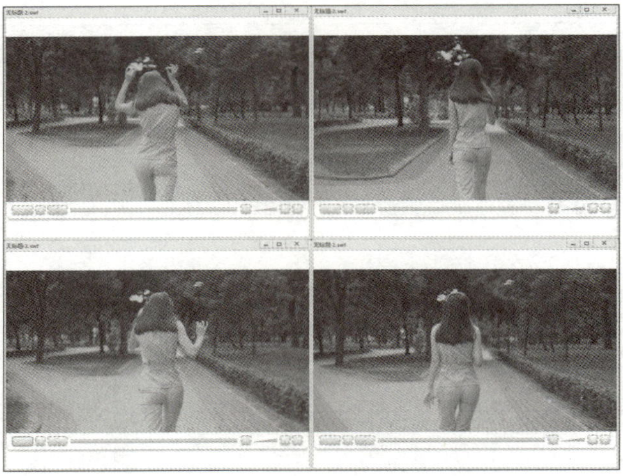

图 7-65

■7.2.3　处理视频文件

将视频素材导入文档中后，选择舞台中嵌入或链接的视频剪辑，即可在“属性”面板中对视频实例的名称、在舞台中的像素尺寸和位置等进行查看和调整，如图7-66所示。

同时，还可以单击“显示参数”按钮打开“组件参数”选项面板，对导入的视频进行设置，如图7-67所示。

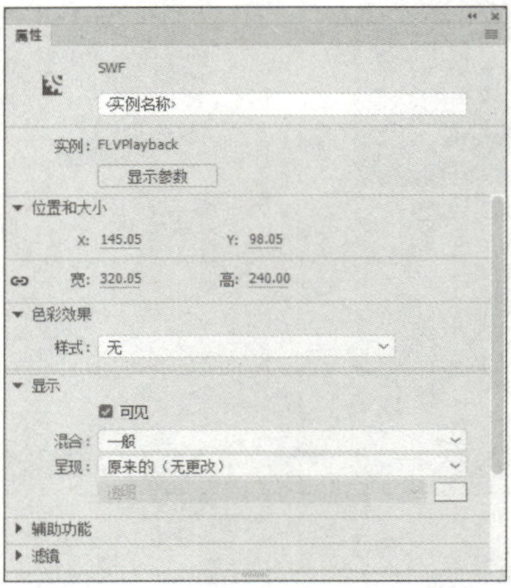

图 7-66

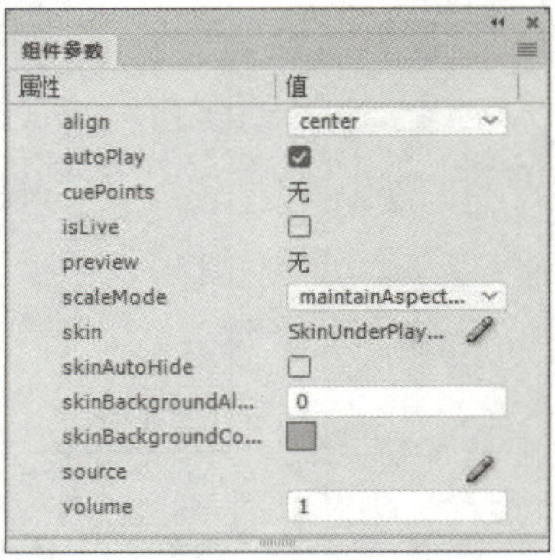

图 7-67

经验之谈 常见的音/视频处理软件有哪些

与Animate同属于Adobe公司旗下的Premiere和After Effects都可以对音/视频进行处理。下面将对这两款软件进行介绍。

1. Premiere

Premiere是一款专业的音/视频剪辑软件，如图7-68所示为Premiere的工作界面。

与Animate一样，Premiere也是通过时间轴工作的，可以将素材拖动至时间轴上进行剪切、复制、嵌套等操作。作为一款专业软件，Premiere被广泛应用于音乐短片制作、电影剪辑、广告制作等领域。

图 7-68

2. After Effects

After Effects是一款图形视频处理软件，如图7-69所示为After Effects的工作界面。

After Effects中包含多个面板，几乎所有操作都可以在时间轴上完成。使用After Effects，结合其他一些3D软件，可以制作影视后期特效、合成电脑游戏等，因此，After Effects被广泛应用于影片、电影、广告等领域。

图 7-69

上手实操

实操一：制作乐观积极动画

本案例将练习制作一个乐观积极的动画。在播放时，每个动画片段将搭配不同的说明文字，以阐释动画主题——以积极乐观的态度看待世界，如图7-70所示为制作效果。本案例涉及的知识点包括“任意变形工具”的使用、传统补间动画的添加及脚本语言的应用等。其中，脚本语言的相关知识可以查看本书第9章的内容。

图 7-70

设计要领

- 打开本章素材文件。
- 添加关键帧并制作传统补间动画。
- 添加动作脚本以避免动画循环。

实操二：制作下雪效果

本案例将练习导入FLV视频制作下雪效果，如图7-71所示为制作效果。本案例涉及的知识点包括素材的导入，以及视频文件的导入与编辑。

图 7-71

设计要领

- 新建文档，将素材导入库中。
- 新建图层，将“库”面板中的素材导入舞台。
- 添加空白帧，按Ctrl+Enter组合键测试影片。

第8章

常见组件的应用

内容概要

在Animate中，可以使用预设的组件制作动画效果，如复选框、滚动条等。通过使用组件，可以节省制作时间，提高代码的可复用性。本章将主要针对组件类型及常见的组件进行介绍。

知识要点

- 了解组件类型。
- 学会添加组件。
- 熟悉常用的组件。

数字资源

【本章案例素材来源】："素材文件\第8章"目录下

【本章案例最终文件】："素材文件\第8章\案例精讲\制作读书调查表.fla"

案例精讲 制作读书调查表

案/例/描/述

本案例将练习制作一份简单的读书调查表，制作完成后可以在调查表中进行填写，并得到具体的分析报告。本案例涉及的知识点包括图形的绘制、“文本工具”的使用、组件的添加及脚本语言的应用。关于脚本语言的应用知识可以查看本书第9章。

扫码观看视频

案/例/详/解

下面将针对读书调查表的具体制作步骤进行介绍。

步骤 01 启动Animate，新建文档，如图8-1所示。

步骤 02 修改“图层_1”的名称为“背景”，导入本章素材文件“背景.jpg”，并调整其大小和位置，如图8-2所示。

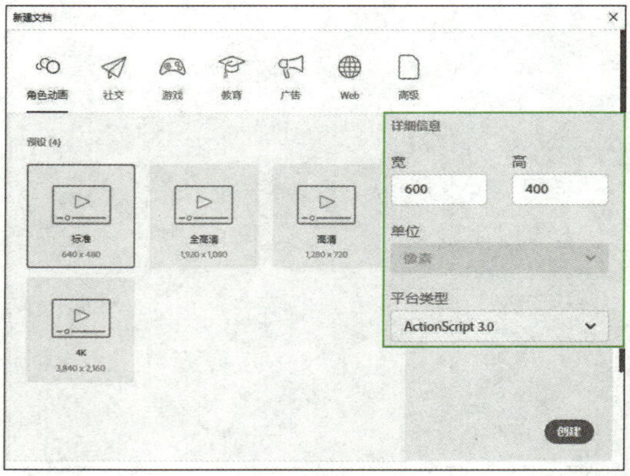

图 8-1

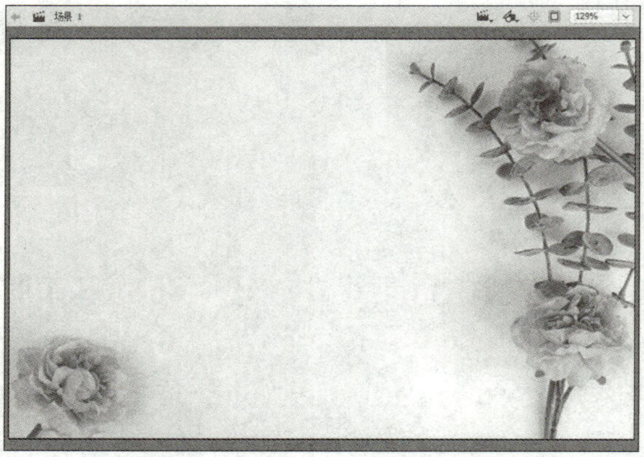

图 8-2

步骤 03 在“背景”图层的第2帧按F5键插入普通帧，在“背景”图层的上方新建“标题”图层，使用“矩形工具”在舞台中的合适位置绘制矩形并填充线性渐变，如图8-3和图8-4所示。

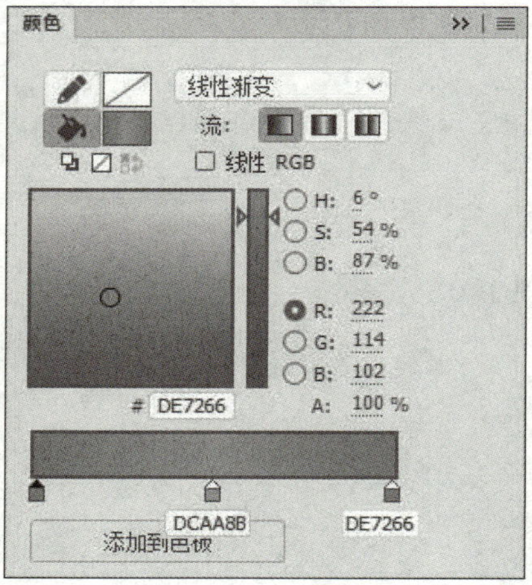

图 8-3

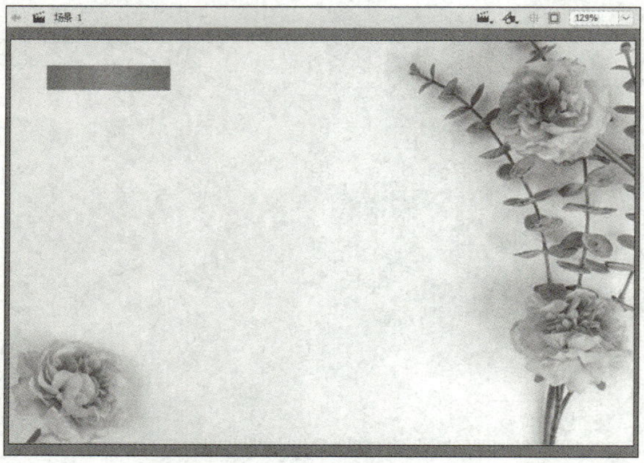

图 8-4

步骤04 选中“线条工具”，在“属性”面板中设置笔触为5，在矩形的下方绘制直线，如图8-5所示。

步骤05 选中直线，执行“修改”→“形状”→“将线条转换为填充”命令，将线条修改为填充，在“颜色”面板中设置其线性渐变，如图8-6所示。

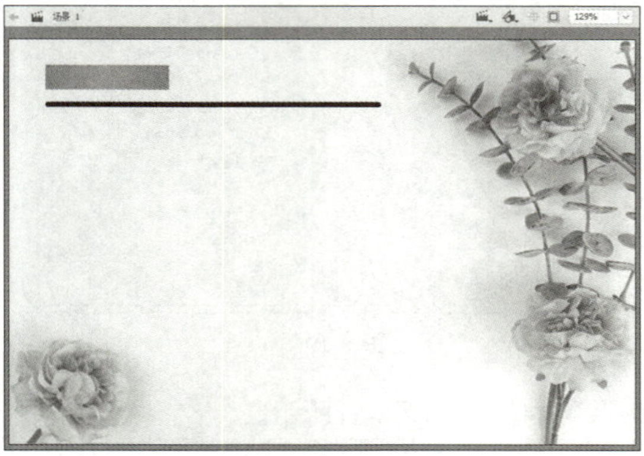

图 8-5

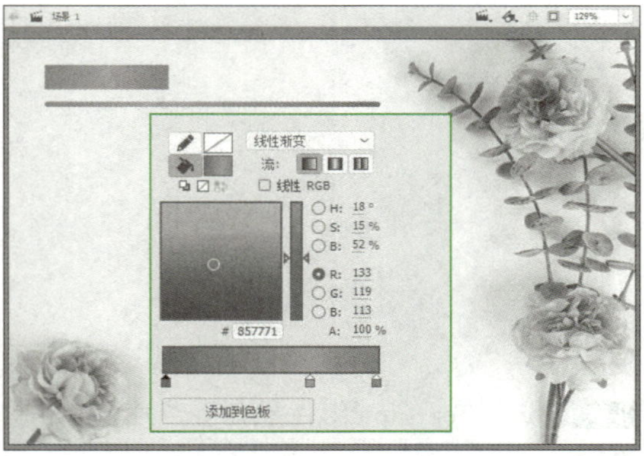

图 8-6

步骤06 选中“标题”图层的第1帧，使用“文本工具”在矩形内输入文字，设置字体为白色，如图8-7所示。

步骤07 选中“标题”图层的第2帧，按F6键插入关键帧，修改文字，如图8-8所示。

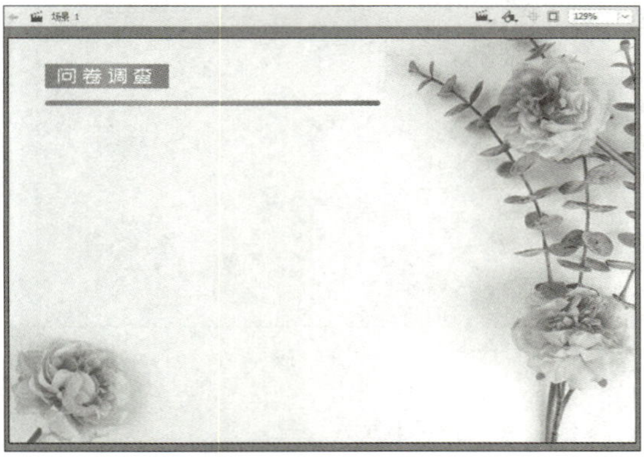

图 8-7

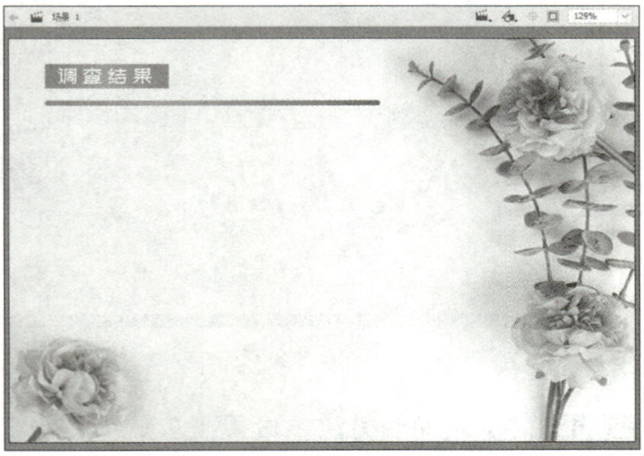

图 8-8

步骤08 在“标题”图层的上方新建“问题”图层，使用“文本工具”在舞台中输入文字并对齐排列，如图8-9所示。

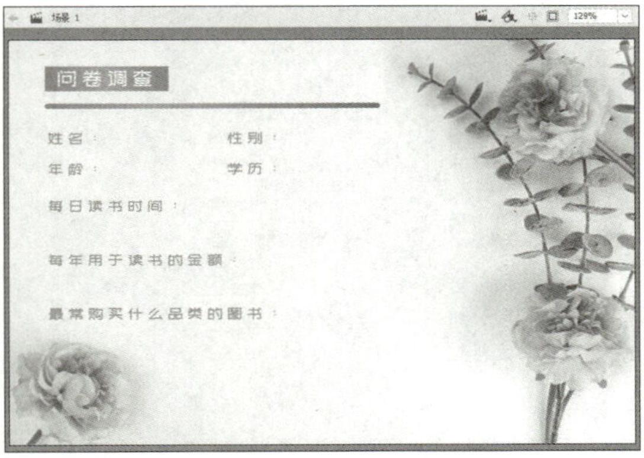

图 8-9

步骤 09 在“问题”图层的上方新建“组件”图层，执行“窗口”→“组件”命令，打开“组件”面板，如图8-10所示。

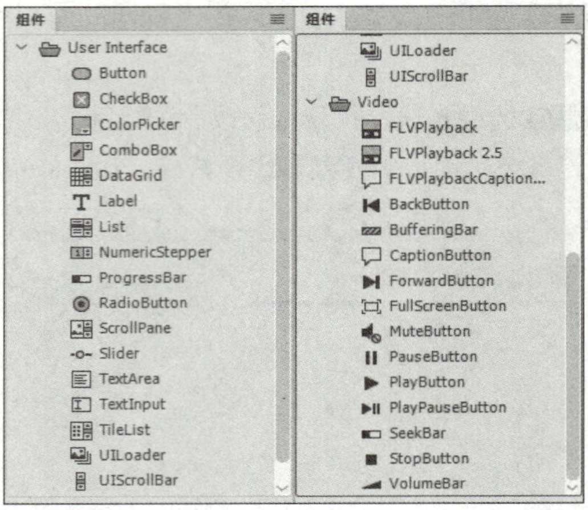

图 8-10

步骤 10 选择TextInput组件拖动至“姓名”和“年龄”的右侧，如图8-11所示。

步骤 11 选择“姓名”右侧的组件，在“属性”面板中单击“显示参数”按钮，打开“组件参数”面板并进行设置，如图8-12所示。

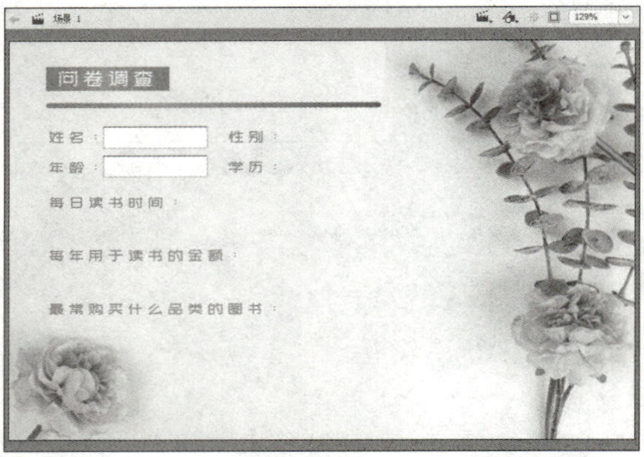

图 8-11

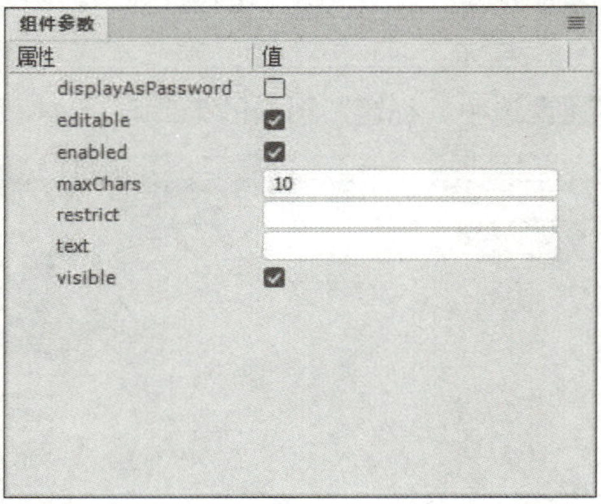

图 8-12

步骤 12 使用相同的方法，设置“年龄”右侧组件的参数，如图8-13所示。

步骤 13 选择RadioButton组件拖动至“性别”的右侧，如图8-14所示。

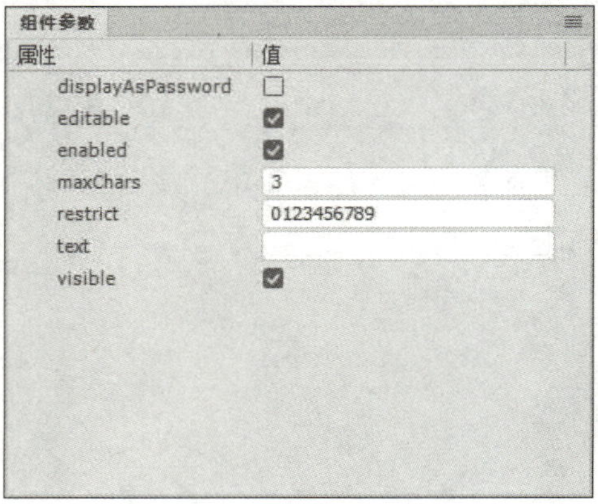

图 8-13

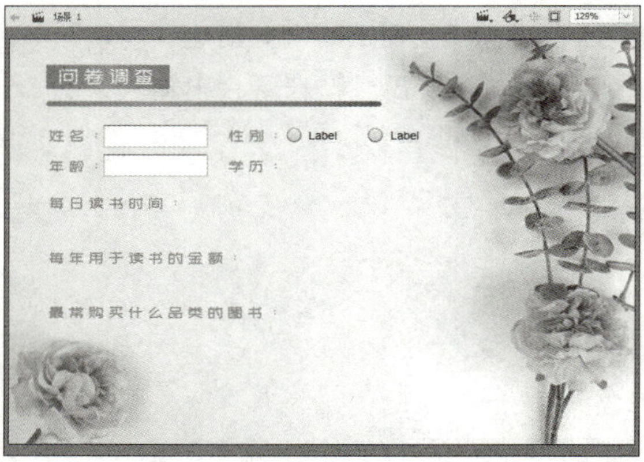

图 8-14

步骤14 选中左侧的RadioButton组件，在“属性”面板中设置实例名称为“_boy”，在“组件参数”面板中进行设置，如图8-15所示，效果图8-16所示。

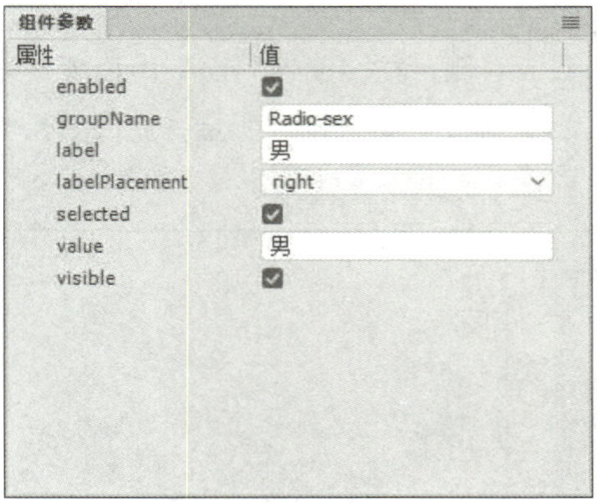

图 8-15

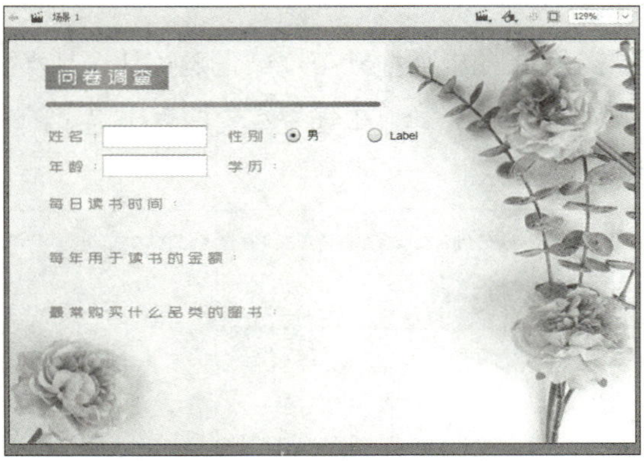

图 8-16

步骤15 选中右侧的RadioButton组件，在“属性”面板中设置实例名称为“_girl”，在“组件参数”面板中进行设置，如图8-17所示，效果图8-18所示。

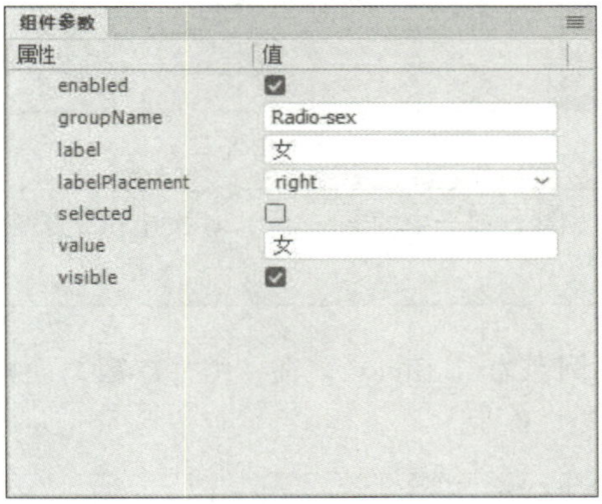

图 8-17

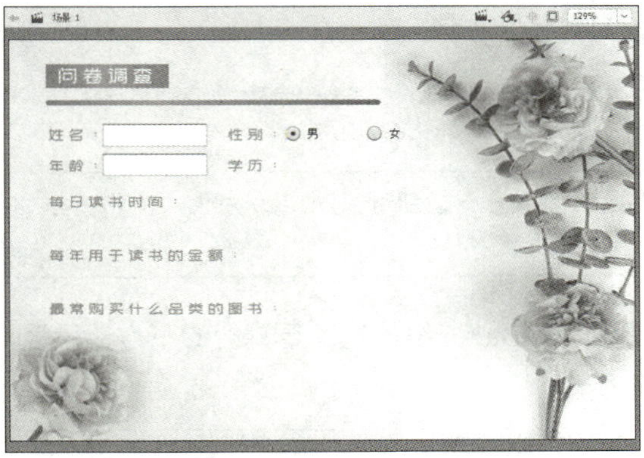

图 8-18

步骤16 选择ComboBox组件拖动至“学历”的右侧，在“属性”面板中设置其实例名称为“_xueli”，在“组件参数”面板中单击按钮设置“值”，如图8-19所示，效果图8-20所示。

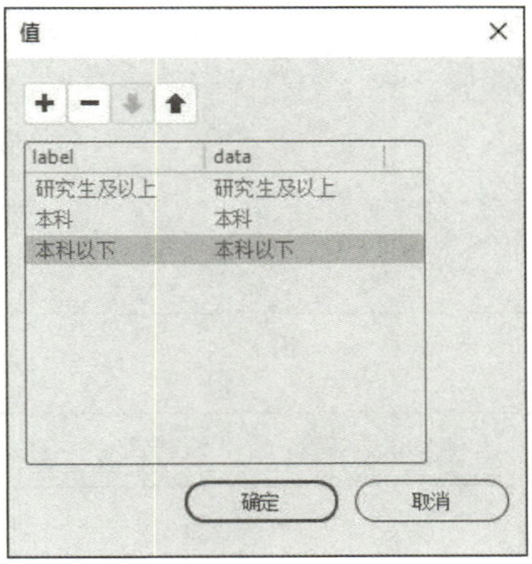

图 8-19

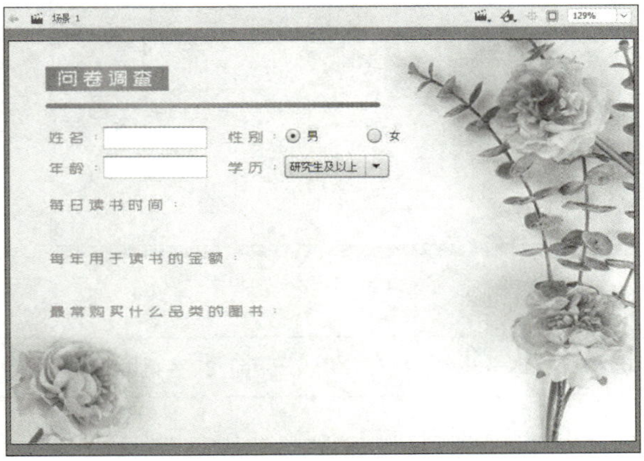

图 8-20

步骤 17 使用相同的方法，在“每日读书时间”和“每年用于读书的金额”下方添加Radio-Button组件并在“属性”面板中对实例进行命名，然后在“组件参数”面板中进行调整，效果如图8-21所示。

步骤 18 选择List组件拖动至“最常购买什么品类的图书”右侧，在“属性”面板中设置其实例名称为“_type”，在“组件参数”面板中单击按钮设置“值”，如图8-22所示，完成效果如图8-23所示。

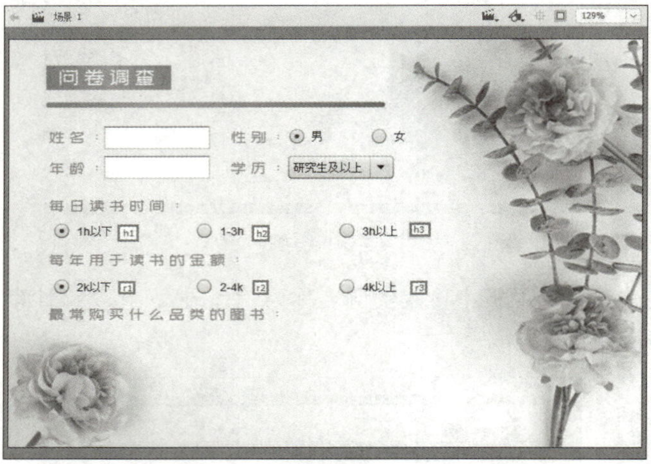

图 8-21

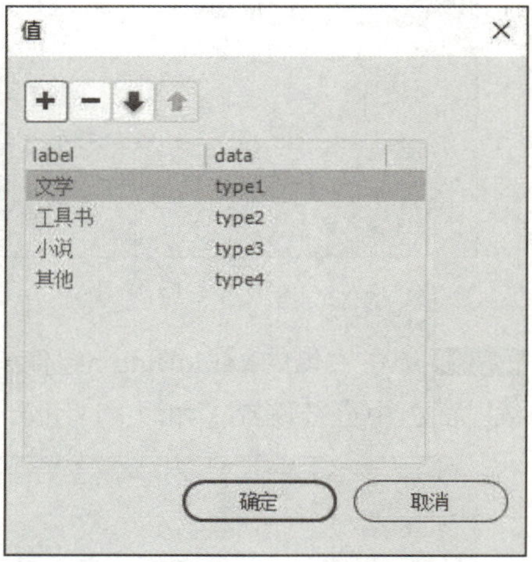

图 8-22

> **提示：** 单击 **+** 按钮可以添加Label值，单击 **−** 按钮可以删除当前选中的Label值。⬇按钮和⬆按钮可以调整值的顺序。

步骤 19 选择Button组件拖动至舞台的下方，设置其实例名为“_tijiao”，在“组件参数”面板中设置参数，如图8-24所示。

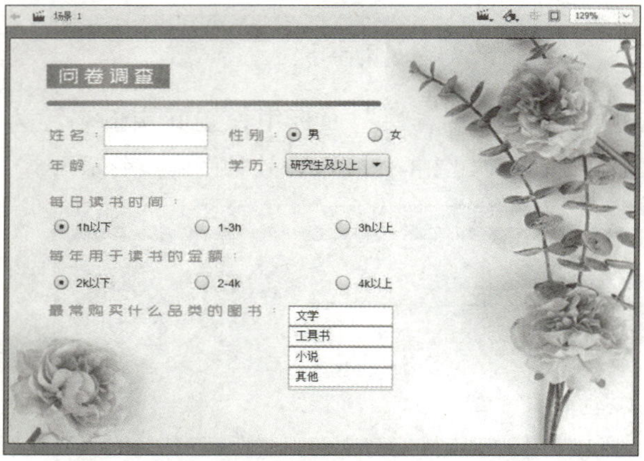

图 8-23

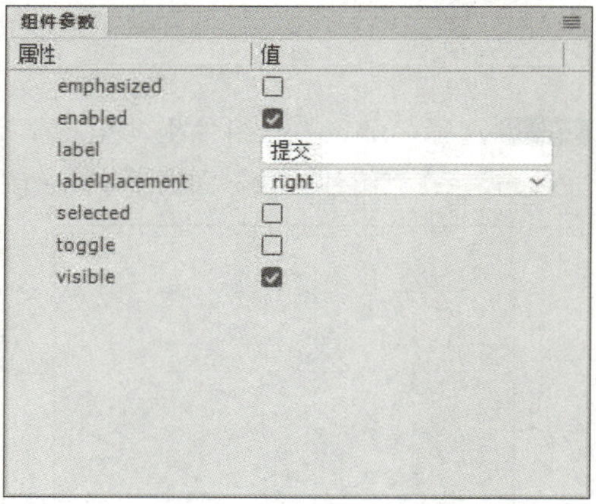

图 8-24

> **提示：** 在Button组件中，默认按钮上的字是Label，可以在“组件参数”面板中进行修改。

步骤20 在“组件”图层和“问题”图层的第2帧按F7键插入空白关键帧，选中“组件”图层的第2帧，从“组件”面板中拖动ScrollPane组件和Button组件至舞台中的合适位置，如图8-25所示。

步骤21 选中舞台中的ScrollPane组件，设置其实例名为“_jieguo”，使用“文本工具”在该组件上绘制文本框，在“属性”面板中设置实例名称为“_result”，并设置字体、字号等参数，如图8-26所示。

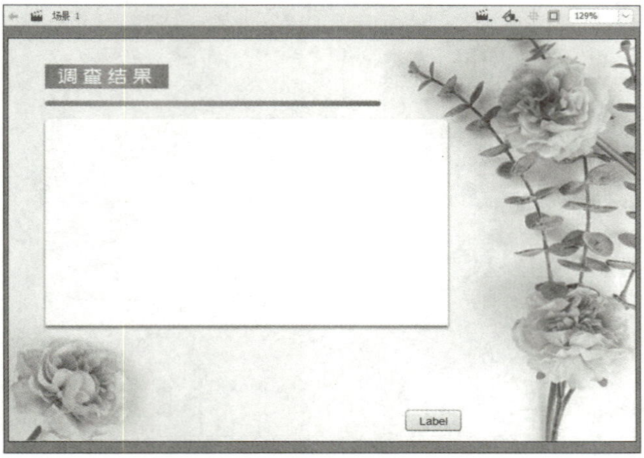

图 8-25

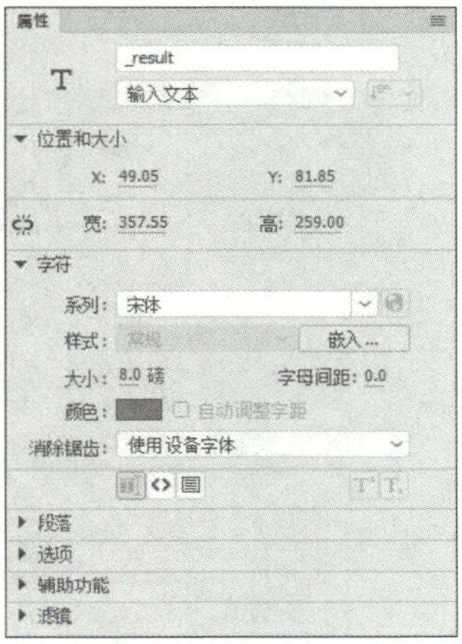

图 8-26

提示：输入文本需要与代码配合使用，从而为对象添加交互性。

步骤22 选择Button组件，设置实例名称为“_back”，在“组件参数”面板中设置参数，如图8-27所示。

步骤23 在“组件”图层的上方新建“动作”图层，选中第1帧，执行“窗口”→“动作”命令，打开“动作”面板，在该面板中输入脚本定义函数，如图8-28所示。

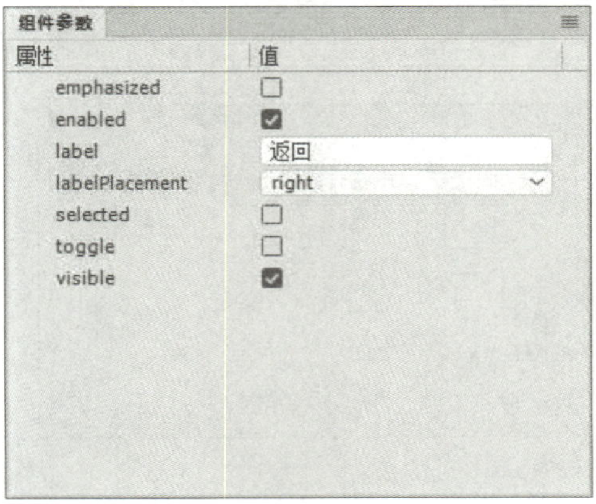

图 8-27

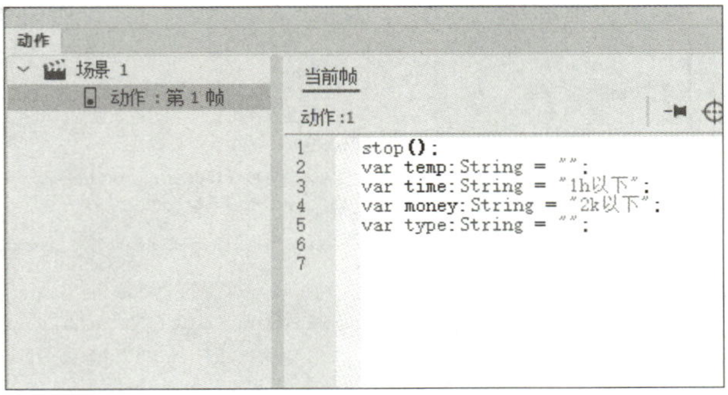

图 8-28

提示：这里的脚本定义了变量，后面的内容需要结合前面步骤中的问题来填写。

步骤 24 继续输入其他脚本，如图8-29所示。

步骤 25 在“动作”图层的第2帧按F7键插入空白关键帧，在“动作”面板中输入脚本，如图8-30所示。

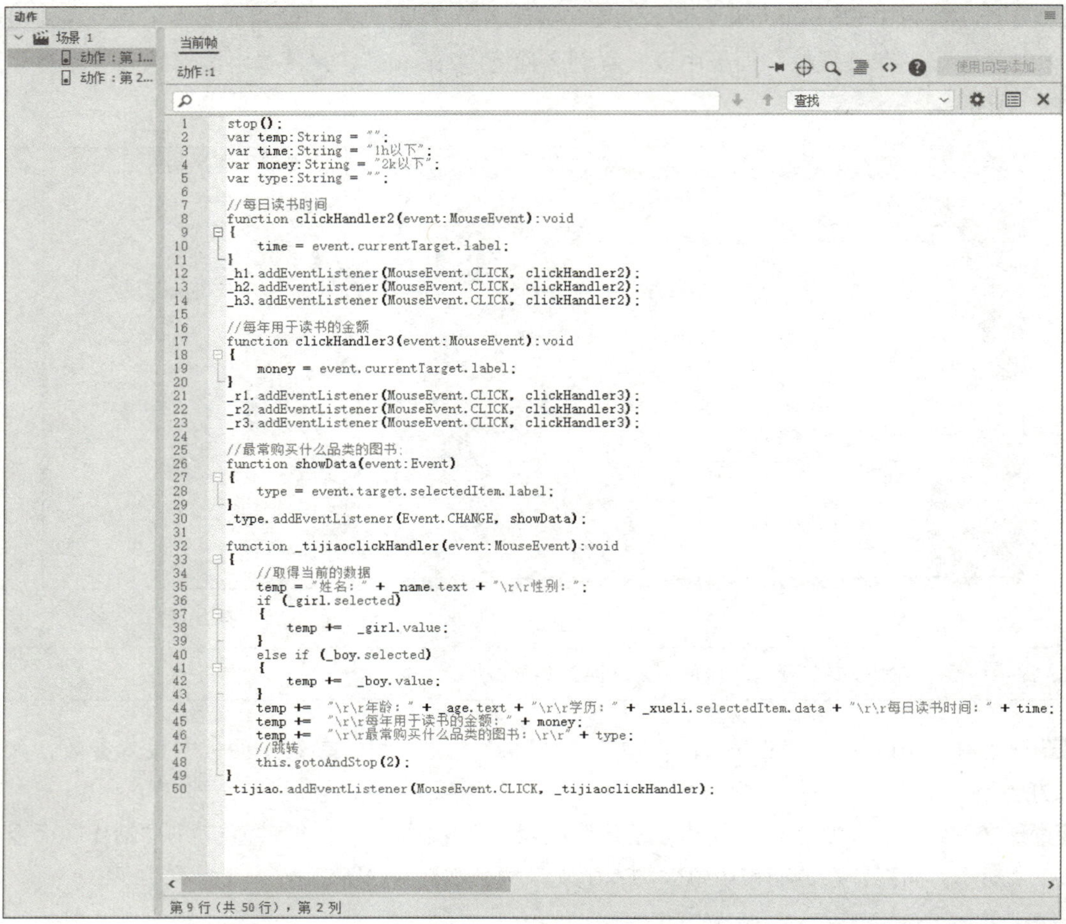

图 8-29

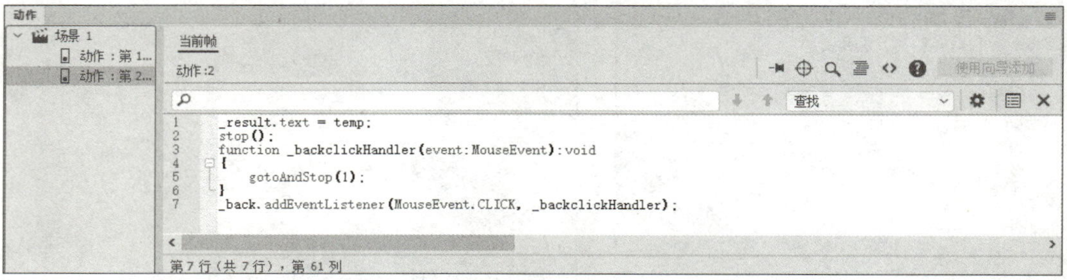

图 8-30

提示：在Animate中，为了避免属性未定义错误，可以在“文档设置”对话框中取消勾选“使用高级图层”复选框。

步骤26 至此，完成读书调查表的制作，按Ctrl+Enter组合键测试动画，如图8-31～图8-34所示。

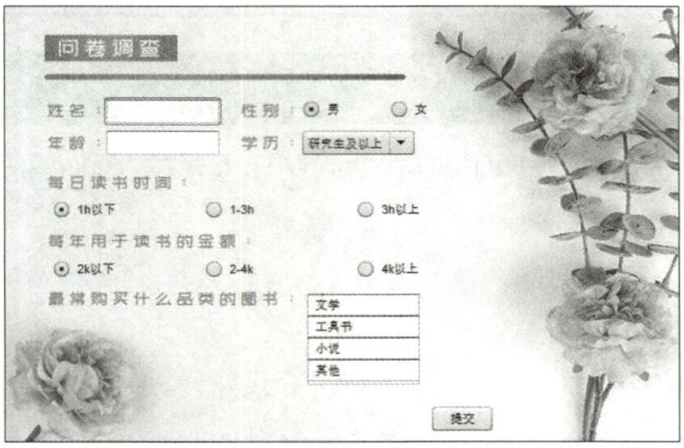

图 8-31

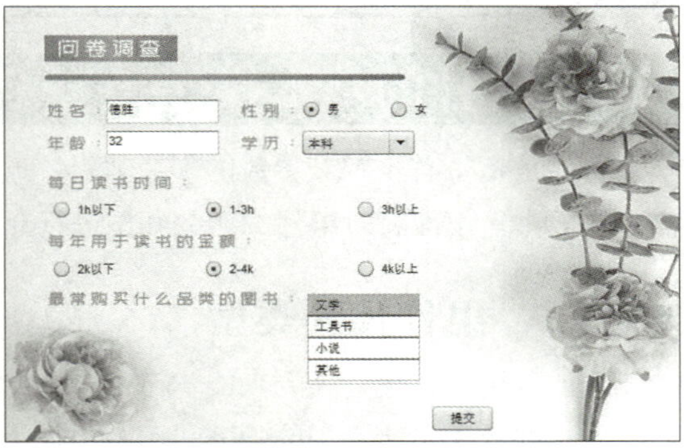

图 8-32

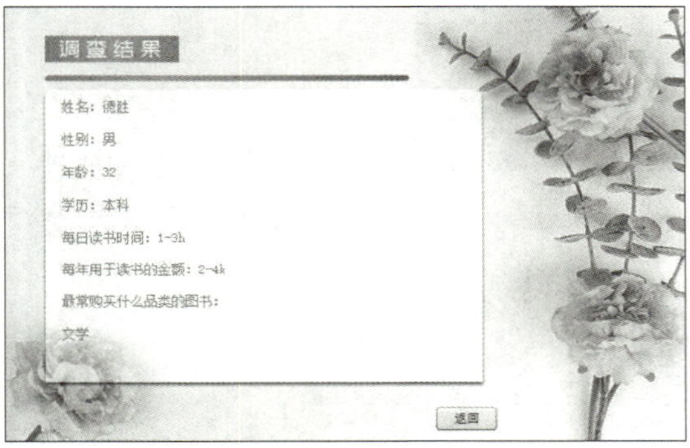

图 8-33

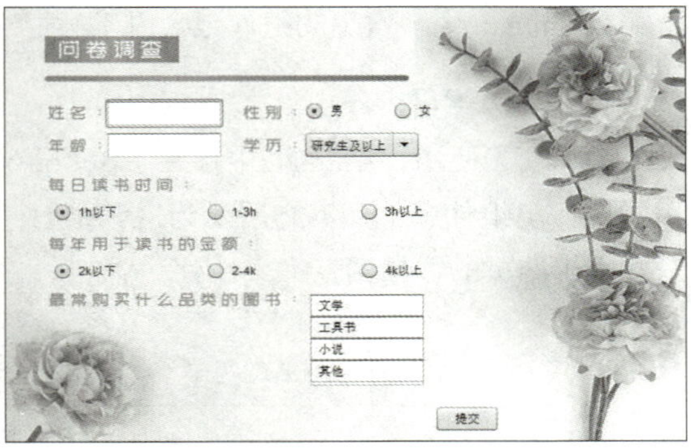

图 8-34

学习体会

边用边学

8.1 组件的基本操作

组件是指带有可定义参数的影片剪辑。通过使用组件，可以节省动画制作人员的时间，提高制作效率。下面将对组件的相关知识进行介绍。

■8.1.1 组件及其类型

组件可用于实现复杂的功能，可以自定义组件的功能和外观，也可以下载开发人员设计好的组件。开发人员将常用的功能封装到组件中，动画制作人员可以通过更改组件的参数来自定义组件的大小、位置和行为。

在Animate中，常用的组件包含以下3种类型。

1. 选择类组件

为了便于使用，Animate中预置了Button、CheckBox、RadioButton和NumericStepper 4种常用的选择类组件，如图8-35所示为这4种组件的样式。通过这些组件，可以快捷、方便地制作一些用于网页的选择调查类文件。

图 8-35

2. 文本类组件

Animate中预置了Label、TextArea和TextInput 3种常用的文本类组件，如图8-36所示为这3种组件的样式。通过这些组件，可以帮助用户快捷、方便地创建文本框，并且可以载入文档数据信息。

图 8-36

3. 列表类组件

为了直观地组织同类信息数据，方便用户选择，Animate根据不同的需求预置了不同方式的列表组件，包括ComboBox、DataGrid和List 3种列表类组件，如图8-37所示为这3种组件的样式。

图 8-37

提示：除了以上几种常用的组件外，Animate中还包括ColorPicker、FLVPlayback 2.5等一些不常用的组件。

■8.1.2 组件的添加与删除

了解了一些组件的相关知识后，就可以学习如何添加与删除组件了。本小节将对此进行详细介绍。

1. 组件的添加

在Animate中添加组件非常简单。启动Animate后，执行“窗口”→“组件”命令，打开“组件”面板，如图8-38所示。选择“组件”面板中的组件，双击或将其拖动至舞台或“库”面板中，即可添加组件，如图8-39所示。

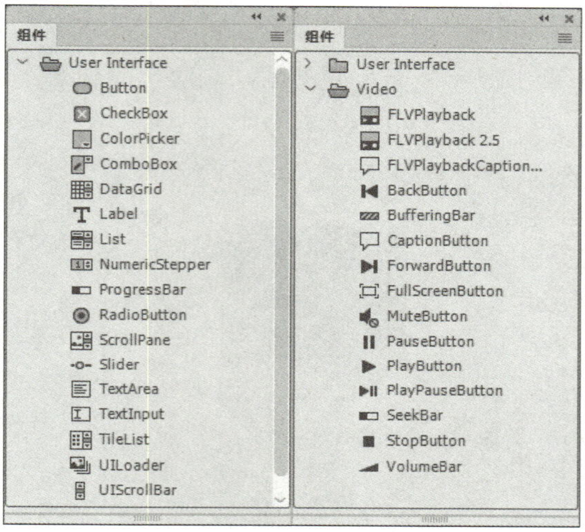

图 8-38

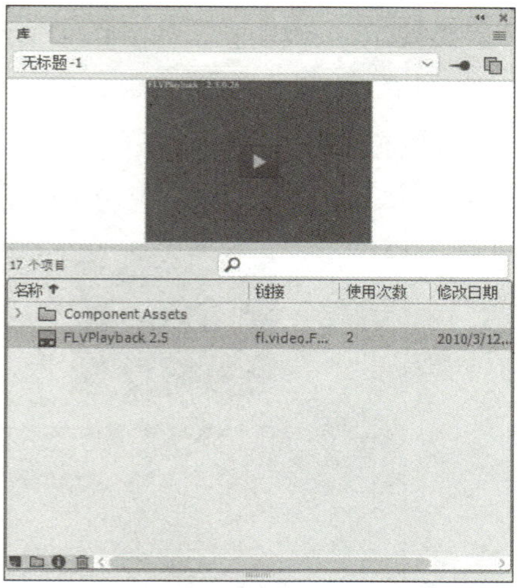

图 8-39

在舞台中选择添加的组件，可以在“属性”面板中对其参数进行调整，如图8-40所示为添加“FLVPlayback 2.5”组件的“属性”面板。

单击“属性”面板中的“显示参数”按钮，打开“组件参数”面板，即可对选中组件的参数进行设置，如图8-41所示。

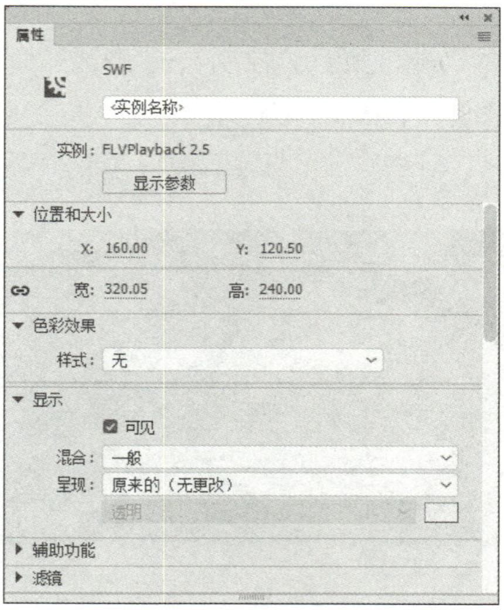

图 8-40

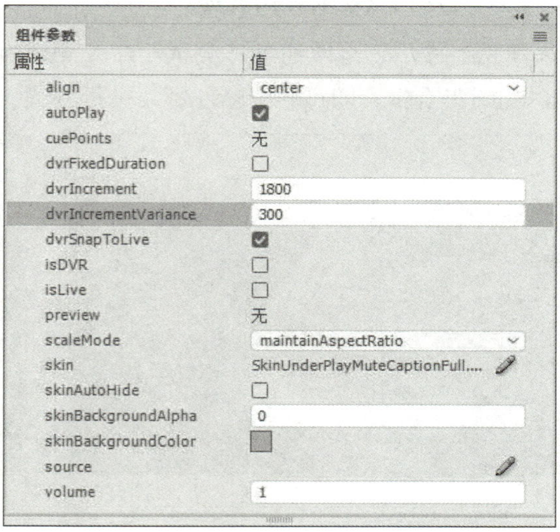

图 8-41

2. 组件的删除

在使用Animate制作动画的过程中，若想删除添加的组件，在舞台中选中添加的组件实例，按Delete键删除即可。

> **提示**：使用该方法可以从舞台中删除实例，但不会从应用程序中删除该组件，即在编译时该组件会包含在应用程序中。

若想从Animate文档中删除该组件，有以下两种常见的方法。

- 在“库”面板中选择要删除的组件，右击，在弹出的快捷菜单中选择“删除”命令或者直接按Delete键删除，如图8-42所示。
- 在“库”面板中选择要删除的组件，单击“库”面板底部的“删除”按钮，如图8-43所示。

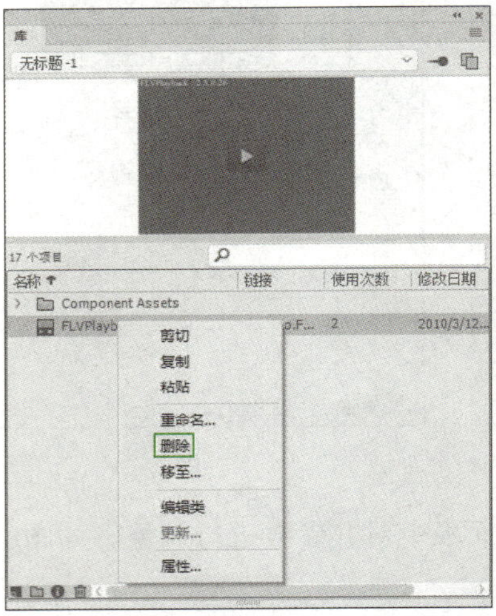

图 8-42

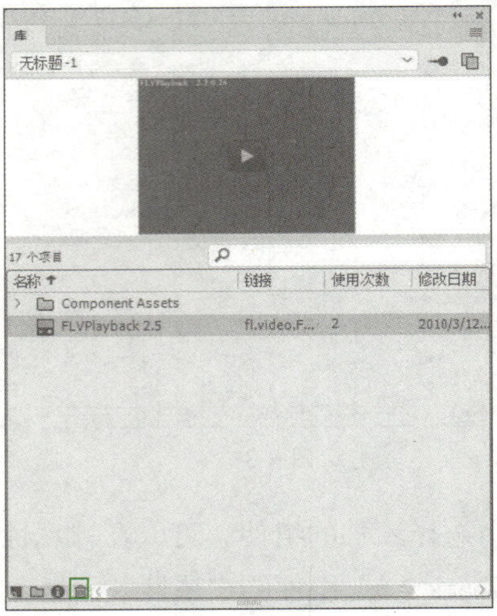

图 8-43

■8.1.3 组件效果的预览

添加完组件后，可以通过“测试”命令测试组件的功能。执行“控制”→“测试”命令或按Ctrl+Enter组合键，即可导出SWF影片进行测试，如图8-44和图8-45所示。

图 8-44

图 8-45

8.2 复选框组件

复选框组件（CheckBox）常用于设计网页中的一些选项，该组件支持单选或者多选。在Animate一系列选择项目中，利用复选框可以同时选取多个项目。当它被选中后，框中会出现一个复选标记。通常会为该组件添加一个文本标签，以对选项进行说明。

打开“组件”面板，选择CheckBox组件将其拖至舞台，效果如图8-46所示。在CheckBox组件实例所对应的“属性”面板中调整组件参数，如图8-47所示。

图 8-46

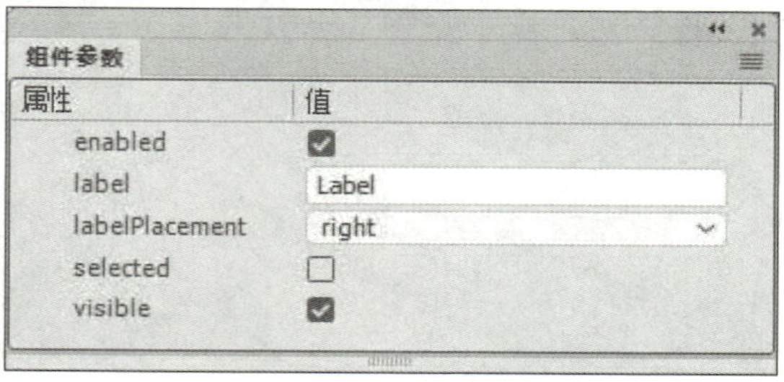

图 8-47

该组件“属性”面板中各参数的含义如下。

- **enabled：** 用于控制组件是否可用。
- **label：** 用于确定复选框右侧的显示内容。默认值是“Label”。
- **labelPlacement：** 用于确定复选框上标签文本的方向，其中包括4个选项，即“left”“right”“top”“bottom”，默认是“right”。
- **selected：** 用于确定复选框的初始状态为选中或取消选中。
- **visible：** 用于控制组件是否可见。

如图8-48和图8-49所示为调整参数后的复选框组件效果。

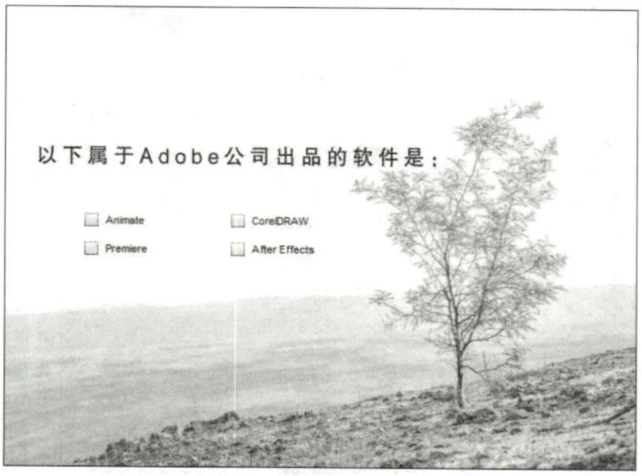

图 8-48

图 8-49

8.3 列表框组件

列表框组件（List）是一个可滚动的单选或多选列表框，还可显示图形及其他组件。List组件的使用与ComboBox组件的使用（参见本章8.6节）类似，列表框组件和下拉列表框组件的时间和属性很多都相同，不同之处在于下拉列表框是单行下拉滚动，而列表框是平铺滚动。

在“组件”面板User Interface类中选择List组件并将其拖至舞台，如图8-50所示。在List组件实例所对应的“属性”面板中调整组件参数，如图8-51所示。

图 8-50

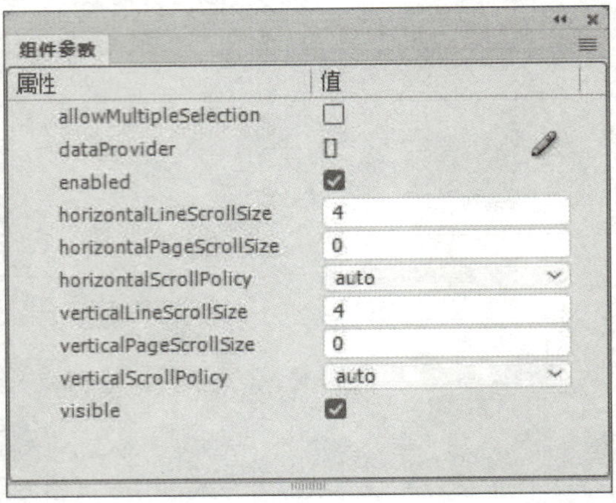

图 8-51

该组件“属性”面板中各参数的含义如下。

- **allowMultipleSelection**：用于确定是否可以选择多个选项。如果可以选择多个选项，则选择该项；如果不能选择多个选项，则取消选择。
- **dataProvider**：用于填充列表数据的值数组。它是一个文本字符串数组，为label参数中的各项目指定相关联的值，其内容与label完全相同，单击右侧的按钮，将打开“值”对话框，如图8-52所示。单击+按钮，添加文本字符串，如图8-53所示。

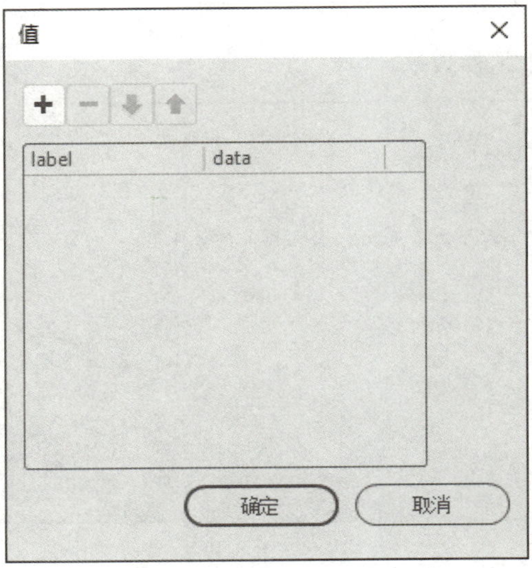

图 8-52

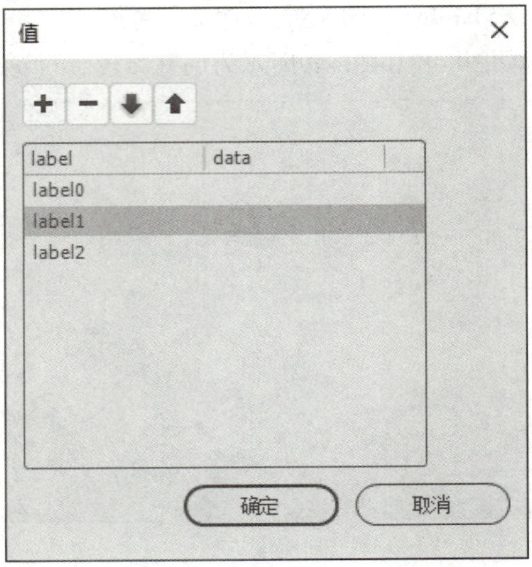

图 8-53

- **enabled**：用于控制组件是否可用。
- **horizontalLineScrollSize**：用于确定每次按下滚动条两侧的箭头按钮时水平滚动条移动多少个单位，默认值为4。
- **horizontalPageScrollSize**：用于确定每次按下轨道时水平滚动条移动多少个单位，默认值为0。
- **horizontalScrollPolicy**：用于确定是否显示水平滚动条。该值可以为“on”（显示）、“off”（不显示）或“auto”（自动），默认值为“auto”。
- **verticalLineScrollSize**：用于确定每次按下滚动条两侧的箭头按钮时垂直滚动条移动多少个单位，默认值为4。
- **verticalPageScrollSize**：用于确定每次按下轨道时垂直滚动条移动多少个单位，默认值为0。
- **verticalScrollPolicy**：用于确定是否显示垂直滚动条。该值可以为“on”（显示）、“off”（不显示）或“auto”（自动），默认值为“auto”。
- **visible**：用于控制组件是否可见。

如图8-54和图8-55所示为调整参数后的列表框组件效果。

图 8-54

图 8-55

8.4 输入文本组件

输入文本组件（TextInput）是一个常见的文字输入组件，例如在登录某系统时要输入的个人账号及登录密码等。

打开“组件”面板，选择TextInput组件将其拖至舞台，效果如图8-56所示。在TextInput组件实例所对应的“属性”面板中调整组件参数，如图8-57所示。

该组件“属性”面板中各参数的作用如下。

- **displayAsPassword**：用于控制该文本字段是否为隐藏所输入字符的密码字段。
- **editable**：用于控制该字段是否可编辑。
- **enabled**：用于控制组件是否可用。
- **maxChars**：用于设置可以在文本字段中输入的最大字符数。

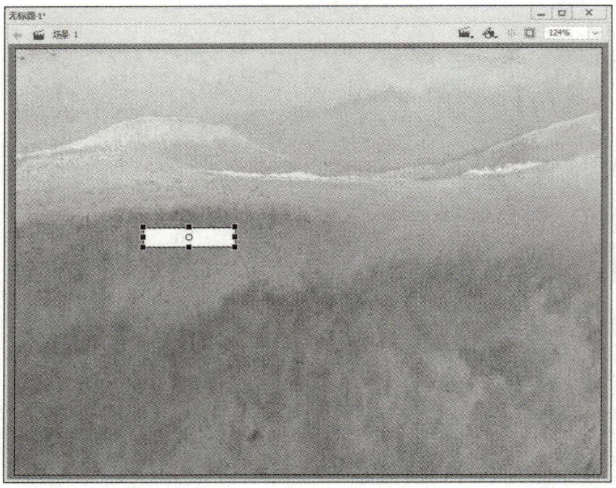

图 8-56

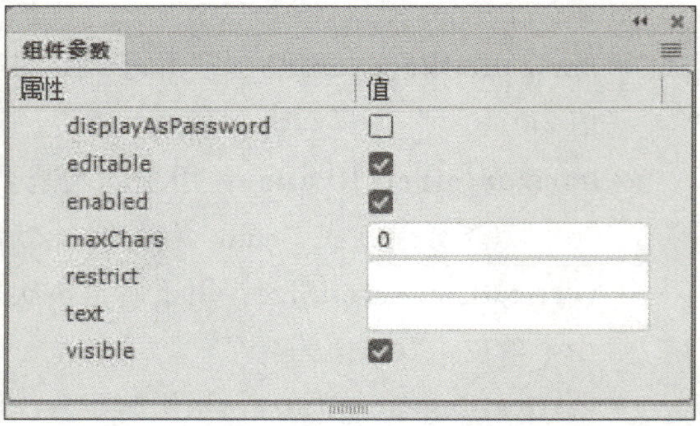

图 8-57

- **restrict**：用于确定可以在文本字段中输入哪些字符。
- **text**：用于设置TextInput组件默认显示的文本内容。
- **visible**：用于控制组件是否可见。

如图8-58和图8-59所示为调整参数后的输入文本组件效果。

图 8-58

图 8-59

8.5 文本域组件

文本域组件（TextArea）是一个具有边框和选择性滚动条的多行文字字段，常用于制作在网络上常见的文本段落、课件介绍等。

打开“组件”面板，选择TextArea组件将其拖至舞台，效果如图8-60所示。在TextArea组件实例所对应的“属性”面板中调整组件参数，如图8-61所示。

该组件“属性”面板中主要参数的含义如下。

- **editable**：用于控制该字段是否可编辑。
- **enabled**：用于控制组件是否可用。
- **horizontalScrollPolicy**：用于指示水平滚动条是否显示。该值可以为“on”（显示）、“off”（不显示）或“auto”（自动），默认值为“auto”。

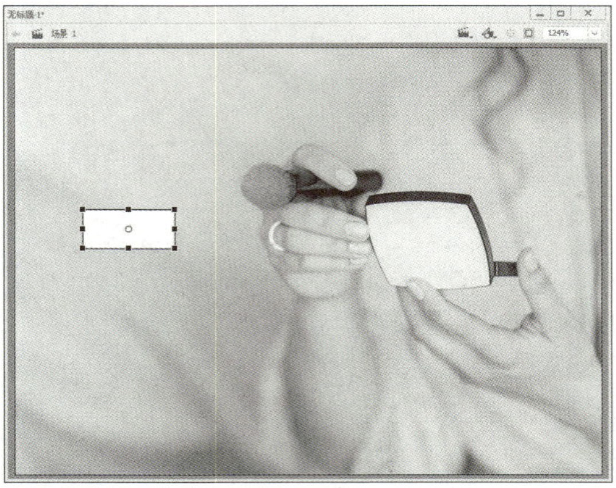

图 8-60

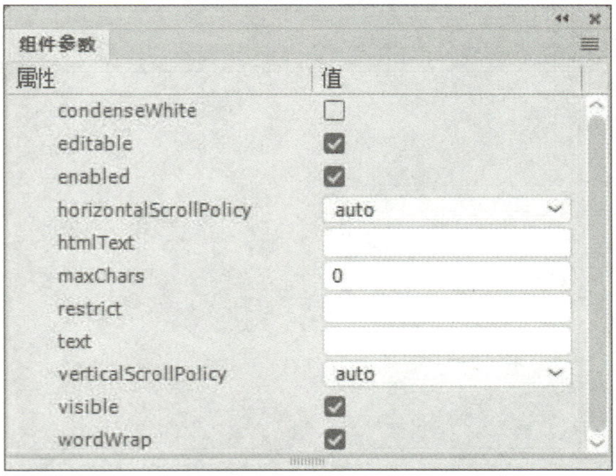

图 8-61

- **maxChars**：用于设置文本区域最多可以容纳的字符数。
- **text**：用于设置TextArea组件默认显示的文本内容。
- **verticalScrollPolicy**：用于指示垂直滚动条是否显示。该值可以为“on”（显示）、“off ”（不显示）或“auto”（自动），默认值为“auto”。
- **wordWrap**：用于控制文本是否自动换行。

如图8-62和图8-63所示为调整参数后的文本域组件效果。

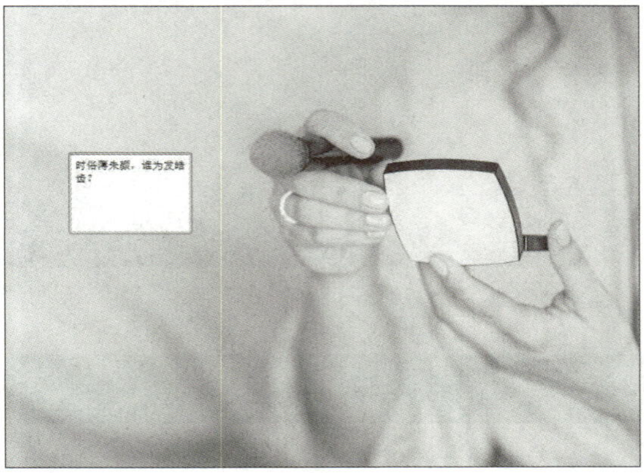

图 8-62

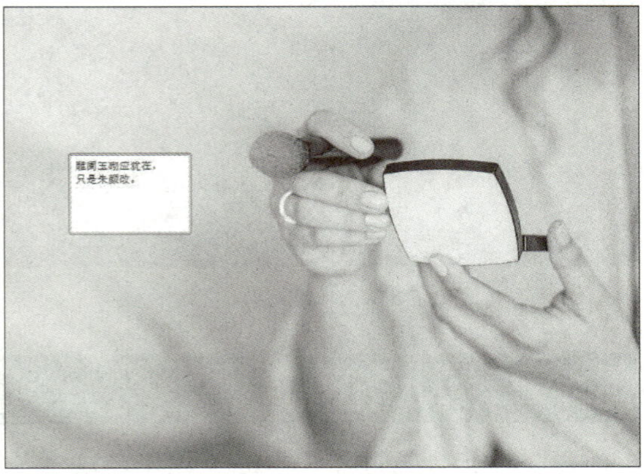

图 8-63

8.6 下拉列表框组件

下拉列表框组件（ComboBox）是一款经常使用的组件。使用时单击其右侧的下拉按钮，即可看到相应的列表选项，根据需要从中进行选择。

打开“组件”面板，选择ComboBox组件将其拖至舞台，效果如图8-64所示。通过ComboBox组件实例所对应的“属性”面板调整组件参数，如图8-65所示。

该组件“属性”面板中主要参数的含义如下。

- **dataProvider**：用于将一个数据值与ComboBox组件中的每个项目相关联。
- **editable**：用于控制是否可以在下拉列表框中输入文本。

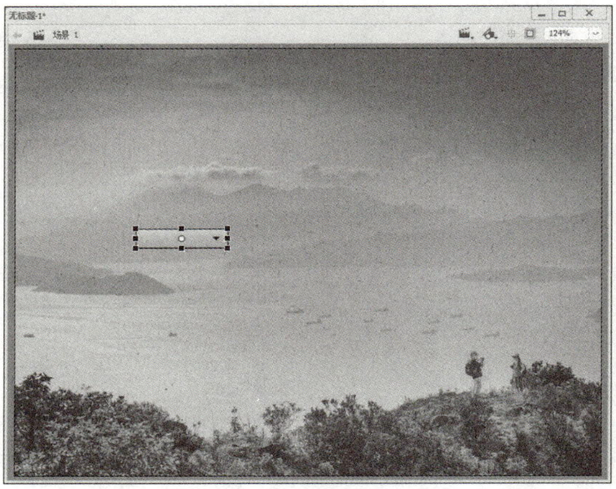

图 8-64

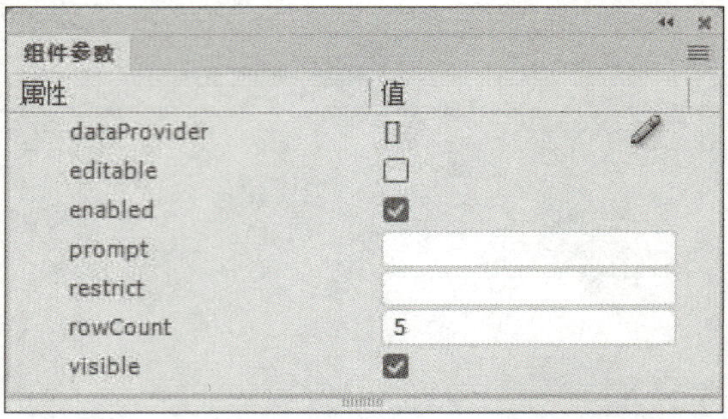

图 8-65

- **rowCount**：用于确定在不使用滚动条时最多可以显示的项目数。默认值为5。

如图8-66和图8-67所示为调整参数后的下拉列表框组件效果。

图 8-66

图 8-67

8.7 滚动条组件

滚动条组件（UIScrollBar）用于将滚动条添加到文本字段中。

打开“组件”面板，选择UIScrollBar组件将其拖至舞台，效果如图8-68所示。通过UIScrollBar组件实例所对应的“属性”面板调整组件参数，如图8-69所示。

该组件“属性”面板中各参数的含义如下。

- **direction**：用于选择UIScrollBar组件的方向是横向还是纵向。
- **scrollTargetName**：用于设置滚动条的目标名称。
- **visible**：用于控制UIScrollBar组件是否可见。

图 8-68

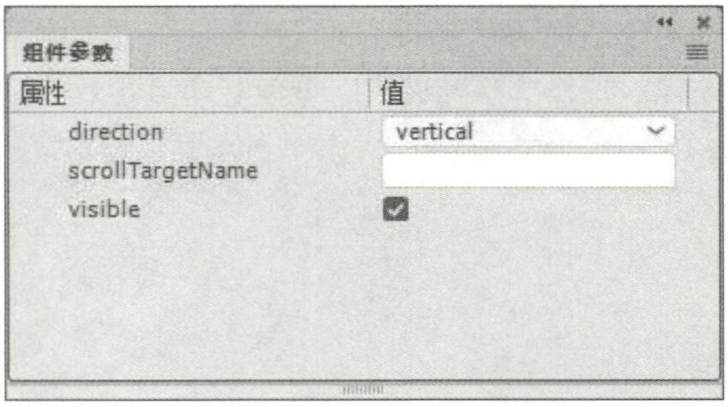

图 8-69

如图8-70和图8-71所示为调整参数后的滚动条组件效果。

图 8-70

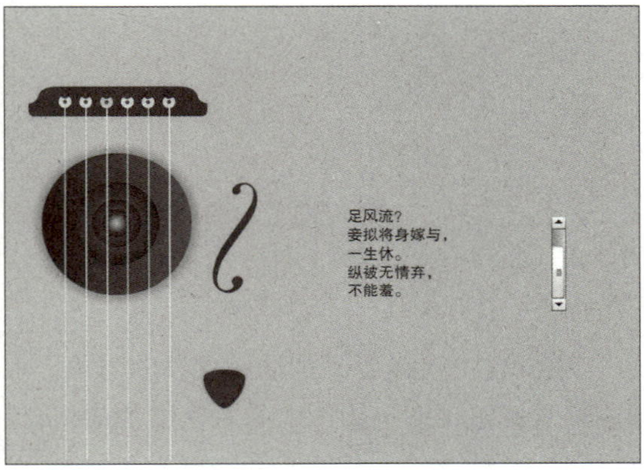

图 8-71

你学会了吗?

经验之谈 动画预设的使用方法

在Animate中，除了预设的组件外，还有预设的补间动画。将它们应用于对象，可以快速为对象添加动画效果。执行“窗口”→“动画预设”命令即可打开“动画预设”面板，如图8-72所示。选择某一预设，即可预览动画效果，如图8-73所示。每个对象只能应用一个动画预设。

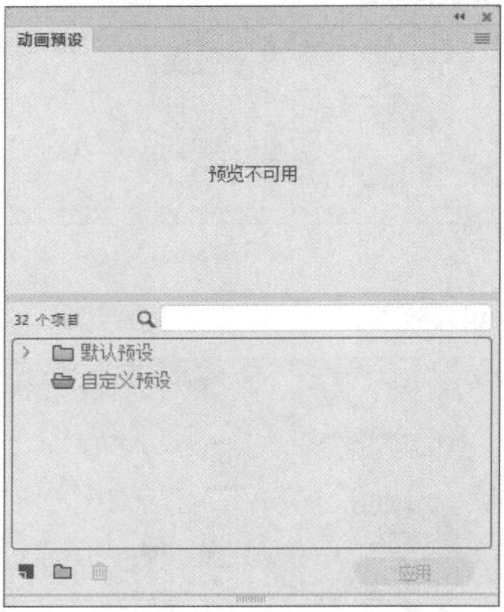

图 8-72

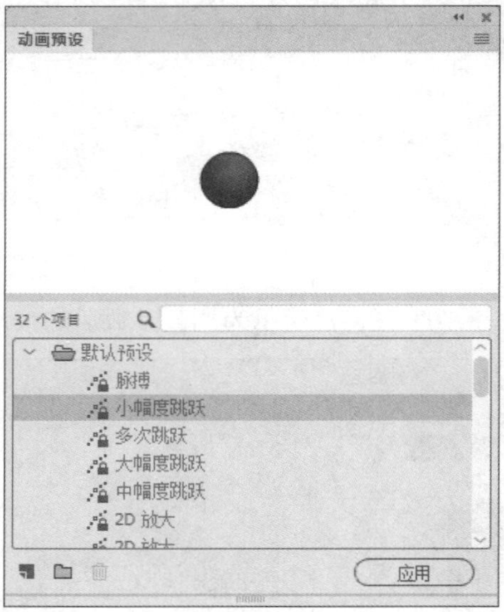

图 8-73

在舞台中选择要添加动画预设的对象，在“动画预设”面板中双击选定的动画预设或单击“应用”按钮，即可为选中的对象添加动画，如图8-74和图8-75所示。

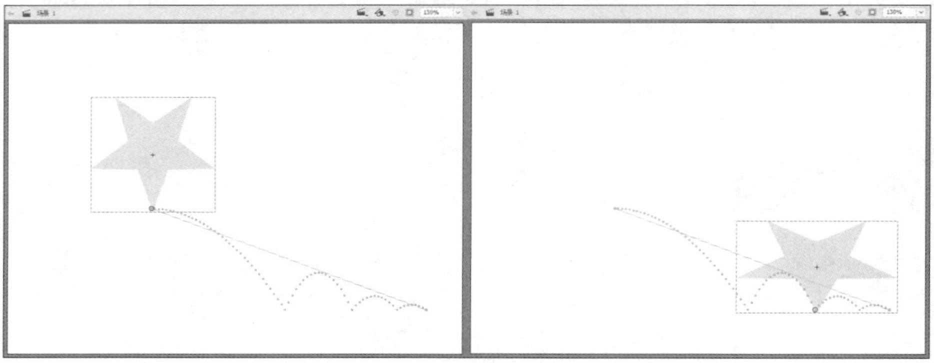

图 8-74

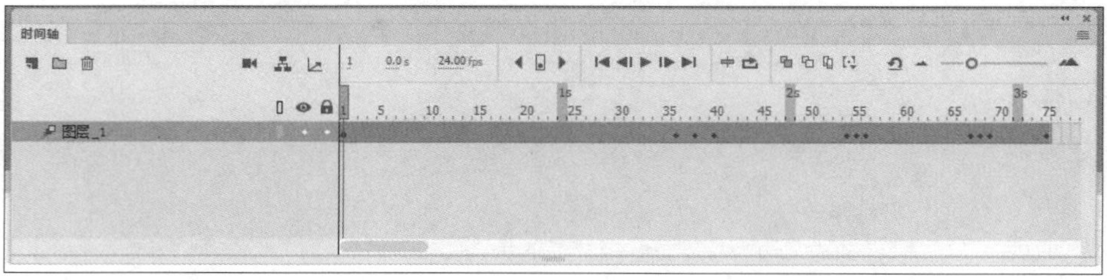

图 8-75

上手实操

实操一：制作播放器画面

本案例将练习利用组件制作可以控制的播放器画面。在播放时，可以利用添加的组件控制视频的暂停与播放，以及播放进度等。如图8-76和图8-77所示为播放效果。本案例涉及的知识点包括组件的添加及视频的导入。

图 8-76

图 8-77

设计要领

- 新建文档，从“组件”面板中选择 FLVPlayback 2.5 组件置于舞台中。
- 在“组件参数”面板中进行设置，并导入视频素材。

实操二：互动颜色选择

本案例将练习制作互动式选择颜色，可以通过选择组件中的颜色来改变矩形框中的颜色，如图8-78和图8-79所示为选择效果。本案例涉及的知识点包括素材的导入、ColorPicker组件的添加及脚本语言的编写。其中，脚本语言的相关知识可以查看本书第9章。

图 8-78

图 8-79

设计要领

- 新建文档，导入素材资源。
- 新建图层，绘制框。
- 新建图层，添加组件，并对实例名称和组件参数进行设置，输入提示文字。
- 添加音频素材。
- 添加脚本进行控制，如下所示。

```
import flash.events.Event;
import fl.events.ColorPickerEvent;
var mcs:MovieClip=new MovieClip();
drawmc(mcs,0xFF6600);
addChild(mcs);
colors.addEventListener(ColorPickerEvent.CHANGE,act1);

function act1(event:ColorPickerEvent):void{
  drawmc(mcs,event.target.selectedColor);
  }

function drawmc(box:MovieClip,color:uint):void{
  box.graphics.beginFill(color,1);
  box.graphics.drawRect(56,29,168,154);
  box.graphics.endFill();
  }
```

学习体会

第9章

交互动画的创建

内容概要

交互动画是指可以由动画播放者进行控制的动画，支持事件响应和交互功能。在Animate中，可以通过脚本语言ActionScript 3.0实现这种交互功能。本章将针对ActionScript 3.0的基础知识进行讲解。通过对本章的学习，可以了解脚本的编写与调试，掌握如何在动画中使用动作。

知识要点

- 了解ActionScript 3.0的相关知识。
- 了解ActionScript 3.0的语法基础。
- 学会运算符的应用。
- 学会“动作”面板的使用。

数字资源

【本章案例素材来源】：“素材文件\第9章”目录下

【本章案例最终文件】：“素材文件\第9章\案例精讲\制作音乐课件.fla”

案例精讲 制作音乐课件

案/例/描/述

本案例将练习制作音乐课件。制作完成后，可以根据导航栏选择需要的模块，以显示相应的信息。本案例涉及的知识点包括滤镜的添加、按钮元件的制作，以及动作脚本的编写等。

扫码观看视频

案/例/详/解

下面将对音乐课件的具体制作过程进行介绍。

步骤01 启动Animate，新建文档，如图9-1所示。

步骤02 导入本章素材文件，将“背景.jpg”拖动至舞台中，并设置合适的大小和位置，如图9-2所示。修改“图层_1”的名称为“背景”，在“背景”图层的第54帧按F5键插入普通帧。

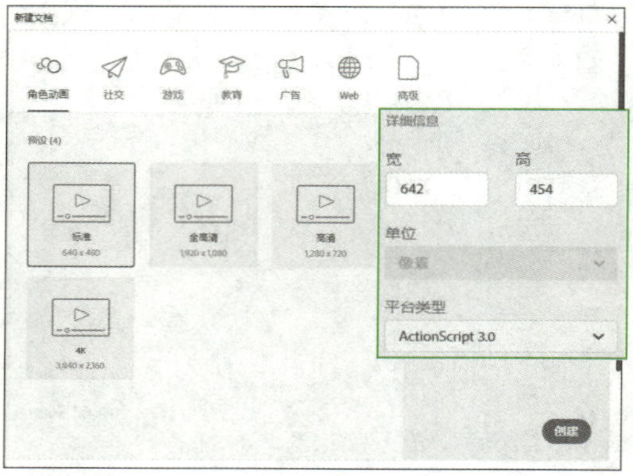

图 9-1

图 9-2

步骤03 在“背景”图层的上方新建“底”图层，使用“矩形工具”绘制渐变矩形，如图9-3和图9-4所示。

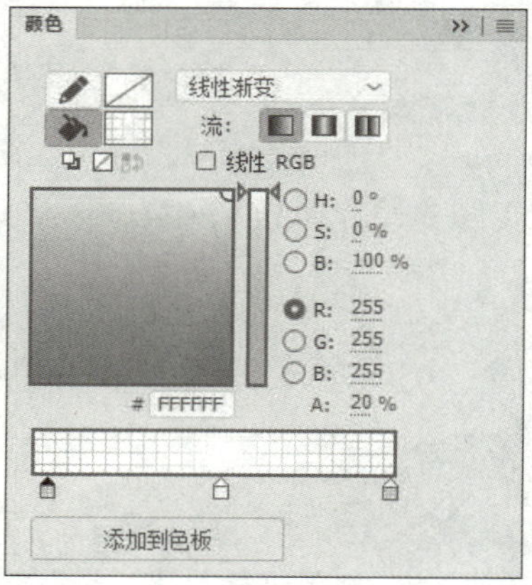

图 9-3

图 9-4

步骤04 执行“插入”→“新建元件”命令，打开“创建新元件”对话框，新建按钮元件，如图9-5所示。单击“确定”按钮，进入元件编辑窗口。

步骤05 修改“图层_1”的名称为“内容”，拖动“库”面板中的“2.png”至舞台中，如图9-6所示。选择第4帧，按F5键插入普通帧。

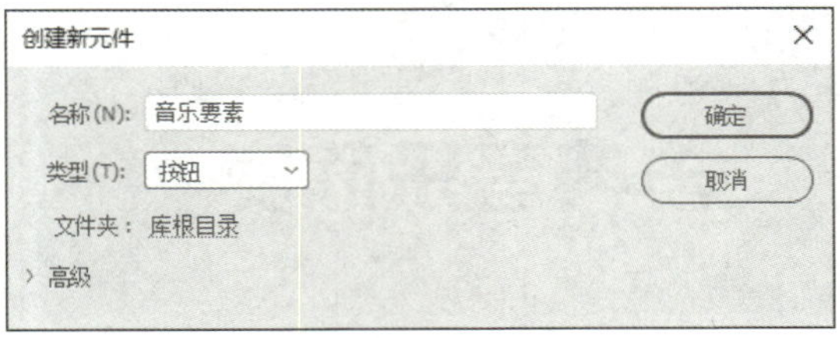

图 9-5

图 9-6

步骤06 使用“文本工具”输入文字，如图9-7所示。

步骤07 选中输入的文字，在“属性”面板中单击“添加滤镜”按钮➕，为文字添加“模糊”滤镜并调整参数，如图9-8所示，效果如图9-9所示。

图 9-7

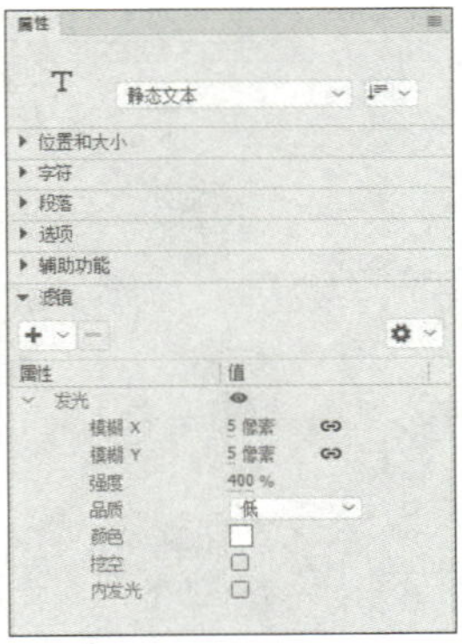

图 9-8

步骤08 在“内容”图层的上方新建“音效”图层，在第3帧按F6键插入关键帧，在“属性”面板中添加声音并进行设置，如图9-10所示。

图 9-9

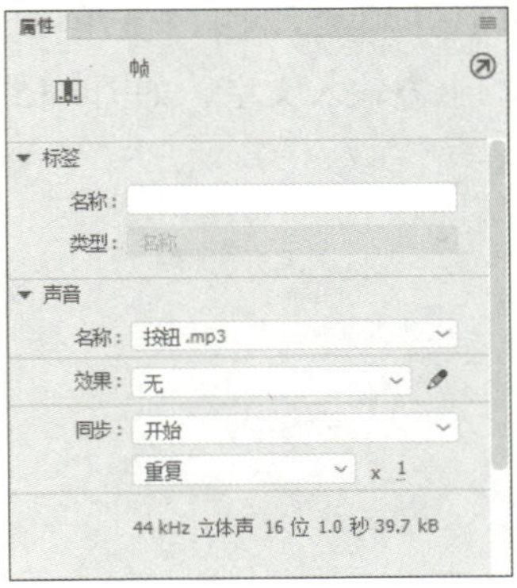

图 9-10

步骤 09 切换至“场景1”，使用相同的方法，新建“中国民族音乐”和“古典音乐赏析”两个按钮元件，如图9-11和图9-12所示。

图 9-11

图 9-12

步骤 10 在“底”图层的上方新建“按钮”图层，拖动“库”面板中的按钮元件至舞台中并置于合适的位置，如图9-13所示。

步骤 11 选择置入的按钮元件，在“属性”面板中分别为其设置实例名称，如图9-14所示，

图 9-13

图 9-14

步骤 12 新建按钮元件“back”，使用“钢笔工具”绘制图形并填充颜色，使用“文本工具”在图形的上方输入文字，如图9-15所示。

图 9-15

步骤13 在“按钮”图层的上方新建“内容”图层，在第10帧按F6键插入关键帧，使用“矩形工具”绘制Alpha值为40%的白色矩形并删除边线，如图9-16所示。

步骤14 选择“内容”图层的第14帧，按F6键插入关键帧，使用“文本工具”输入文字，如图9-17所示。

图 9-16

图 9-17

步骤15 拖动“库”面板中的“back”按钮元件至舞台中的合适位置，并在“属性”面板中设置其实例名称，如图9-18所示。

步骤16 在“内容”图层的第29帧插入关键帧，替换文字后选择“back”按钮元件，修改其实例名称，如图9-19所示。

图 9-18

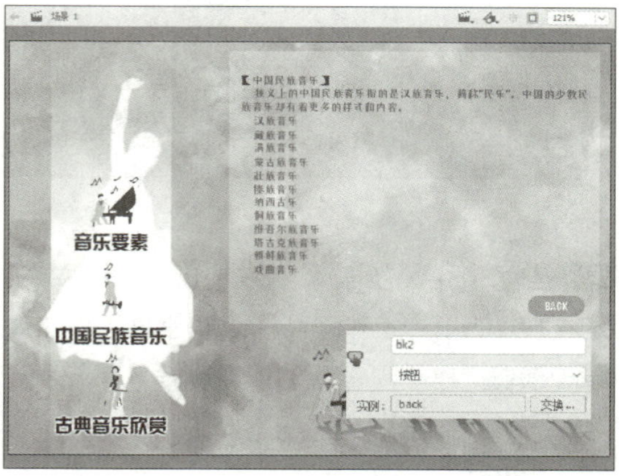

图 9-19

> **提示：** 在此修改实例名称主要是便于后期与动作脚本沟通。

步骤17 在“内容”图层的第44帧插入关键帧，替换文字后选择“back”按钮元件，修改其实例名称，如图9-20所示。

步骤18 分别将乐曲名称转换为按钮元件并设置实例名称，如图9-21所示。

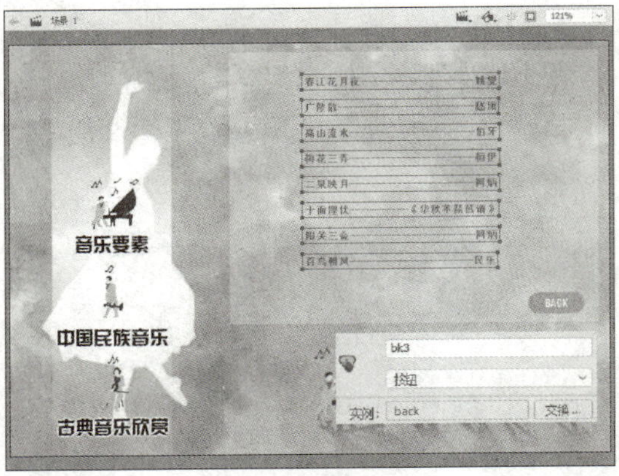

图 9-20

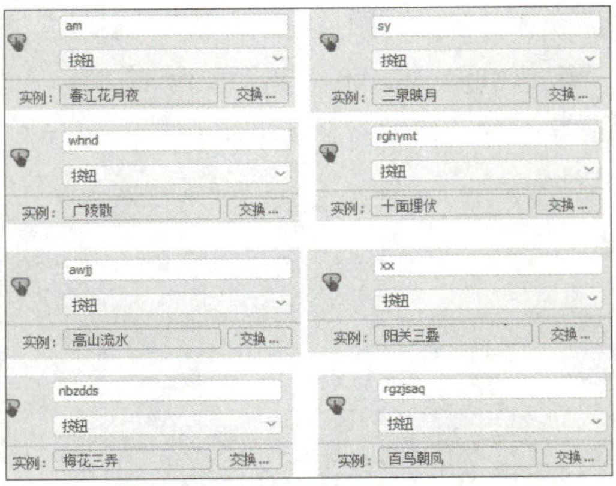

图 9-21

步骤19 进入元件“春江花月夜”的编辑状态，在第4帧按F5键插入普通帧，在第2帧按F6键插入关键帧，并修改文字为橙色，如图9-22所示。

步骤20 使用相同的方法，为其他歌曲元件的第2帧添加关键帧并修改颜色，如图9-23所示。

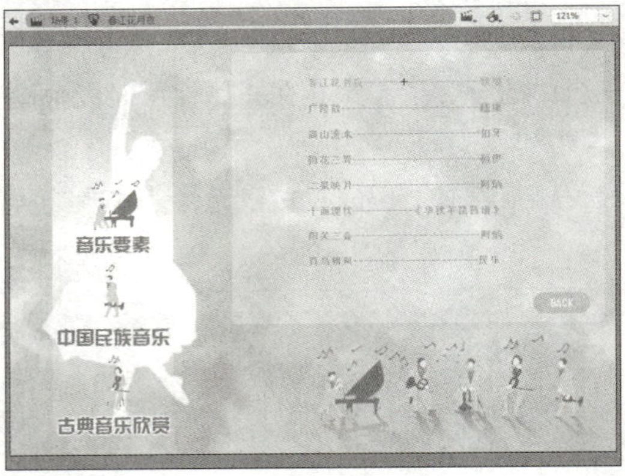

图 9-22

图 9-23

步骤21 切换至“场景1”，在“内容”图层的上方新建“遮罩”图层，在第10帧按F6键插入关键帧，并使用“矩形工具”绘制蓝色矩形，如图9-24所示。

步骤22 在“遮罩”图层的第14帧插入关键帧，将图形上移，如图9-25所示。

图 9-24

图 9-25

步骤23 在“遮罩”图层的第17帧插入关键帧，使用“任意变形工具”调整矩形的形状，如图9-26所示。

步骤24 在“遮罩”图层的第22帧插入关键帧，使用“任意变形工具”调整矩形的形状，使其与“底”图层中的形状一致，如图9-27所示。

图 9-26

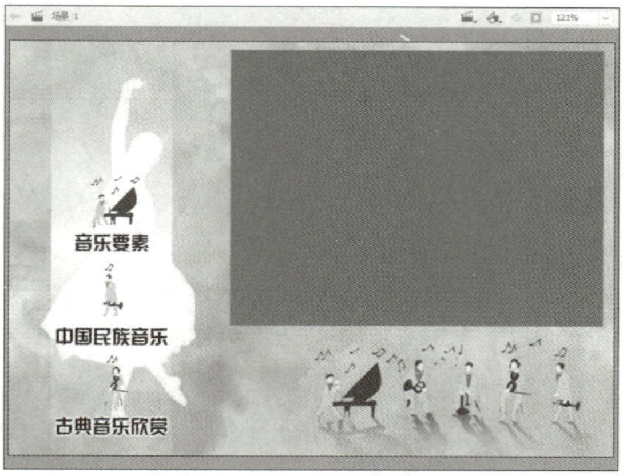

图 9-27

步骤25 选中遮罩图层第10～14帧之间的任意帧，右击，在弹出的快捷菜单中选择“创建补间形状”命令，创建补间形状动画，如图9-28所示。

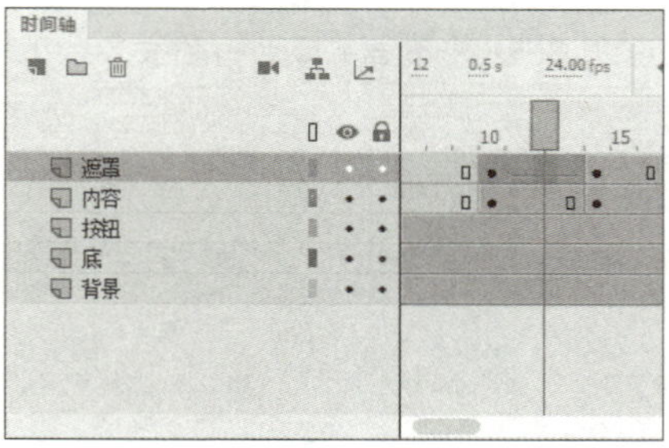

图 9-28

步骤26 使用相同的方法，在第14～17帧之间和第17～22帧之间创建补间形状动画，如图9-29所示。

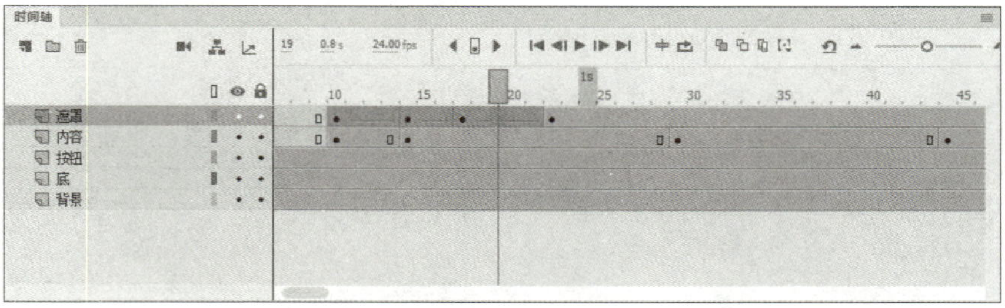

图 9-29

步骤27 选中“遮罩”图层的第10～22帧，右击，在弹出的快捷菜单中选择“复制帧”命令，选中第25帧，右击，在弹出的快捷菜单中选择“粘贴并覆盖帧”命令，复制帧动画，如图9-30所示。

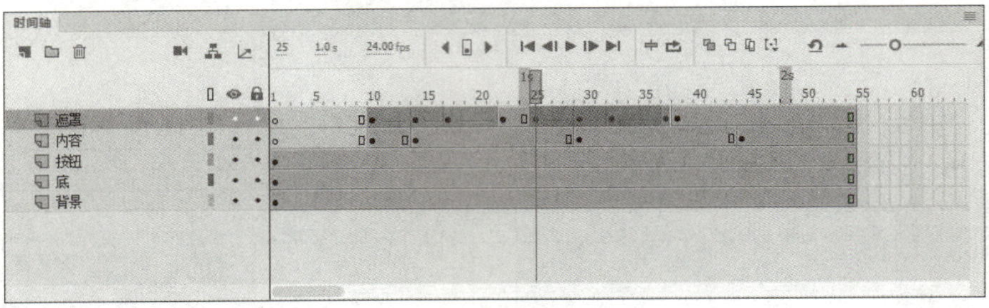

图 9-30

步骤28 选中第38帧，右击，在弹出的快捷菜单中选择“清除关键帧”命令，清除多余的关键帧，如图9-31所示。

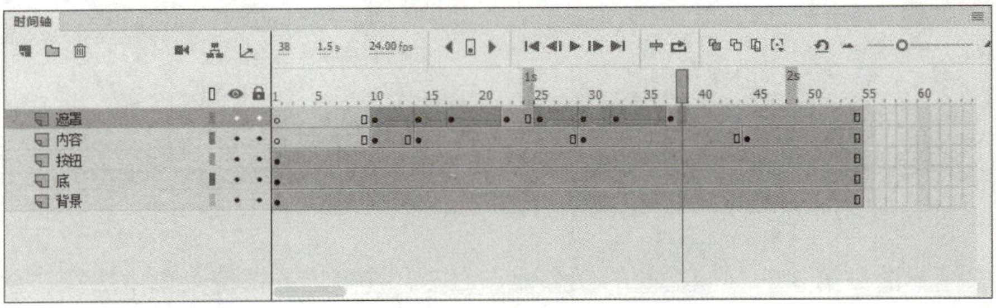

图 9-31

步骤29 使用相同的方法，在第40帧粘贴并覆盖帧，并清除多余的关键帧，如图9-32所示。

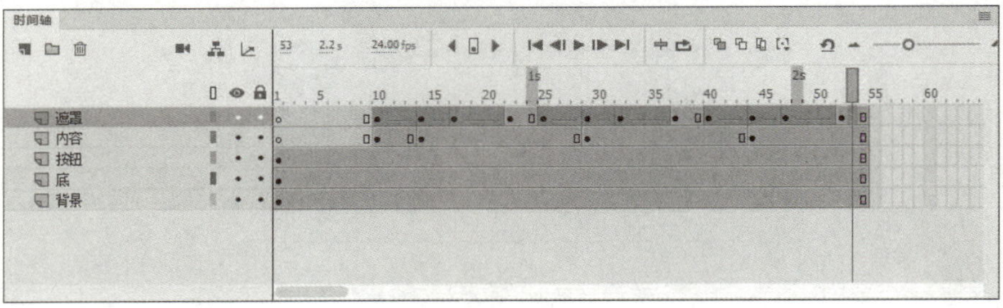

图 9-32

步骤30 选择“遮罩”图层，右击，在弹出的快捷菜单中选择“遮罩层”命令，将该图层转换为遮罩层，如图9-33所示。

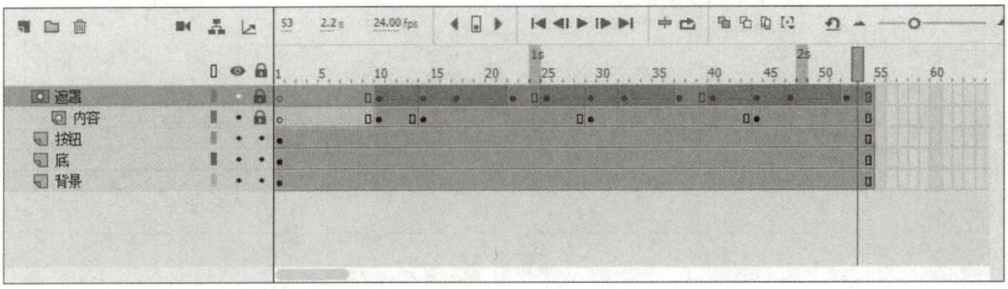

图 9-33

步骤31 在“遮罩”图层的上方新建“标题”图层，使用“文本工具”输入文字，如图9-34所示。

步骤32 选择输入的文字“音”，在“属性”面板中为其添加“发光”滤镜，如图9-35所示。

图 9-34

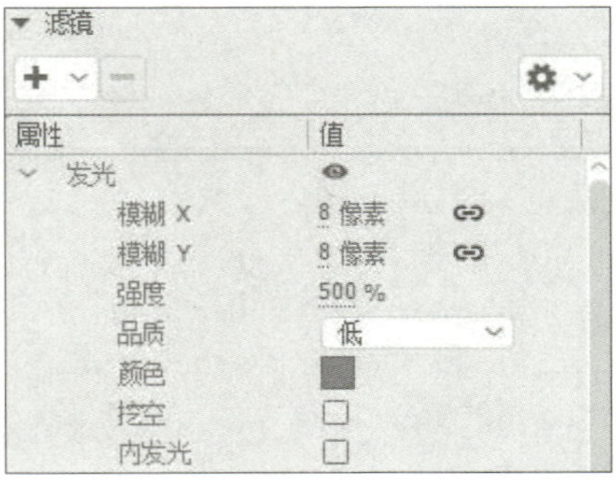

图 9-35

步骤 33 继续为其添加“投影”滤镜，如图9-36所示，效果如图9-37所示。

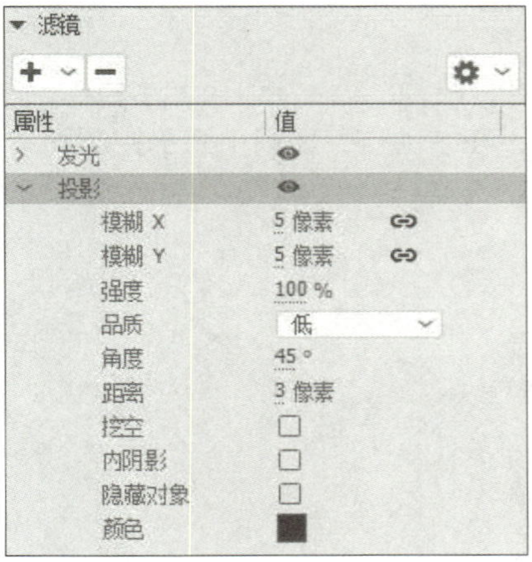

图 9-36

图 9-37

步骤 34 使用相同的方法，为文字“乐”添加相同的效果，如图9-38所示。

步骤 35 在“标题”图层的上方新建“音乐”图层，选择第1帧导入音乐，并在“属性”面板中进行设置，如图9-39所示。

图 9-38

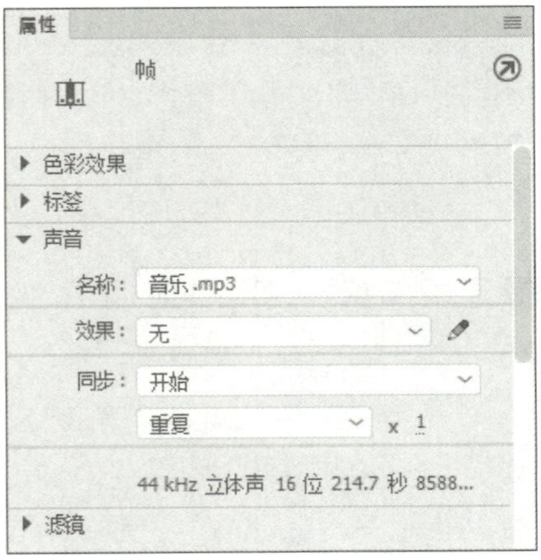

图 9-39

步骤36 在“音乐”图层的上方新建“动作”图层，选中第1帧，执行“窗口”→“动作”命令，打开“动作”面板，添加控制脚本，如下所示。

```
stop();
wxp.addEventListener(MouseEvent.MOUSE_DOWN,btn4);
function btn4(event:MouseEvent) {
  gotoAndPlay(10);
}
jx.addEventListener(MouseEvent.MOUSE_DOWN,btn5);
function btn5(event:MouseEvent) {
  gotoAndPlay(25);
}
xs.addEventListener(MouseEvent.MOUSE_DOWN,btn6);
function btn6(event:MouseEvent) {
  gotoAndPlay(40);
}
```

步骤37 选择“动作”图层的第24帧，按F6键插入关键帧，在“动作”面板中添加控制脚本，如下所示。

```
stop();

bk.addEventListener(MouseEvent.MOUSE_DOWN,btn7);
function btn7(event:MouseEvent) {
  gotoAndStop(1);
}
```

步骤38 选择“动作”图层的第39帧，按F6键插入关键帧，在“动作”面板中添加控制脚本，如下所示。

```
stop();

bk2.addEventListener(MouseEvent.MOUSE_DOWN,btn8);
function btn8(event:MouseEvent) {
  gotoAndStop(1);
}
```

步骤39 选择“动作”图层的第54帧，按F6键插入关键帧，在“动作”面板中添加控制脚本，如下所示。

```
stop();

bk3.addEventListener(MouseEvent.MOUSE_DOWN,btn9);
```

```
function btn9(event:MouseEvent) {
 gotoAndStop(1);
}

am.addEventListener(MouseEvent.MOUSE_DOWN,goURL);
function goURL(event:MouseEvent) {
    var url=new URLRequest("https://music.163.com/#/song?id=396351");
    navigateToURL(url);
}

whnd.addEventListener(MouseEvent.MOUSE_DOWN,goURL2);
function goURL2(event:MouseEvent){
 var url=new URLRequest("https://music.163.com/#/song?id=520568266");
 navigateToURL(url);
}

awjj.addEventListener(MouseEvent.MOUSE_DOWN,goURL3);
function goURL3(event:MouseEvent){
 var url=new URLRequest("https://music.163.com/#/song?id=520568264");
 navigateToURL(url);
}

nbzdds.addEventListener(MouseEvent.MOUSE_DOWN,goURL4);
function goURL4(event:MouseEvent){
 var url=new URLRequest("https://music.163.com/#/song?id=5267380");
 navigateToURL(url);
}

sy.addEventListener(MouseEvent.MOUSE_DOWN,goURL5);
function goURL5(event:MouseEvent){
 var url=new URLRequest("https://music.163.com/#/song?id=520568274");
 navigateToURL(url);
}

rghymt.addEventListener(MouseEvent.MOUSE_DOWN,goURL6);
function goURL6(event:MouseEvent){
 var url=new URLRequest("https://music.163.com/#/song?id=520568315");
 navigateToURL(url);
}

xx.addEventListener(MouseEvent.MOUSE_DOWN,goURL7);
function goURL7(event:MouseEvent){
 var url=new URLRequest("https://music.163.com/#/song?id=520568308");
 navigateToURL(url);
```

```
}

rgzjsaq.addEventListener(MouseEvent.MOUSE_DOWN,goURL8);
function goURL8(event:MouseEvent){
  var url=new URLRequest("https://music.163.com/#/song?id=396274");
  navigateToURL(url);
}
```

步骤 40 至此，完成音乐课件的制作，按Ctrl+Enter组合键测试影片，效果如图9-40～图9-43所示。

图 9-40

图 9-41

图 9-42

图 9-43

提示： 在Animate中，若想通过脚本控制某一对象，需要对其实例先进行命名，以便于脚本准确定位对象。

你学会了吗？

边用边学

9.1 ActionScript 3.0简介

ActionScript 3.0是一种适合快速构建效果丰富的互联网应用程序的面向对象编程语言。该语言功能强大，使用灵活，为基于网页的应用程序提供了更多的可能性。它标志着Flash Player Runtime 演化过程中的一个重要阶段。

■9.1.1 初识ActionScript 3.0

通过使用ActionScript 3.0，可以在Animate影片中实现互动，这也是Animate优越于其他动画制作软件的主要因素。ActionScript 3.0提供了可靠的编程模型，它包含面向对象编程开发人员所熟悉的许多类和功能。

ActionScript 3.0的脚本编写功能比其早期版本更优越。通过使用ActionScript3.0，可以方便地创建拥有大型数据集和面向对象的可重用代码库的高度复杂的应用程序。相较于早期的ActionScript版本，ActionScript 3.0改进的一些重要功能包括如下几个方面。

- 一个更为先进的编译器代码库，可执行比早期编译器版本更深入的优化操作。
- 一个新增的ActionScript虚拟机，被称为“AVM2”。它使用全新的字节代码指令集，可使性能显著提高。
- 一个扩展并改进的应用程序编程接口（API），拥有对对象的低级控制和真正意义上的面向对象的模型。
- 一个基于文档对象模型（DOM）第3级事件规范的事件模型。
- 一个基于ECMAScript for XML（E4X）规范的XML API。E4X是ECMAScript的一种语言扩展，它将XML添加为语言的本机数据类型。

■9.1.2 常量

常量是相对于变量来说的，它是使用指定的数据类型表示计算机内存中的值的名称。不一样的是，在 ActionScript 应用程序运行期间只能为常量赋值一次。赋值一次后，该常量的值在整个应用程序运行期间都保持不变。

常量是指在应用程序运行过程中保持不变的参数。常量包括数值型、字符串型和逻辑型。数值型是指具体的数值，例如x=3；字符串型是指用引号括起来的一串字符，例如x=“ABC”；逻辑型用于判断条件是否成立，例如true或1表示真（成立），false或0表示假（不成立），逻辑型常量也被称为“布尔常量”。

声明常量需要使用关键字 const，如下代码所示。

```
const SALES_TAX_RATE:Number = 0.18;
```

❶ **提示：**若需要定义在整个项目中多个位置使用并且正常情况下不会更改的值，则定义常量非常有用。与使用字面码相比，使用常量可以让代码更便于理解。

假设用常量定义的值需要更改，若使用常量在整个项目中表示特定值，则可以在一处位置更改此值（常量声明）。相反，若使用硬编码的字面值，则必须在各个位置更改此值。

■9.1.3 变量

变量是计算机语言中能存储计算结果或表示值的抽象概念。在源代码中通过定义变量来申请并命名一段存储空间，即可通过变量名来访问这段存储空间。变量用来存储程序中使用的值，声明变量即创建一个变量。在ActionScript 3.0中，若要声明变量，必须将var语句和变量名结合使用。

在 ActionScript 3.0中，var语句不能省略使用。若要声明一个名为“z”的变量，ActionScript代码的格式如下。

```
var z;
```

若在声明变量时省略了 var 语句，则在严格模式下会出现编译器错误，在标准模式下会出现运行时错误。若未定义变量z，则下面的代码行将产生错误。

```
z; // error if a was not previously defined
```

在 ActionScript 3.0 中，一个变量实际上包含3个不同部分。

- 变量的名称。
- 可以存储在变量中的数据类型，如String（文本型）、Boolean（布尔型）等。
- 存储在计算机内存中的实际值。

变量名的开头字符必须是字母或下划线，后续字符可以是字母、数字、下划线等，但不能是空格、句号、关键字和逻辑常量等字符。

要将变量与一个数据类型相关联，则必须在声明变量时进行此操作。在声明变量时不指定变量的类型是合法的，但这在严格模式下会产生编译器警告。可通过在变量名后面追加一个后跟变量类型的冒号“:”来指定变量类型。如下面的代码为声明一个Number类型的变量a。

```
var a : Number;
```

变量可以赋值一个数字、字符串、布尔值和对象等。Animate会在变量赋值的时候自动决定变量的类型。在表达式中，Animate会根据表达式的需要自动改变数据的类型。

可以使用赋值运算符“=”为变量赋值。例如，下面的代码为声明一个变量a并将值5.5赋给它。

```
var a: Number;
a = 5.5;
```

此时可能会发现在声明变量的同时为变量赋值更加方便，如下面的代码所示。

```
var a: Number = 5.5;
```

一般来说，在声明变量的同时为变量赋值的方法常用于赋予基元值（如整数和字符串）及创建数组或实例化类的实例。下面的示例为一个使用了一行代码声明和赋值的数组。

```
var numArray:Array = ["one", "two","three"];
```

可以使用new运算符来创建类的实例。下面的示例为创建一个名为 CustomClass的实例，并向名为 customItem的变量赋予对该实例的引用。

```
var customItem:CustomClass = new CustomClass();
```

如果要声明多个变量，可以使用逗号运算符“,”来分隔变量，从而在一行代码中声明所有这些变量。如下面的示例为在一行代码中声明3个变量。

```
var a: Number, b: Number, c: Number;
```

也可以在同一行代码中为其中的每个变量赋值。如下面的示例为在一行代码中声明3个变量（x、y和z）并为每个变量赋值。

```
var x: Number = 7.2, y: Number = 12, z: Number = 16.5;
```

9.1.4 数据类型

在ActionScript 3.0中，可以将数据类型分为简单数据类型和复杂数据类型两大类。简单数据类型只用于表示单条信息，是在最低抽象层存储的值，运算速度相对较快。但是大部分内置数据类型和程序员定义的数据类型都属于复杂数据类型，如MovieClip类型、Date类型和TextField类型等。

1. 简单数据类型

ActionScript 3.0的简单数据类型的值可以是数字、字符串和布尔值等。其中，Int类型、Uint类型和Number类型表示数字类型，String类型表示文本值类型，Boolean类型表示布尔值类型，布尔值只能是true或false。所以，简单数据类型的变量只有3种，即文本值、数字和布尔值。

（1）String：文本值，如一个名词或一个文本序列等。

（2）Numeric：ActionScript 3.0 包含3种特定的Numeric型数据的数据类型。

- **Number**：任何数值，包括有小数部分或没有小数部分的值。
- **Int**：一个整数（不带小数部分的整数）。
- **Uint**：一个“无符号”整数，即不能为负数的整数。

（3）Boolean：布尔类型，其属性值为true或false。

2. 复杂数据类型

在ActionScript 3.0 中定义的大多数数据类型可能是复杂数据类型。它们表示单一容器中的一组值。

当通过“属性”面板定义变量时，这个变量的类型也被自动声明了。如定义影片剪辑实例的变量时，变量的类型为MovieClip类型；定义动态文本实例的变量时，变量的类型为TextField类型。

常见的复杂数据类型列举如下。

- **MovieClip**：影片剪辑元件。
- **TextField**：动态文本字段或输入文本字段。
- **SimpleButton**：按钮元件。
- **Date**：有关时间中的某个片刻的信息（日期和时间）。

9.2 ActionScript 3.0 的基本语法

语法定义了编写可执行代码时的规则，即正确构成编程语句的方式，是编程语言最基础的东西，例如如何设定变量、使用表达式、进行基本的运算等。在Animate中，必须使用正确的语法构成语句，才能使代码正确地编译和运行。下面将针对ActionScript 3.0的基本语法进行介绍。

■9.2.1 关键字与保留字

在ActionScript 3.0中，不能使用关键字和保留字作为标识符，即不能使用关键字和保留字作为变量名、方法名、类名等。

保留字是一些单词，因为这些单词是保留给ActionScript使用的，所以不能在代码中将它们用作标识符。保留字包括词汇关键字，编译器将词汇关键字从程序的命名空间中移除。如果将词汇关键字用作标识符，则编译器会报告一个错误。如表9-1和表9-2所示分别为ActionScript 3.0中的词汇关键字和句法关键字。

表9-1

词汇关键字								
as	break	case	catch	class	const	continue	default	delete
do	else	extends	false	finally	for	function	if	implements
import	in	instanceof	interface	internal	is	native	new	null
package	private	protected	public	return	super	switch	this	throw
to	true	try	typeof	use	var	void	while	with

表9-2

句法关键字					
each	get	set	namespace	include	include
dynamic	final	native	override	static	static

■9.2.2 点

通过点运算符“.”提供对对象的属性和方法的访问。可以使用点语法的跟点运算符和属性名或方法名的实例名来引用类的属性或方法，如下所示。

```
class DotExample
{
    public var prop1:String;
    public function method1():void {}
}
var myDotEx:DotExample = new DotExample(); // 创建实例
myDotEx.prop1 = "hi"; // 用点语法访问 prop1属性
myDotEx.method1(); // 用点语法访问method1()方法
```

定义包时，可以使用点运算符引用嵌套包。如以下代码所示。

```
// EventDispatcher类位于一个名为events的包中，该包嵌套在名为Animate的包中
Animate.events; // 点语法引用events包
Animate.events.EventDispatcher; // 点语法引用EventDispatcher类
```

■9.2.3 分号

分号常用于作为语句的结束和循环中参数的隔离。在ActionScript 3.0中，可以使用分号字符“;”终止语句。如下面两行代码所示。

```
Var myNum:Number=20;
myLabel.height=myNum;
```

分号还可以在for循环中分割for循环的参数。如以下代码所示。

```
Var i:Number;
for ( i = 0;i < 3; i++)
{
    trace ( i ); // 0,1,2
}
```

■9.2.4 注释

注释可用于注解代码，编译器会忽略标记为注释的文本，通过添加注释可以使ActionScript程序更容易理解。

ActionScript 3.0代码支持单行注释和多行注释两种类型的注释。这些注释机制与C++和Java中的注释机制类似。

1. 单行注释

单行注释以两个正斜杠字符“//”开头并持续到该行的末尾，如下所示。

```
var myNumber:Number = 7; //a variable
```

2. 多行注释

以一个正斜杠和一个星号“/*”开头，以一个星号和一个正斜杠“*/”结尾，如下所示。

```
/*A multiline commen*/
```

9.2.5 小括号

小括号在ActionScript 3.0中有多种用途，通过使用小括号，可以改变运算顺序、传递参数等。在 ActionScript 3.0中，可以通过以下3种方式使用小括号“()”。

（1）使用小括号更改表达式中的运算顺序，小括号中的运算优先级高，最先执行，如下所示。

```
trace(3+ 4 * 2); // 11
trace((3+4) * 2); // 14
```

（2）使用小括号和逗号运算符“,”计算一系列表达式并返回最后一个表达式的结果，如下所示。

```
var a:int = 25;
var b:int = 7;
trace((a--, b--, a-b)); // 18
```

（3）使用小括号向函数或方法传递一个或多个参数，如下所示。

```
trace("brackets"); // brackets
```

9.2.6 大括号

使用大括号可以将ActionScript 3.0中的事件、类定义和函数组合成块，即代码块。代码块是指左大括号“{”与右大括号“}”之间的任意一组语句。在包、类、方法中，均以大括号作为开始和结束的标记。

（1）在控制程序流的结构中，用大括号“{ }”括起需要执行的语句，如下所示。

```
if (age > 18)
{
    trace("The game is available.");
}
else{
    trace("The game is not for children.");
}
```

（2）定义类时，类体要放在大括号“{ }”内，并且放在类名的后面，如下所示。

```
public class Shape
{
    var visible:Boolean = true;
}
```

（3）定义函数时，在大括号之间“{...}”编写调用函数时要执行的ActionScript代码，即“{函数体}”，如下所示。

```
function myfun(mypar:String)
{
    trace(mypar);
}
myfun("hello world"); // hello world
```

（4）初始化通用对象时，对象字面值放在大括号“{ }”中，各对象属性之间用逗号“,”隔开，如下所示。

```
var myObject:Object = {propA:1, propB:4, propC:9};
```

■9.2.7　区分大、小写

在ActionScript 3.0中区分大、小写。大、小写不同的标识符会被视为不同，如下所示两个代码将创建不同的变量。

```
var A:Number;
var a:Number;
```

9.3　运算符的应用

运算符是一种特殊的函数，具有一个或多个操作数并返回相应的值。操作数是运算符用作输入的值（通常为字面值、变量或表达式）。在ActionScript 3.0中，可以通过运算符进行一些简单的运算。

运算符按照操作数的个数分为一元、二元或三元运算符。一元运算符采用1个操作数，如递减运算符“--”。二元运算符采用两个操作数，如乘法运算符“*”。三元运算符采用3个操作数，如条件运算符“?:”。下面将针对多种运算符进行介绍。

■9.3.1　算术运算符

算术运算符主要用于各类数值的运算，包括“+”“-”“*”“/”“%”“++”“--”7种。下面将针对这7种运算符的作用进行详细介绍。

- **加法运算符“+”：**表示两个操作数相加。

- **减法运算符“-”：**表示两个操作数相减。“-”也可以作为负值运算符，如“-5”。
- **乘法运算符“*”：**表示两个操作数相乘。
- **除法运算符“/”：**表示两个操作数相除。若参与运算的操作数都为整型，则结果也为整型。若其中一个为实型，则结果为实型。
- **求余运算符“%”：**表示两个操作数相除求余数。
- **自增运算符“++”：**表示使操作数的值加1。“++”置于操作数之前表示操作数自加1后再参与其他运算；置于操作数之后表示操作数参与运算后再自加1。
- **自减运算符“--”：**表示使操作数的值减1。“--”置于操作数之前表示操作数自减1后再参与其他运算；置于操作数之后表示操作数参与运算后再自减1。

9.3.2 赋值运算符

赋值运算符有两个操作数，根据一个操作数的值对另一个操作数进行赋值。所有赋值运算符具有相同的优先级。

赋值运算符包括3类11种，如下所示。

1. 简单赋值

简单赋值仅包括“=”赋值一种。

2. 复合算术赋值

复合算术赋值包括“+=”加法赋值、“-=”减法赋值、“*=”乘法赋值、“/=”除法赋值、“%=”求余赋值5种。

3. 复合位运算赋值

复合位运算赋值包括“<<=”按位左移位赋值、“>>=”按位右移位赋值、“&=”按位与赋值、“|=”按位或赋值、“^=”按位异或赋值5种。

9.3.3 逻辑运算符

逻辑运算符即与或运算符，用于逻辑运算。逻辑运算符包括“!”非运算符、“&&”与运算符、“||”或运算符3种。

1. 非运算符“!”

非运算符“!”具有右结合性，参与运算的操作数为true时，结果为false；操作数为false时，结果为true。

2. 与运算符“&&”

与运算符“&&”具有左结合性，参与运算的两个操作数都为true时，结果才为true；否则为false。

3. 或运算符“||”

或运算符“||”具有左结合性，参与运算的两个操作数只要有一个为true，结果就为true；当两个操作数都为false时，结果才为false。

9.3.4 关系运算符

关系运算符也被称为比较运算符，主要用于比较两个操作数的值，常作为关系表达式中的判断条件。比较运算符共6种，包括“<”小于、“>”大于、“<=”小于或等于、“>=”大于或等于、“!=”不等于、“==”等于。

关系运算符的值只能是0或1。当关系运算符的值为真时，结果值都为1；当关系运算符的值为假时，结果值都为0。

> **提示：** 关系运算符优先级低于算术运算符，高于赋值运算符。若一个式子中既有关系运算、赋值运算，也有算术运算，则先做算术运算，再做关系运算，最后做赋值运算，如下所示。
>
> ```
> a=1+2>3-1
> ```
>
> 即等价于a=((1+2)>(3-1))关系成立，a的值为1。

9.3.5 等于运算符

等于运算符为二元运算符，常用于比较两个操作数的值是否相等，也常用于条件和循环运算，因此，等于运算符具有相同的优先级。等于运算符包括“==”等于、“!=”不等于、“===”全等、“!==”不全等4种。

9.3.6 位运算符

位运算符用于对二进制位进行操作，包括“&”按位与、“|”按位或、“^”按位异或、“~”取反、“<<”左移位、“>>”右移位6种。下面将对这6种位运算符进行介绍。

- **按位与“&”运算符：** 该运算符主要是将参与运算的两个数各自对应的二进位相与，只有对应的两个二进位均为1时，结果才为1，否则为0。
- **按位或“|”运算符：** 该运算符是将参与运算的两个数各自对应的二进制位相或。
- **取反“~”运算符：** 该运算符是将参与运算的数的二进制位按位求反。
- **按位异或“^”运算符：** 该运算符是将参与运算的两个数所对应的二进制位相异或。
- **左移位“<<”运算符：** 该运算符是将“<<”运算符左侧的数的二进制位全部左移若干位。
- **右移位“>>”运算符：** 该运算符是将“>>”运算符左侧的数的二进制位全部右移若干位。

9.4 “动作”面板的使用

在Animate中，可以在“动作”面板的编辑环境中编写动作脚本。为对象添加相应的脚本语言，可以实现具有交互性的特效。

9.4.1 认识“动作”面板

脚本语言是一种编程语言，用于控制软件运行程序，是实现某一具体功能的命令语句或实现一系列功能的命令语句的组合。在Animate中，执行“窗口”→“动作”命令，或按F9键，即可打开“动作”面板，如图9-44所示。

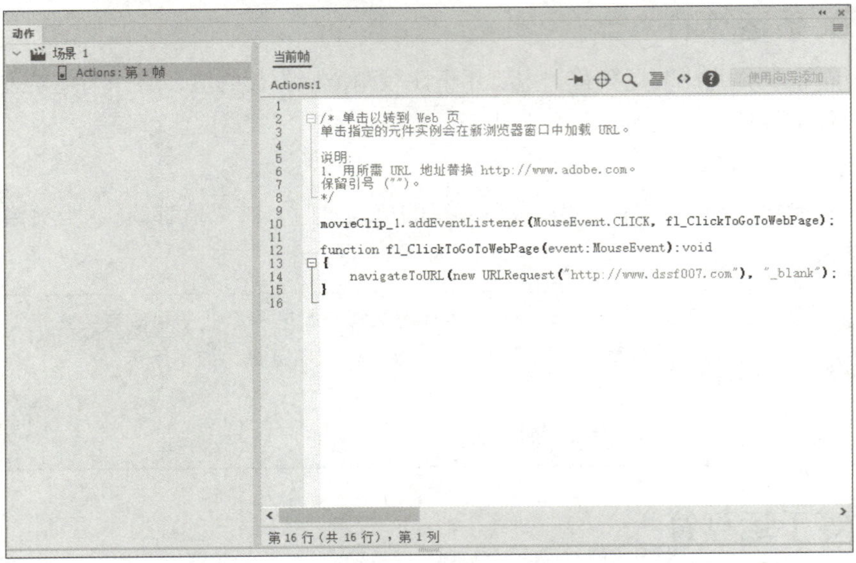

图 9-44

“动作”面板由脚本导航器和“脚本”窗格两部分组成，这两部分的功能分别如下。

1. 脚本导航器

脚本导航器位于“动作”面板的左侧，该导航器中列出了Animate文档中的脚本，可用于快速查看。单击脚本导航器中的某一项目，与之相关联的脚本就会出现在“脚本”窗格中。

2. “脚本”窗格

“脚本”窗格位于“动作”面板的右侧，是添加代码的区域。可以直接在“脚本”窗格中进行编辑动作、输入动作参数或删除动作等操作。

■9.4.2 使用“动作”面板

在“脚本”窗格的上方有一排工具，如图9-45所示。在编辑脚本的时候，使用这些工具可以简化ActionScript中的编码工作，使操作更便捷。下面将针对“动作”面板中的工具进行介绍。

图 9-45

- **固定脚本**：单击该按钮，可以将脚本固定到“脚本”窗格中各个脚本的固定标签，然后相应移动，在调试时非常有用。
- **插入实例路径和名称**：用于设置脚本中某个动作的绝对或相对目标路径。
- **查找**：用于查找并替换脚本中的文本。
- **设置代码格式**：用于设置输入代码的格式。
- **代码片断**：单击该按钮，可打开“代码片断”面板，如图9-46所示。
- **帮助**：用于打开帮助页面。
- **使用向导添加**：单击该按钮，将使用简单、易用的向导添加动作，而不用编写代码。

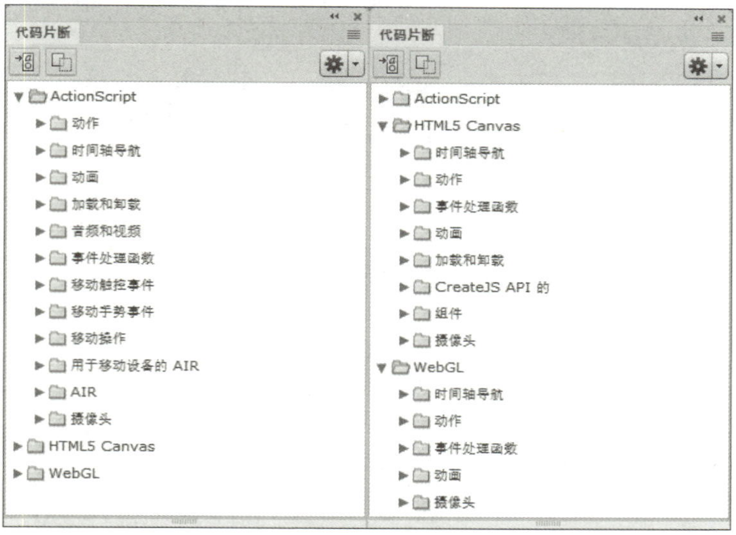

图 9-46

9.4.3 脚本的编写与调试

了解了“动作”面板后，就可以在该面板中编写脚本了。本小节将针对脚本的编写与调试进行介绍。

1. 编写脚本

使用动作脚本对动画进行控制，可以制作更具有吸引力的动画。ActionScript 3.0是Animate的脚本撰写语言，通过它可以制作具有交互性的动画及其他特殊效果。在Animate的“动作”面板中，可以编写所有脚本命令语言。

基本的AS3命令包括Stop()、Play()、gotoAndPlay()、gotoAndStop()、nextFrame()、prevFrame()、nextScene()、prevScene()、stopAllSounds()等。AS3语法的大、小写是敏感的，如gotoAndPlay()是正确的，gotoAndplay()是错误的，关键字的拼写必须和语法一致。

2. 调试脚本

通常都是在特定的平台上进行高级语言的编程和程序的调试。ActionScript 3.0可以在“动作”面板中进行编写，但不能在“动作”面板中进行测试。

在Animate中，有专门用于调试ActionScript脚本的调试器。ActionScript 3.0调试器仅用于ActionScript 3.0 FLA和AS文件。启动ActionScript 3.0调试会话时，Animate将启动独立的调试版Animate播放器来播放SWF文件。调试版Animate播放器将以单独窗口中播放SWF文件。

在Animate中，执行“调试”→“调试影片”→“在Animate中”命令，即可打开调试所用面板的调试工作区，如图9-47所示。调试会话期间，Animate遇到断点或运行时错误时将中断执行ActionScript。

ActionScript 3.0调试器将Animate工作区转换为显示调试所用面板的调试工作区，包括“动作”面板、调试控制台和“变量”面板。调试控制台显示调用堆栈并包含用于跟踪脚本的工具。“变量”面板显示当前范围内的变量及其值，并允许用户自行更新这些值。

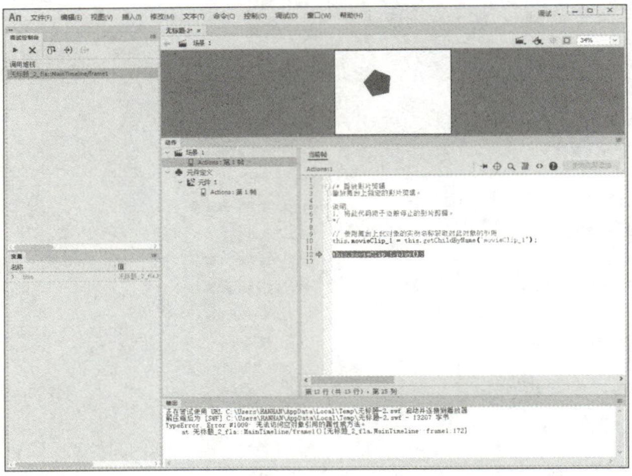

图 9-47

9.5 交互式动画的创建

在Animate动画中，Animate会按顺序播放影片中的场景和帧，直至播放完毕；而在交互式影片中，则可以通过键盘和鼠标控制动画的播放和停止，以及进行其他一些交互式操作。下面将针对如何创建交互式动画进行介绍。

■9.5.1 控制动画的播放进程

在Animate动画的播放过程中，可以使用play和stop动作控制动画的播放和停止。值得注意的是，要控制的影片剪辑必须显示在时间轴上，并且必须有一个实例名称。

1. 播放动画

选择要为其指定动作的帧、按钮或影片剪辑。执行“窗口”→“动作”命令，打开“动作”面板，在“脚本”窗格中输入代码“play();”，如图9-48所示。

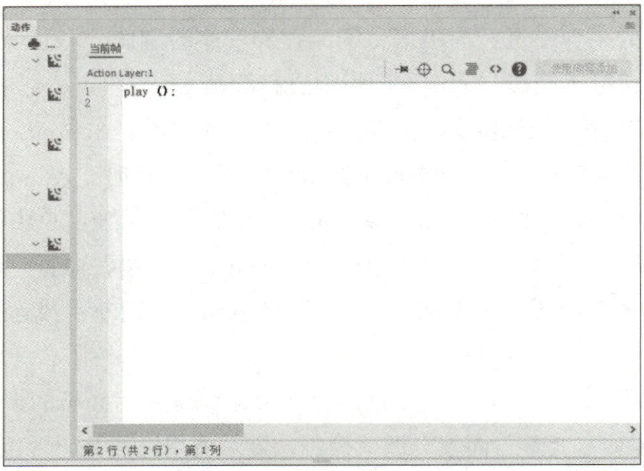

图 9-48

若将该动作附加到某一个按钮上，则该动作会被自动包含在处理函on (mouse event)内，其代码如下所示。

```
on (release) {
    play();
}
```

若将该动作附加到某一个影片剪辑中，则该动作会被自动包含在处理函数onClipEvent 内，其代码如下所示。

```
onClipEvent (load) {
    play();
}
```

2. 停止播放动画

添加停止播放动画脚本的方式与添加播放动画脚本的方式类似，进入“动作”面板后，在“脚本”窗格中输入代码“stop();”，如图9-49所示。

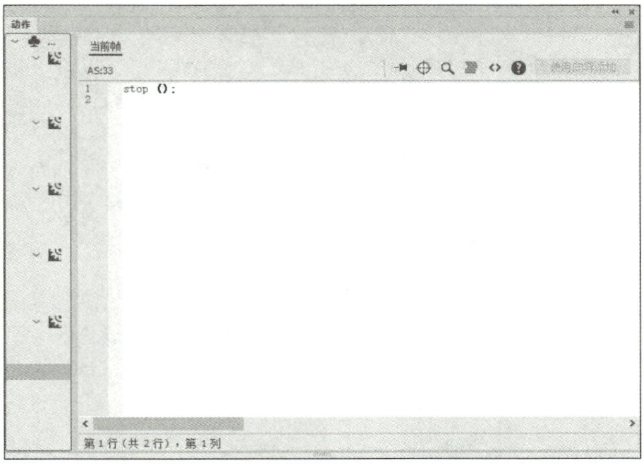

图 9-49

若将该动作附加到某一按钮上，则该动作会被自动包含在处理函数on (mouse event)内，其代码如下所示。

```
on (release) {
    stop();
}
```

若将该动作附加到某个影片剪辑中，则该动作会被自动包含在处理函数onClipEvent内，其代码如下所示。

```
onClipEvent (load) {
    stop();
}
```

3. 按钮控制动画播放

若想通过单击按钮来控制动画的播放，需要先对按钮进行实例命名，如图9-50所示；然后在主场景中执行“窗口”→“动作”命令，打开“动作”面板并输入代码。

```
yuan.addEventListener(MouseEvent.MOUSE_DOWN,Play); //yuan为按钮实例名称
function Play(e:MouseEvent):void
{
    play();
}
```

输入完成的效果如图9-51所示。

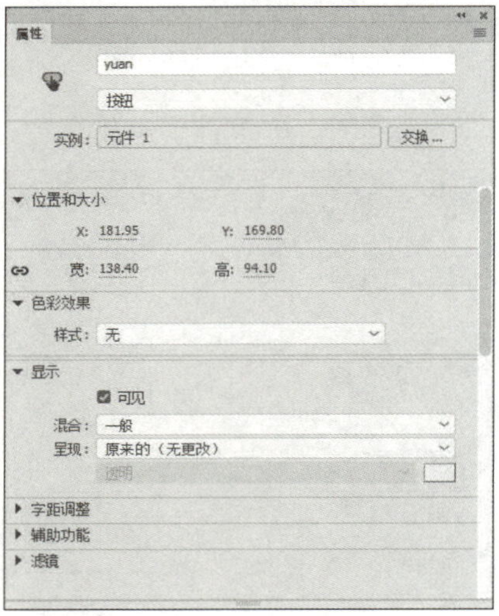

图 9-50

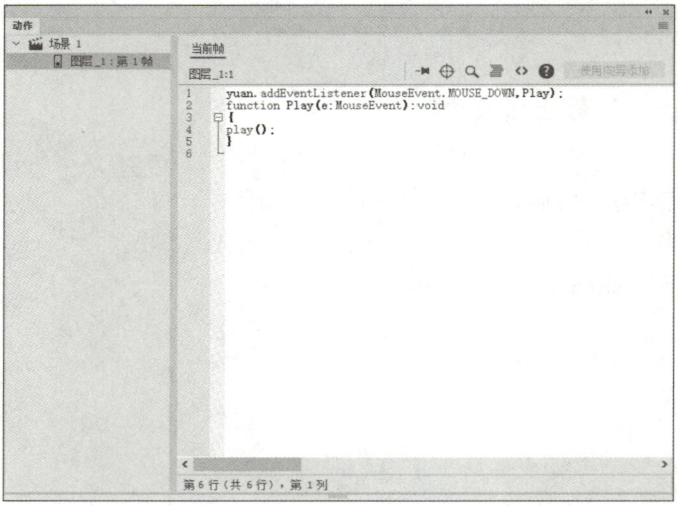

图 9-51

4. 按钮控制停止动画播放

若想通过单击按钮来停止动画的播放，需要先对按钮进行实例命名，如图9-52所示；然后在主场景中执行“窗口”→“动作”命令，打开“动作”面板并输入代码。

```
rac.addEventListener(MouseEvent.MOUSE_DOWN,Stop); //rac为按钮实例名称
function Stop(e:MouseEvent):void
{
    stop();
}
```

输入完成的效果如图9-53所示。

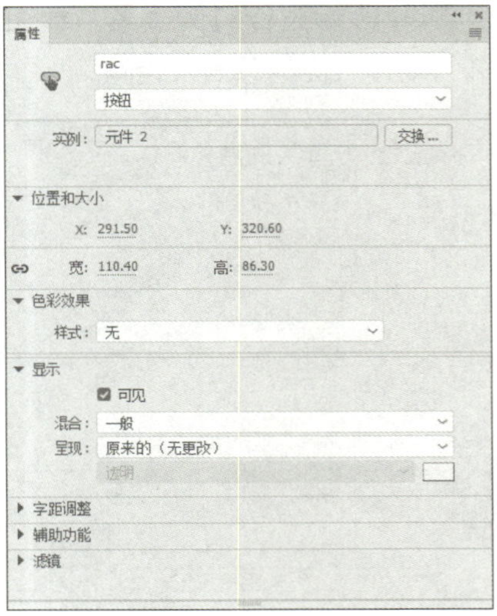

图 9-52

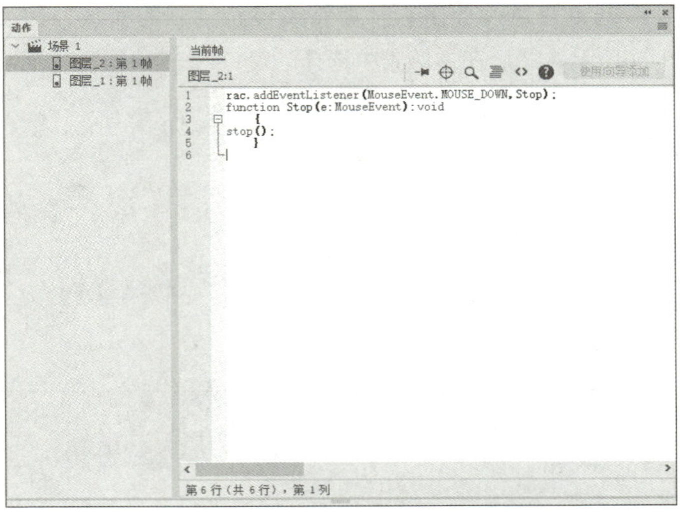

图 9-53

5. 影片剪辑控制动画播放

若想通过单击影片剪辑来控制动画的播放，需要先对影片剪辑进行实例命名，如图9-54所示；然后在主场景中执行“窗口”→“动作”命令，打开“动作”面板并输入代码。

```
spa.addEventListener(MouseEvent.MOUSE_DOWN,a1);//spa为影片剪辑实例名称
function a1(e:MouseEvent):void
{
    play();
}
```

输入完成的效果如图9-55所示。

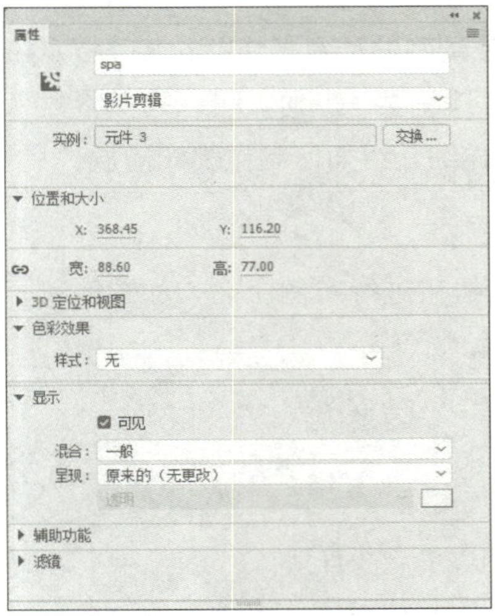

图 9-54

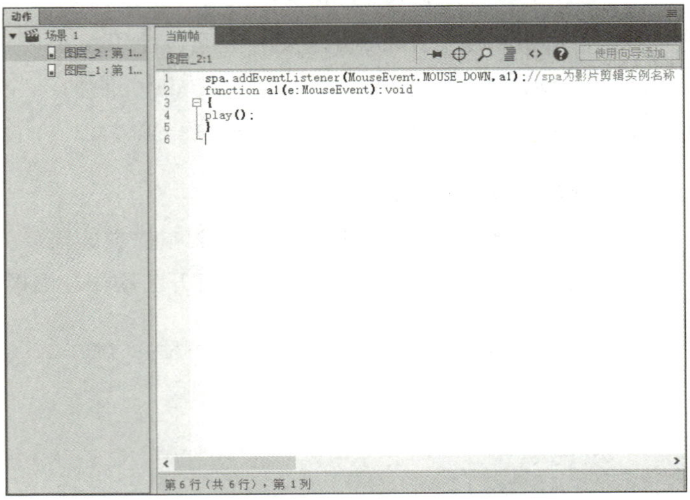

图 9-55

6. 影片剪辑控制停止动画播放

若希望通过单击影片剪辑来停止动画的播放，需要先对影片剪辑进行实例命名，如图9-56所示；然后在主场景中选择“窗口”→“动作”命令，打开“动作”面板并输入代码。

```
ce.addEventListener(MouseEvent.MOUSE_DOWN,a1);//ce为影片剪辑实例名称
function a1(e:MouseEvent):void
{
    stop();
}
```

输入完成的效果如图9-57所示。

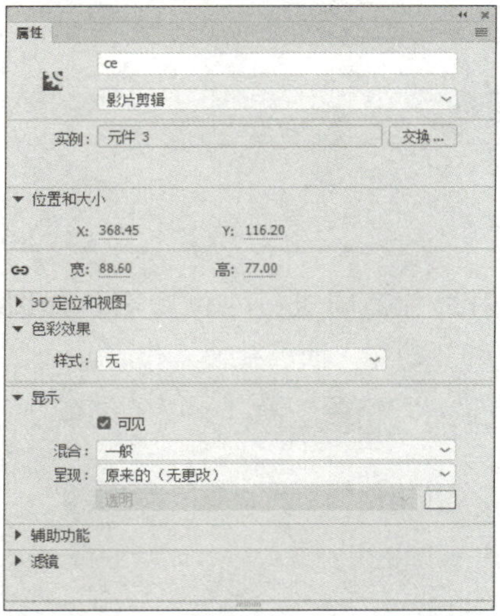

图 9-56

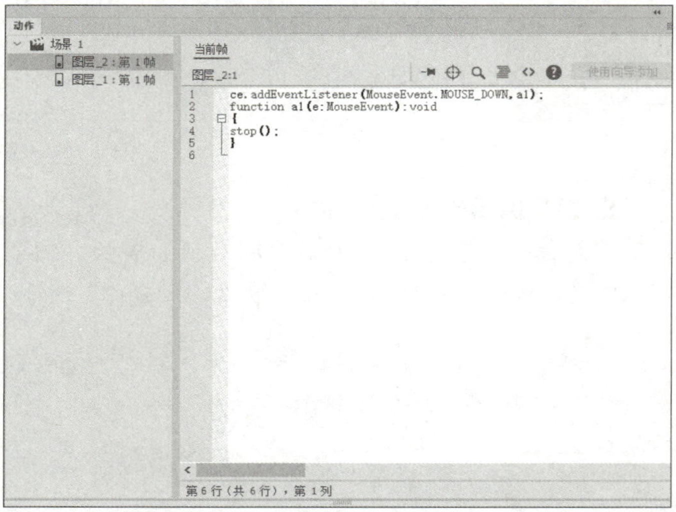

图 9-57

■9.5.2 动画的跳转播放

在使用Animate制作动画的过程中，可以使用goto动作，使动画跳转到影片中的某一特定帧或场景。该动作包括gotoAndPlay和gotoAndStop两种。当影片跳到某一帧时，可以选择参数来控制是从这新的一帧播放影片，还是在这一帧停止。下面将详细介绍如何制作跳转播放。

1. 按钮控制影片的跳转播放

若想在单击按钮后使影片跳到相应的帧播放，需要先为按钮进行实例命名，如图9-58所示；然后执行“窗口”→“动作”命令，打开“动作”面板并输入代码。

```
fer.addEventListener(MouseEvent.MOUSE_DOWN,Play);
function Play(e:MouseEvent):void
{
    gotoAndPlay(1);
}
```

输入完成的效果如图9-59所示。当单击按钮fer的时候，动画会自动跳转到第1帧播放。

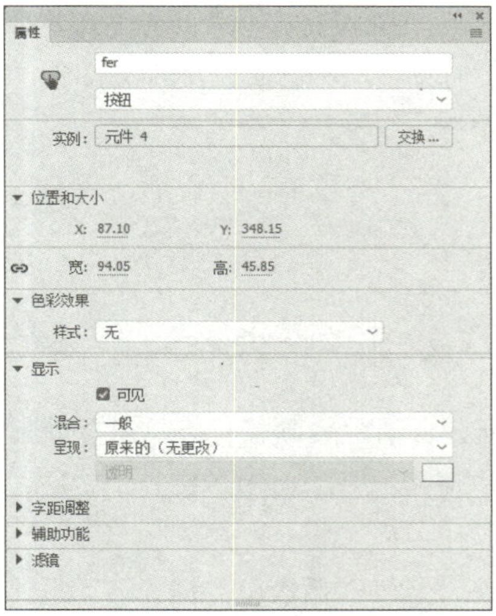

图 9-58

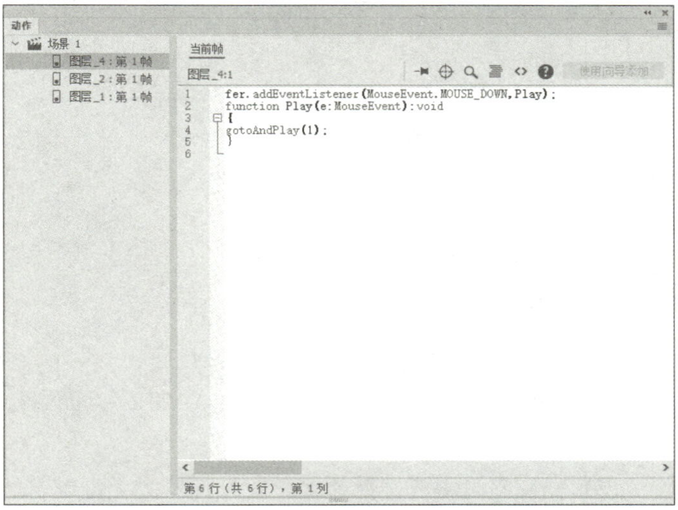

图 9-59

2. 影片剪辑控制影片的跳转播放

若想在单击影片剪辑后使影片跳到相应的帧播放，需要先为影片剪辑进行实例命名，如图9-60所示；然后执行“窗口”→“动作”命令，打开“动作”面板并输入代码。

```
tra.addEventListener(MouseEvent.MOUSE_DOWN,Play);
function Play(e:MouseEvent):void
{
    gotoAndPlay(1);
}
```

输入完成的效果如图9-61所示。当单击影片剪辑tra的时候，动画会自动跳转到第1帧播放。

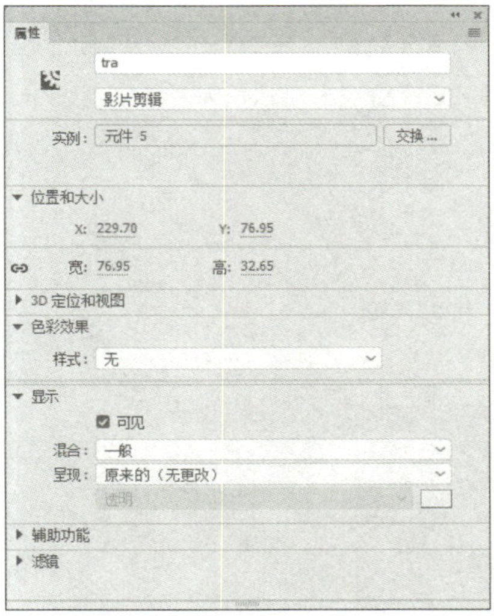

图 9-60

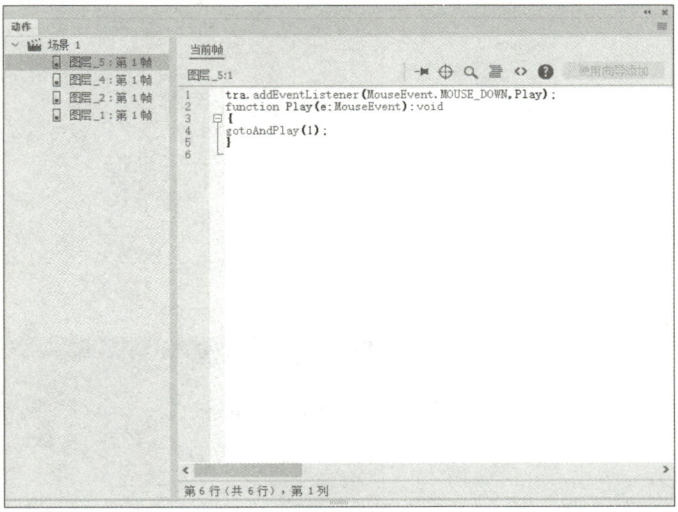

图 9-61

3. 鼠标指针划进影片剪辑控制跳转播放

在动画制作的过程中，若想通过鼠标指针划进影片剪辑来控制跳转播放，需要先为影片剪辑进行实例命名（如yur），然后执行“窗口”→“动作”命令，打开“动作”面板并输入代码。

```
yur.addEventListener(MouseEvent.MOUSE_OVER,Play);
function Play(e:MouseEvent):void
{
    gotoAndPlay( “s1” );
}
```

该代码的作用是当鼠标指针划进影片剪辑的时候，动画会自动跳转到帧标签“s1”处播放。鼠标指针划进使用的是“MOUSE_OVER”，而鼠标点击使用的是“MOUSE_DOWN”，“s1”表示的是主时间轴上的帧标签。

设置帧标签时需要选择想要设置帧标签的关键帧，然后在“属性”面板中“标签”区域的“名称”文本框中输入“s1”即可，如图9-62所示。在被设置的关键帧上会出现一个小旗子的标志，如图9-63所示。

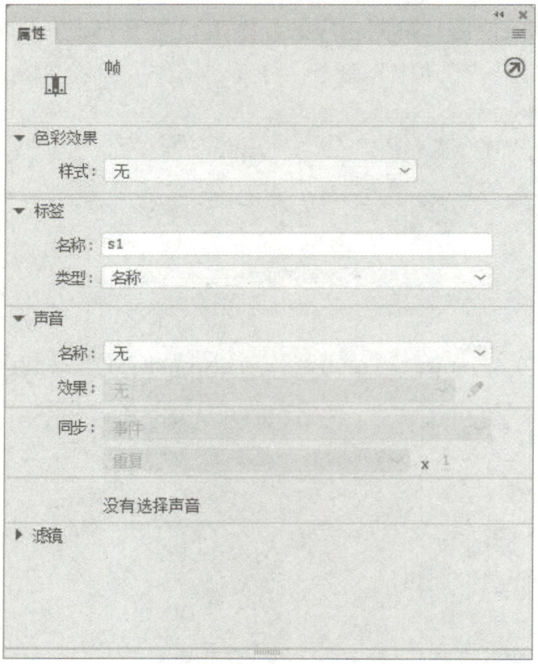

图 9-62

图 9-63

经验之谈 认识常见的条件语句和循环语句

经验一：认识ActionScript 3.0中的条件语句

在ActionScript 3.0中提供了“if...else”“if...else if”“switch”3个可用于控制程序流的基本条件语句。

1. if...else

if...else条件语句可用于测试一个条件。若条件成立，则执行一个代码块；若条件不成立，则执行另一个代码块。如下所示。

```
if (x <12)
{
    trace("x is < 12");
}
else
{
    trace("x is >= 12");
}
```

2. if...else if

if...else if条件语句可用于测试多个条件。如下所示。

```
if (x > 20)
{
    trace("x is< 12");
}
else if (x> 0)
{
    trace("x is positive number");
}
```

3. switch

switch条件语句可用于对表达式求值并使用计算结果来确定要执行的代码块，代码块以case语句开头，以break语句结束。

经验二：认识ActionScript 3.0中的循环语句

使用循环语句可以通过一系列值或变量来反复执行一个特定的代码块，包括“for”“for...in”“for each...in”“while”“do...while”5种。

1. for

for循环语句可用于循环访问某个变量以获得特定范围的值。在for语句中，一个设置了初始值的变量、一个用于确定循环何时结束的条件语句和一个在循环中改变变量值的表达式是必不可少的。如下所示。

```
var i:int;
for (i = 9; i >3; i--)
{
    trace(i);
}
```

2. for...in

for...in循环语句可用于循环访问对象属性或数组元素。如下所示。

```
var myObj:Object = {x:15, y:44};
for (var i:String in myObj)
{
    trace(i + ": " + myObj[i]);
}
// output:
// x: 15
// y: 44
```

3. for each...in

for each...in循环语句可用于循环访问集合中的项，这些项可以是 XML 或 XMLList 对象中的标签、对象属性保存的值或数组元素。如下所示。

```
var myObj:Object = {x:22, y:36};
for each (var num in myObj)
{
    trace(num);
}
// output:
// 22
// 36
```

4. while

while语句类似于if语句，只要条件为true，就会反复执行。如下所示。

```
var i:int = 5;
while (i > 0)
{
```

```
    trace(i);
    i--;
}
```

5. do...while

do...while也是一种while循环，在执行代码块后会检查条件。如下所示。

```
var i:int = 100;
do
{
    trace(i);
    i++;
} while (i < 100);
// output:100
```

学习体会

上手实操

实操一：发动汽车小游戏

本案例将练习制作发动汽车的小游戏，通过操作键盘上的按键，实现鸣笛、发动和熄火的音效。本案例涉及的知识点包括素材的添加、“动作”面板的使用及脚本的编写等。如图9-64所示为制作效果。

图 9-64

设计要领

- 新建文档并导入素材文件。
- 新建影片剪辑元件并添加声音素材。
- 新建关键帧并添加脚本，如图9-65～图9-68所示为该案例所使用的所有脚本。

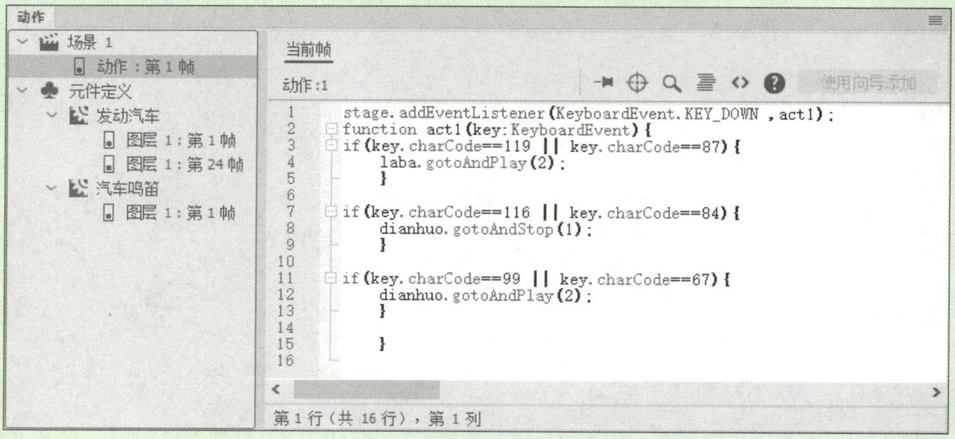


```
stage.addEventListener(KeyboardEvent.KEY_DOWN ,act1);
function act1(key:KeyboardEvent){
if(key.charCode==119 || key.charCode==87){
    laba.gotoAndPlay(2);
    }

if(key.charCode==116 || key.charCode==84){
    dianhuo.gotoAndStop(1);
    }

if(key.charCode==99 || key.charCode==67){
    dianhuo.gotoAndPlay(2);
    }

    }
```

图 9-65

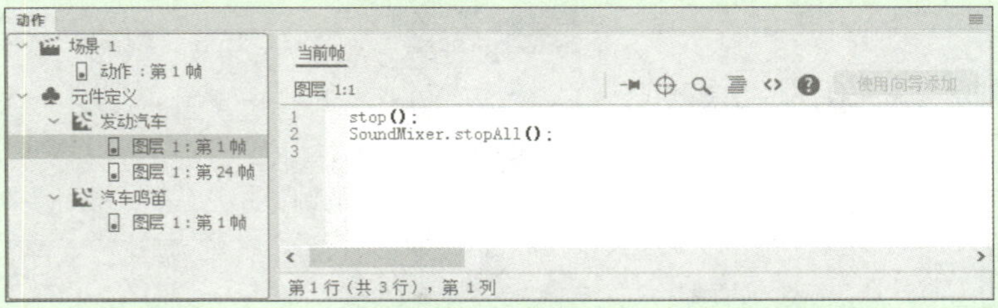

图 9-66

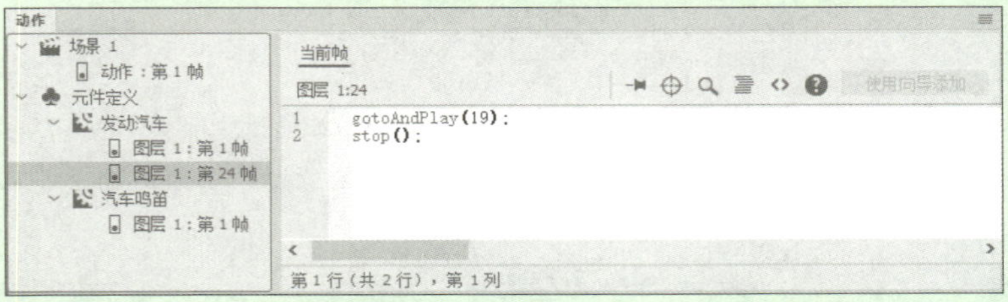

图 9-67

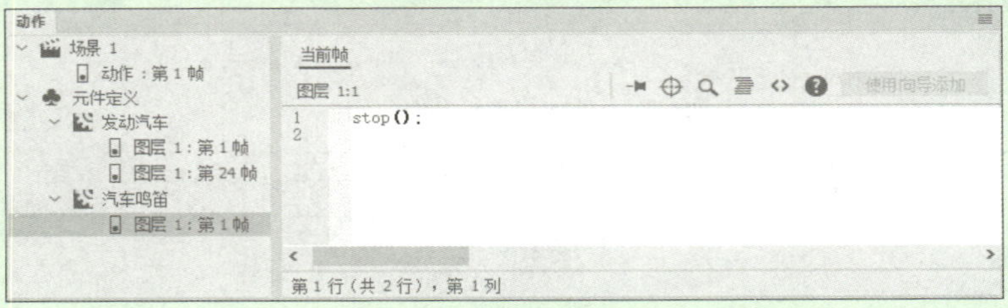

图 9-68

实操二：制作聚焦的望远镜

本案例将练习制作聚焦的望远镜效果，如图9-69和图9-70所示，鼠标指针移动到的位置变清晰并且会放大。本案例涉及的知识点包括图形的绘制、遮罩动画的创建及相应脚本的添加。

图 9-69

图 9-70

设计要领

- 新建文档，新建图形元件。
- 绘制图形，新建遮罩层。
- 导入素材对象，添加帧和代码，如图9-71和图9-72所示为该案例使用的代码。

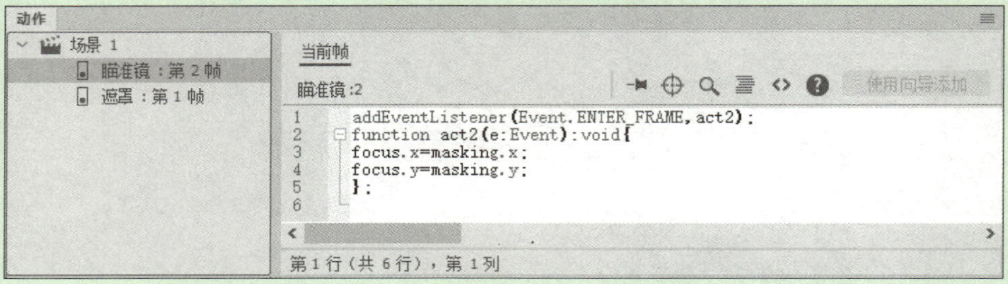

图 9-71

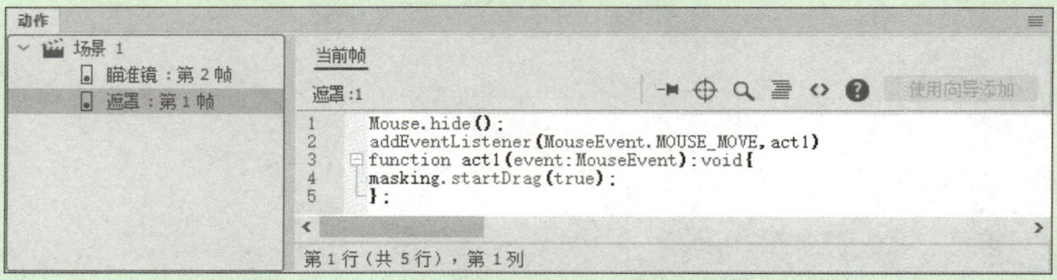

图 9-72

你学会了吗？

第10章 动画的输出与发布

内容概要

动画制作完成后就可以将其导出，以便于使用或观看。在导出动画之前，需要先对其进行测试和优化。本章将主要针对动画的测试、优化、发布和导出进行介绍。通过对本章的学习，可以了解如何测试影片，熟悉优化影片的步骤，掌握发布和导出动画的方法。

知识要点

- 学会测试影片。
- 学会优化影片。
- 学会发布与导出影片。

数字资源

【本章案例素材来源】："素材文件\第10章"目录下

【本章案例最终文件】："素材文件\第10章\案例精讲\制作生肖歌曲动画.fla"

案例精讲 制作生肖歌曲动画

案/例/描/述

本案例将根据生肖歌曲制作生肖动画，通过剪纸这一中国传统艺术体现生肖关系。在播放时，动画会随着音乐的变化展现不同的片段。本案例涉及的知识点包括补间动画的制作、遮罩动画的制作及脚本的添加。

扫码观看视频

案/例/详/解

下面将对生肖歌曲动画的制作过程进行详细介绍。

步骤01 启动Animate，打开“生肖动画素材.fla”文件。单击“时间轴”面板中的“新建文件夹”按钮，新建“背景”“开头”“动物”3个图层文件夹，如图10-1所示。设置舞台背景为黑色。

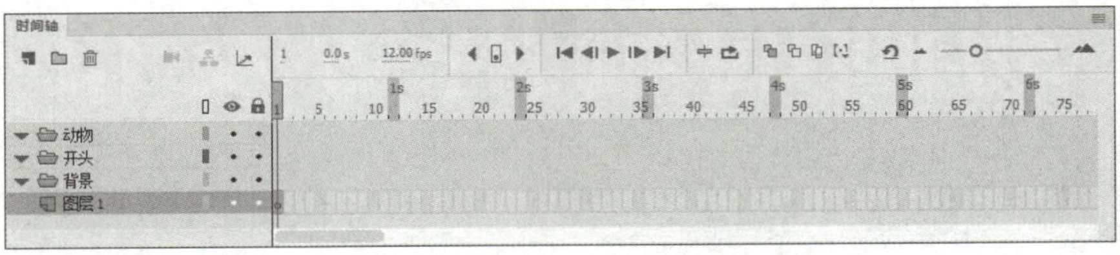

图 10-1

步骤02 修改“图层_1”的名称为“背景”，将其拖动至“背景”图层文件夹中，如图10-2所示。

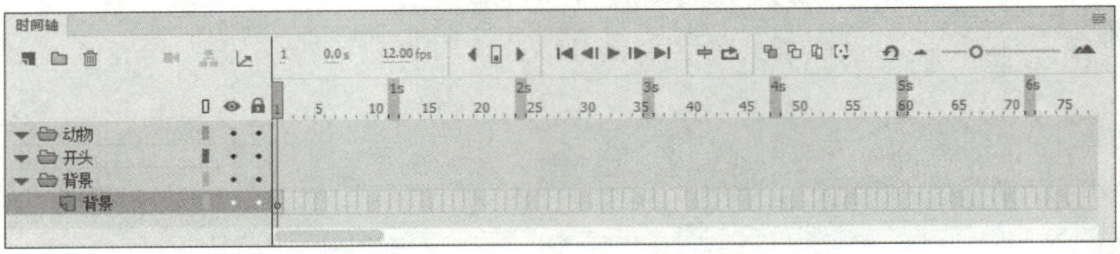

图 10-2

步骤03 使用“矩形工具”绘制矩形并填色，如图10-3所示。

步骤04 在“背景”图层的上方新建“背景2”图层并绘制矩形，效果如图10-4所示。

图 10-3

图 10-4

步骤05 选择“背景”图层，从“库”面板中拖动“花纹1”图形元件至舞台中的合适位置，进行复制翻转，重复多次；选择“库”面板中的“花纹2”图形元件，将其拖动至舞台中心，如图10-5所示。

步骤06 选择“背景”图层和“背景2”图层的第600帧，按F5键添加普通帧。在“背景2”图层的上方新建“光圈1”图层，使用“矩形工具”绘制矩形并在“颜色”面板中设置径向渐变，如图10-6所示。

图 10-5

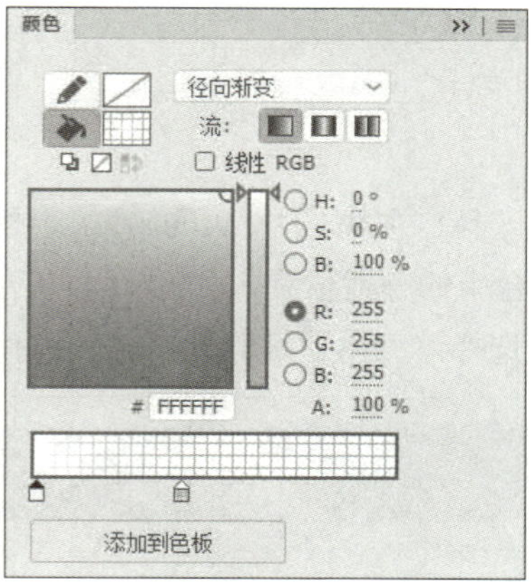

图 10-6

步骤07 使用“渐变变形工具”调整渐变，效果如图10-7所示。

步骤08 使用相同的方法，新建“光圈2”图层并绘制径向渐变，如图10-8所示。

图 10-7

图 10-8

步骤09 在“背景”图层文件夹的上方新建“方块1”图层，将其拖动至“开头”文件夹中，如图10-9所示。

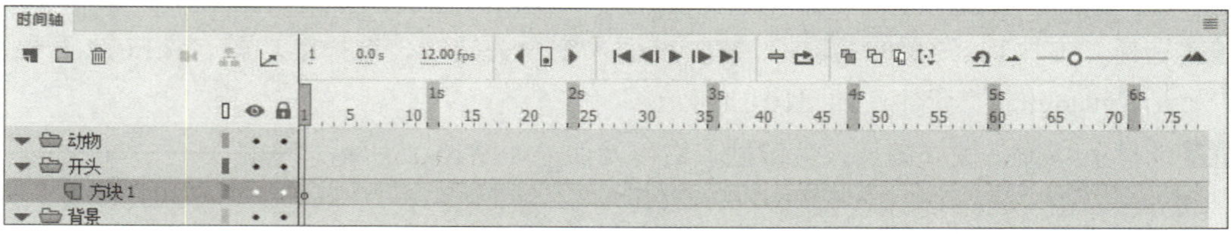

图 10-9

步骤10 在“方块1”图层的上方新建“方块2”“方块3”“生”“歌”“肖”“音效”图层，如图10-10所示。

图 10-10

步骤11 选择“方块1”图层的第2帧，按F6键插入关键帧，从“库”面板中拖动“guangtiao”元件至舞台中的合适位置，如图10-11所示。

步骤12 选择“方块1”图层的第7帧，按F6键插入关键帧，将元件右移，如图10-12所示。

图 10-11

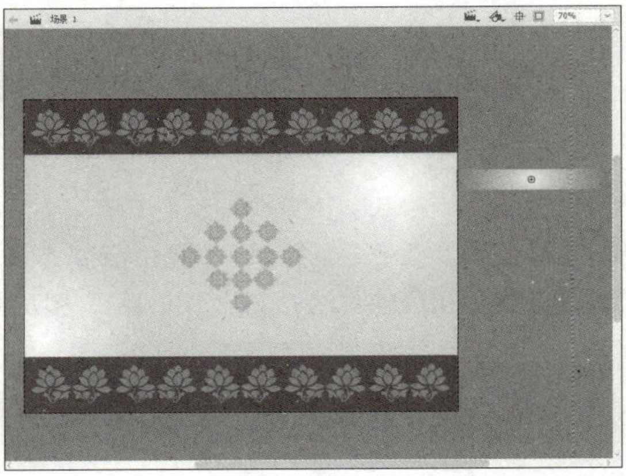

图 10-12

步骤13 选择“方块1”图层第2～7帧之间的任意帧，右击，在弹出的快捷菜单中选择“创建传统补间”命令，创建传统补间动画，如图10-13所示。

图 10-13

步骤14 选择“方块1”图层的第8帧，按F7键插入空白关键帧，选择第13帧，按F6键插入关键帧并置入“guangtiao”元件，如图10-14所示。

步骤15 选择第19帧，按F6键插入关键帧，右移元件，如图10-15所示。

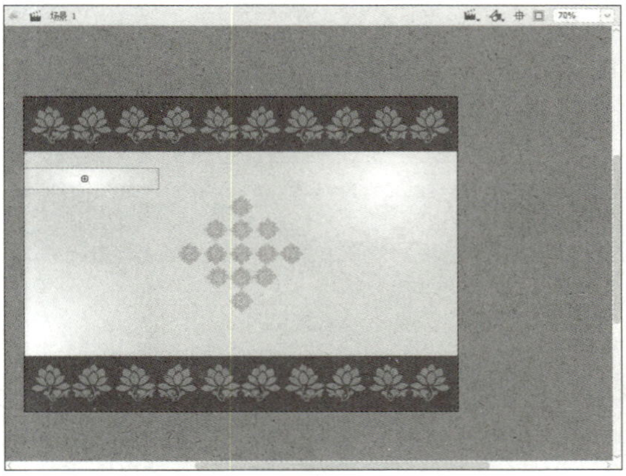

图 10-14

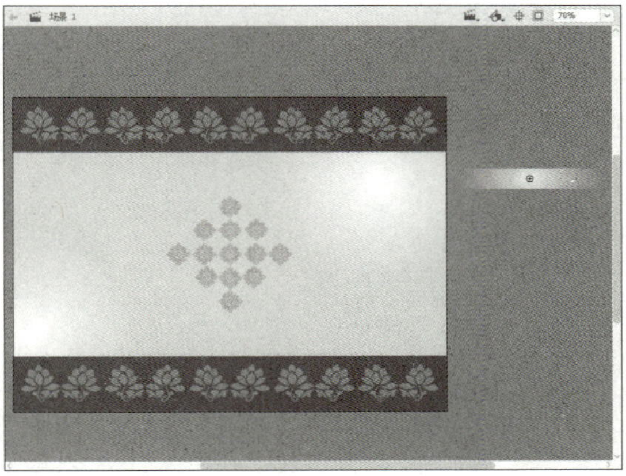

图 10-15

步骤16 在“方块1”图层的第13～19帧之间创建传统补间动画，在第20帧插入空白关键帧。使用相同的方法，在第28～33帧创建传统补间动画，在第34帧插入空白关键帧，效果如图10-16和图10-17所示。

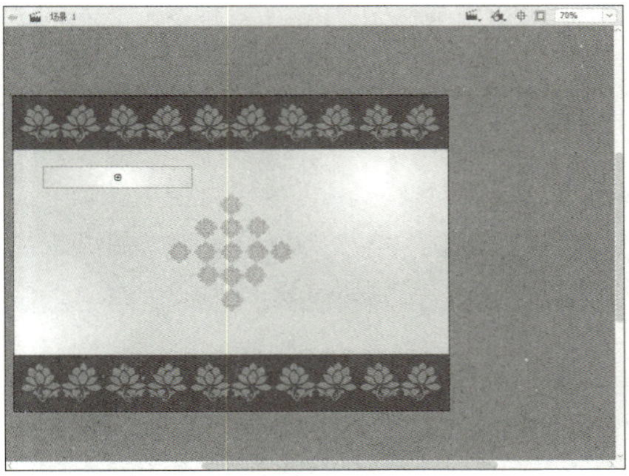

图 10-16

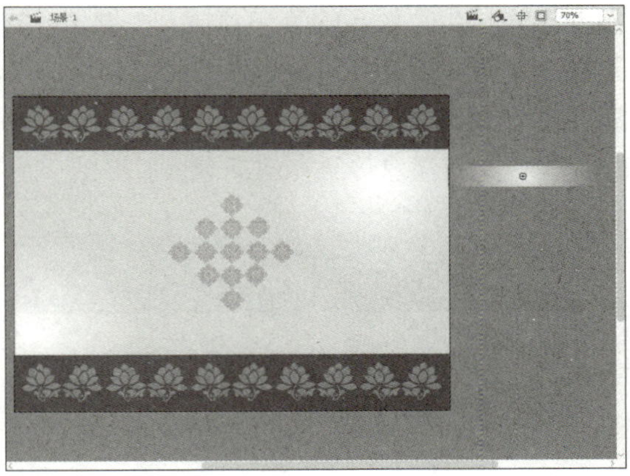

图 10-17

步骤17 使用相同的方法，在“方块2”图层和“方块3”图层中制作“guangtiao”元件运动的效果，如图10-18所示。

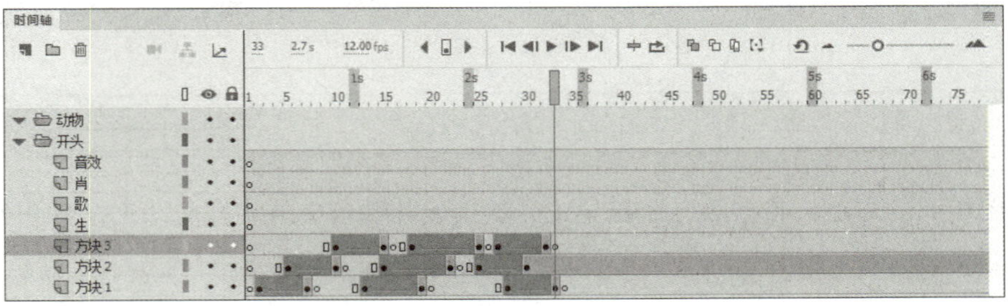

图 10-18

步骤18 选择“方块2”图层的第36帧和第56帧，按F6键插入关键帧，在第57帧按F7键插入空白关键帧。设置第56帧处元件的Alpha值为3%，如图10-19所示。在第36～56帧之间创建传统补间动画，制作元件逐渐消失的效果，如图10-20所示。

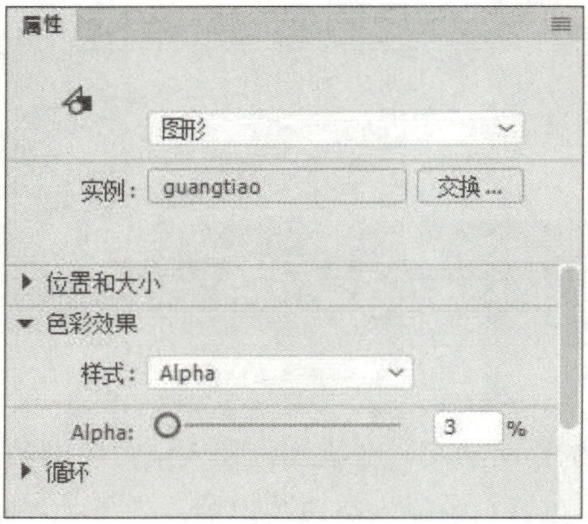

图 10-19

图 10-20

步骤19 在“生”图层的第36帧插入关键帧，拖动“库”面板中的“生”元件至舞台中的合适位置，设置其Alpha值为3%，效果如图10-21所示。

步骤20 在第52帧插入关键帧，设置其色彩效果“样式”为无，效果如图10-22所示。在第36～52帧之间创建传统补间动画。

图 10-21

图 10-22

提示：这里也可以设置第52帧处元件的Alpha值为100%。

步骤21 使用相同的方法，在“歌”图层导入“歌”元件并创建传统补间动画，效果如图10-23和图10-24所示。

步骤22 在“肖”图层的第54帧按F6键插入关键帧并导入“肖”元件，如图10-25所示。

步骤23 在“肖”图层的第58帧插入关键帧，调整元件的位置，如图10-26所示。在第54～58帧之间创建传统补间动画。

图 10-23

图 10-24

图 10-25

图 10-26

步骤24 选中“生”“肖”“歌”图层的第59帧，按F6键插入关键帧，并分别调整这3个元件的位置，如图10-27所示。

步骤25 使用相同的方法，在第60帧插入关键帧并调整对象的位置，如图10-28所示。

图 10-27

图 10-28

步骤26 使用相同的方法，在第61帧插入关键帧并调整对象的位置，如图10-29所示。

步骤27 使用相同的方法，在第89帧插入关键帧，并分别调整3个元件的Alpha值为3%，效果如图10-30所示。在第90帧插入空白关键帧。

图 10-29

图 10-30

步骤28 在“音效”图层的第59帧插入关键帧，在“属性”面板中选择声音并进行设置，如图10-31所示。

步骤29 在“动物”图层文件夹中新建图层“草”，在“草”图层的第89帧插入关键帧，从“库”面板中拖动“cao_1”“cao_2”“cao_3”影片剪辑元件至舞台中的合适位置，并调整其至合适的大小，效果如图10-32所示。在第230帧插入空白关键帧。

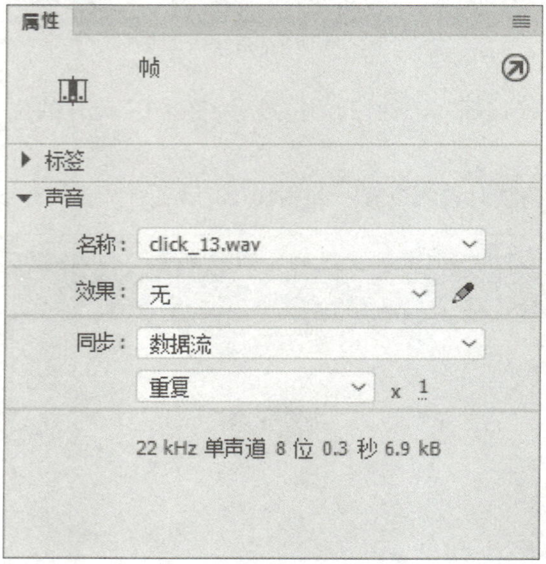

图 10-31

图 10-32

步骤30 在“草”图层的上方新建“鼠”图层，在第89帧插入关键帧，并在“属性”面板中为关键帧添加标签名称“begin”，如图10-33所示。

步骤31 从“库”面板中导入“shu1”影片剪辑元件，如图10-34所示。

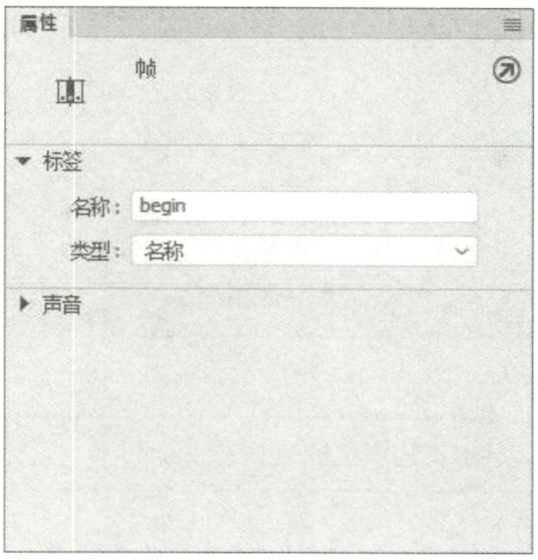

图 10-33

图 10-34

步骤32 在“鼠”图层的第101帧插入关键帧并调整“shu1”元件的大小和位置，如图10-35所示。

步骤33 在“鼠”图层的第119帧插入关键帧并调整“shu1”元件的大小和位置，如图10-36所示。

图 10-35

图 10-36

步骤34 在“鼠”图层的第127帧插入关键帧并调整“shu1”元件的大小和位置，如图10-37所示。

步骤35 在“鼠”图层的第142帧插入关键帧并调整“shu1”元件的大小和位置，如图10-38所示。在第143帧插入空白关键帧。

图 10-37

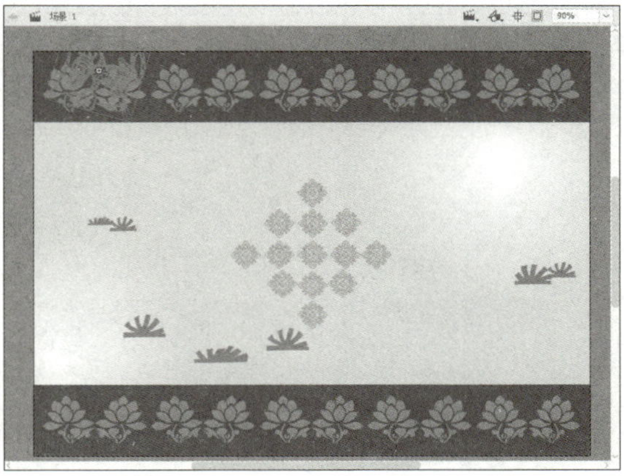

图 10-38

步骤36 在“鼠”图层的第89～101帧、第101～119帧、第119～127帧和第127～142帧之间创建传统补间动画，如图10-39所示。

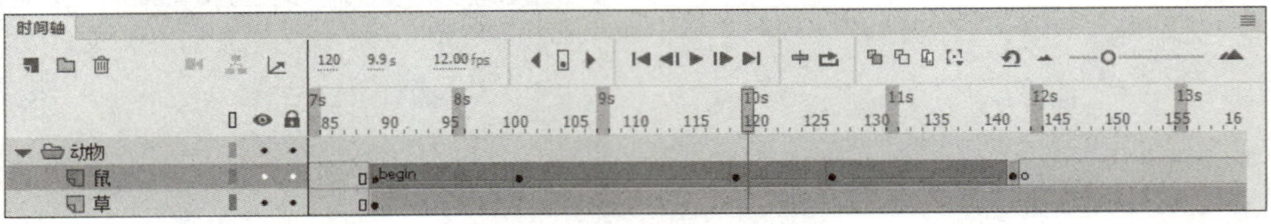

图 10-39

提示：这里可以根据需要自行设置关键帧的状态，以制作更丰富的动画效果。

步骤37 选中“鼠”图层的第89帧，在“属性”面板中设置“旋转”属性，如图10-40所示。

步骤38 选中“鼠”图层的第127帧，在“属性”面板中设置“旋转”属性，如图10-41所示。

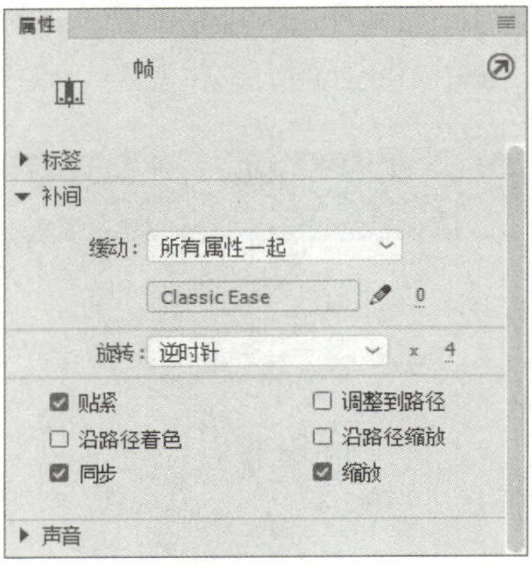

图 10-40

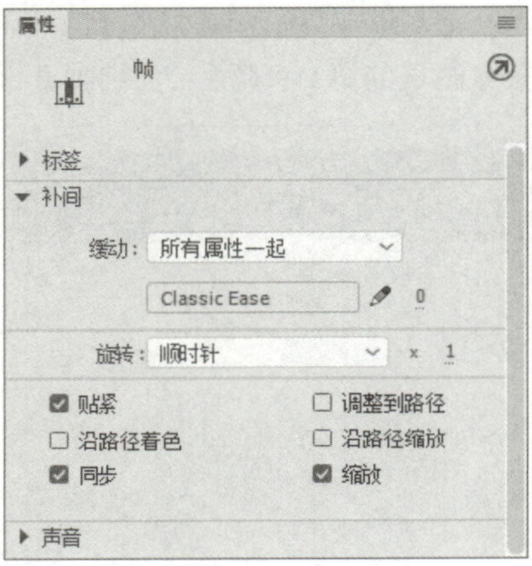

图 10-41

步骤39 隐藏“鼠”图层。在“鼠”图层的上方新建“牛”图层，在第117帧插入关键帧并导入“niu1”影片剪辑元件，将其调整至合适的大小和位置，如图10-42所示。

步骤40 在“牛”图层的第144帧插入关键帧并调整元件的大小和位置，如图10-43所示。

图 10-42

图 10-43

步骤41 在“牛”图层的第159帧插入关键帧，调整其Alpha值为3%，如图10-44所示。

步骤42 在“牛”图层的第160帧插入空白关键帧，如图10-45所示。在第117～144帧和第144～159帧之间创建传统补间动画。

图 10-44

图 10-45

步骤43 在“牛”图层的上方新建“牛叫”图层，在第119帧插入关键帧，在“属性”面板中设置声音的属性，如图10-46所示。

步骤44 在“牛叫”图层的上方新建“虎”图层，在第150帧插入关键帧并导入“hu1”影片剪辑元件，如图10-47所示。

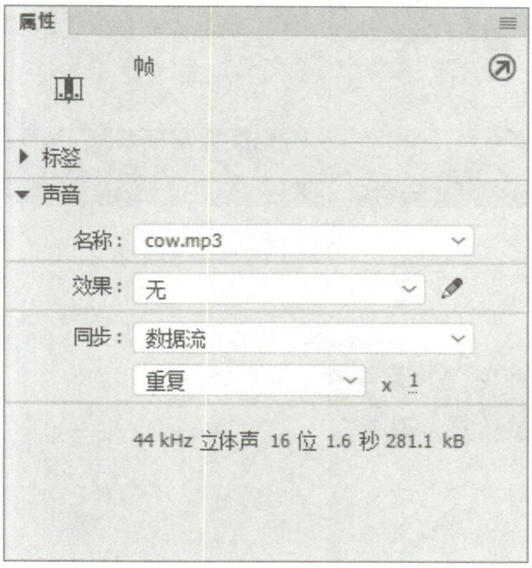

图 10-46

图 10-47

步骤45 在“虎”图层的第159帧插入关键帧并调整元件的大小和位置，如图10-48所示。在第150～159帧之间创建传统补间动画。

步骤46 在“虎”图层的第160帧插入关键帧并调整元件的大小和位置，如图10-49所示。

图 10-48

图 10-49

步骤 47 在“虎”图层的第161帧插入关键帧并调整元件的大小和位置，如图10-50所示。

步骤 48 在“虎”图层的第165帧插入关键帧并调整元件的大小和位置，如图10-51所示。

图 10-50

图 10-51

步骤 49 在“虎”图层的第177帧插入关键帧，如图10-52所示。

图 10-52

步骤50 在“虎”图层的第191帧插入关键帧，调整其Alpha值为3%，效果如图10-53所示。在第177～191帧之间创建传统补间动画，在第192帧插入空白关键帧。

步骤51 在“虎”图层的下方新建“虎2”图层，在第165帧插入关键帧，复制“虎”图层中第165帧的元件至该图层，如图10-54所示。

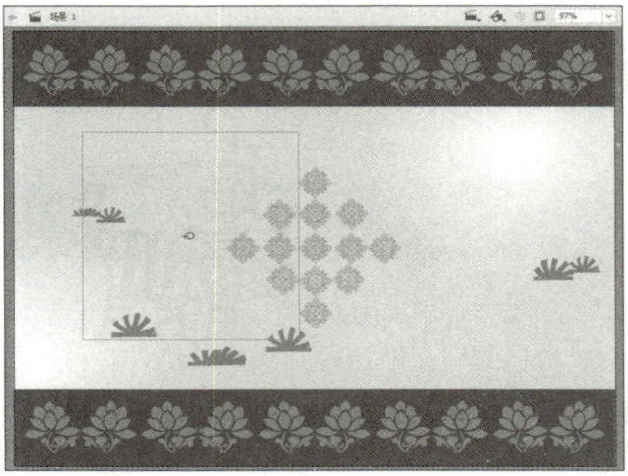

图 10-53

图 10-54

提示：这里也可以直接从“库”面板中拖动相应的元件至舞台中，再进行调整。

步骤52 在“虎2”图层的第171帧插入关键帧，调整其色调及大小，如图10-55所示。

步骤53 在“虎”图层的上方新建“虎叫”图层，在第165帧插入关键帧，在“属性”面板中设置声音属性，如图10-56所示。

图 10-55

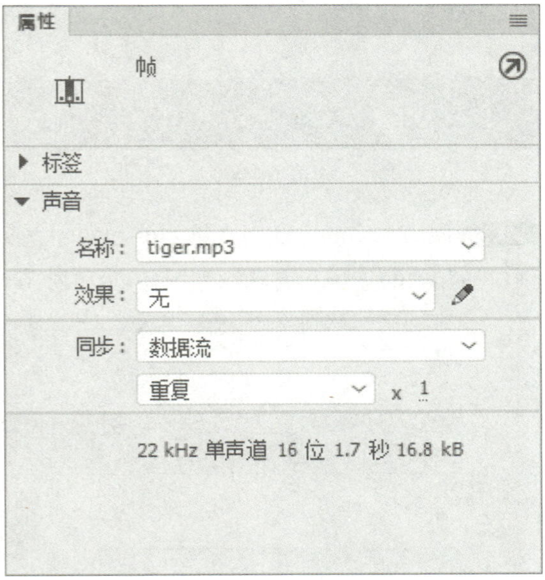

图 10-56

提示：选择第165帧添加的关键帧，即可在“属性”面板中设置帧的声音属性。

步骤54 在“虎叫”图层的上方新建“兔”图层，在第177帧插入关键帧并导入“tu1”影片剪辑元件，如图10-57所示。

图 10-57

步骤55 在“兔”图层的第182帧、第186帧、第190帧、第194帧、第198帧、第202帧、第205帧、第209帧、第212帧、第215帧、第219帧、第222帧和第226帧插入关键帧，调整元件的位置和大小，如图10-58和图10-59所示分别为第182帧和第219帧的效果。在第230帧插入空白关键帧。

图 10-58

图 10-59

步骤56 使用相同的方法，在第230～279帧之间创建龙和蛇的进场和退场，在第268～297帧之间创建马和羊的进场和退场，如图10-60和图10-61所示。

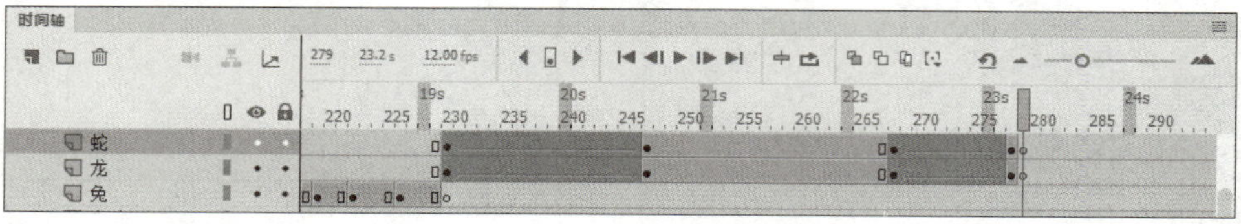

图 10-60

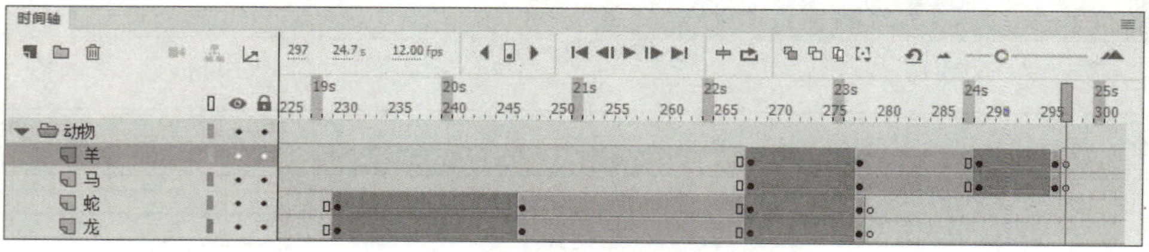

图 10-61

步骤57 使用相同的方法，在第296～326帧之间创建猴的进场和退场，在第296～314帧之间创建桃的进场和退场，如图10-62所示。

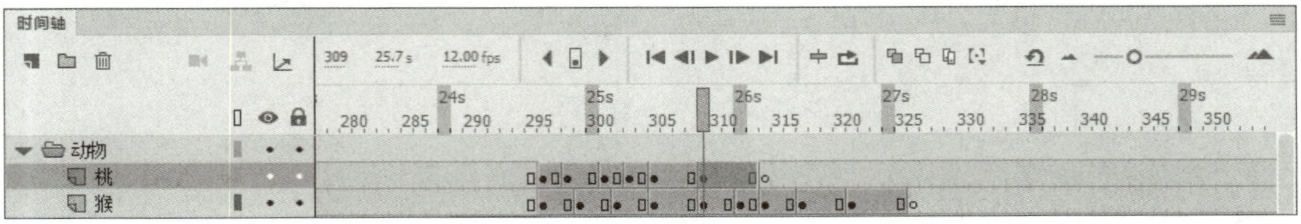

图 10-62

步骤58 使用相同的方法，在第329～386帧之间创建鸡的进场和退场，在第340～387帧之间创建太阳的进场和退场，在“鸡叫”图层的第340帧添加声音，如图10-63所示。

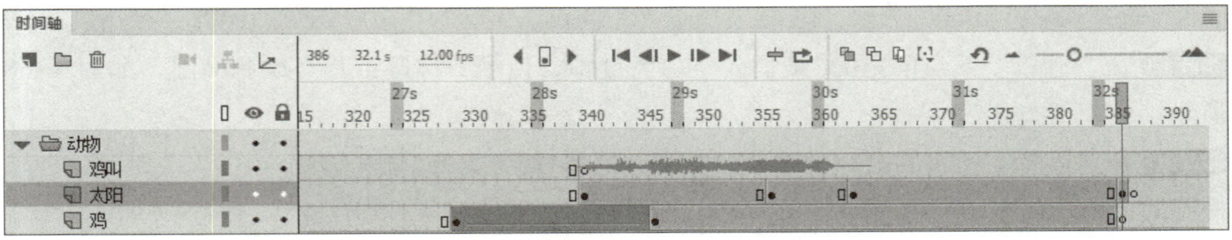

图 10-63

步骤59 使用相同的方法，在第386～407帧之间创建狗的进场和退场，在第402～409帧之间创建猪的进场和退场，在“猪叫”图层的第402帧添加声音，在第411帧插入空白关键帧，如图10-64所示。

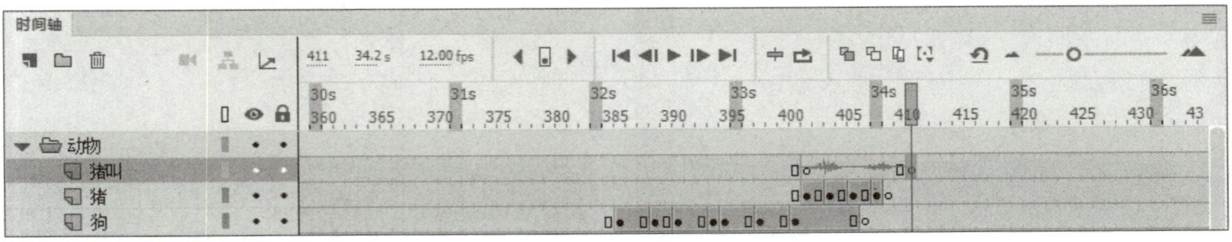

图 10-64

步骤60 在“猪叫”图层的上方新建“鼠2”图层，导入“shu1”元件，并在第409～456帧之间制作动画效果，如图10-65所示。

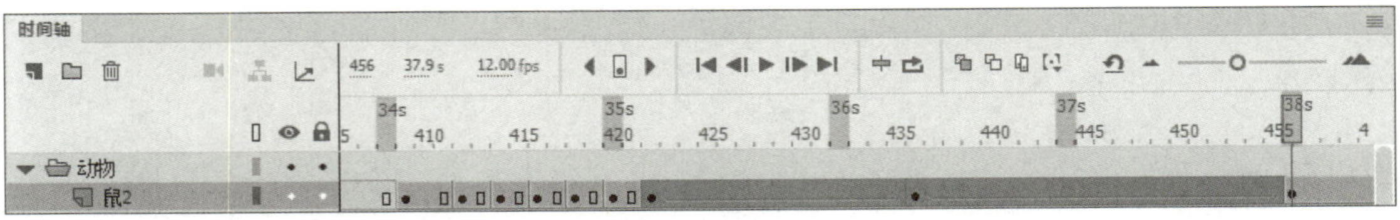

图 10-65

步骤61 在“鼠2”图层的上方新建“草2”图层，在第232～329帧之间导入“caodong”元件，如图10-66所示。

步骤62 在“草2”图层的上方新建“遮罩”图层，在第89帧插入关键帧，使用“矩形工具”绘制矩形，如图10-67所示。

图 10-66

图 10-67

步骤63 在“遮罩”图层的第333帧插入空白关键帧，使用“椭圆工具”绘制椭圆，如图10-68所示。

步骤64 在“遮罩”图层的第346帧、第349帧、第351帧、第353帧和第355帧插入关键帧，调整椭圆的大小，如图10-69所示为第355帧调整后的效果。

图 10-68

图 10-69

步骤65 在第364帧、第374帧和第382帧插入关键帧并调整椭圆，创建补间形状动画，如图10-70所示。

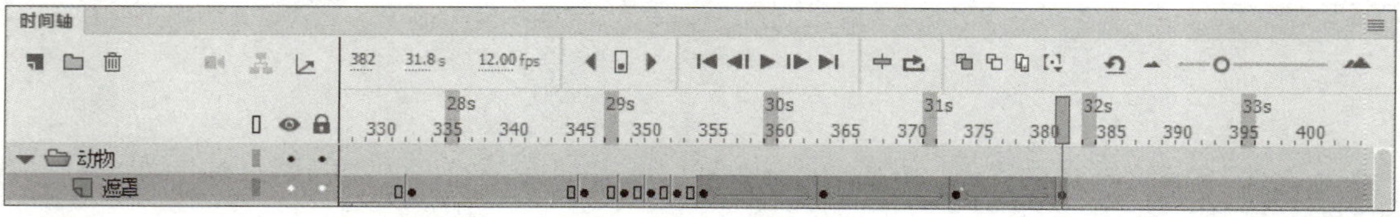

图 10-70

步骤66 选择“遮罩”图层，右击，在弹出的快捷菜单中选择“遮罩层”命令，将其转换为遮罩层，并将“动物”图层文件夹中的所有图层置于其下，如图10-71所示。

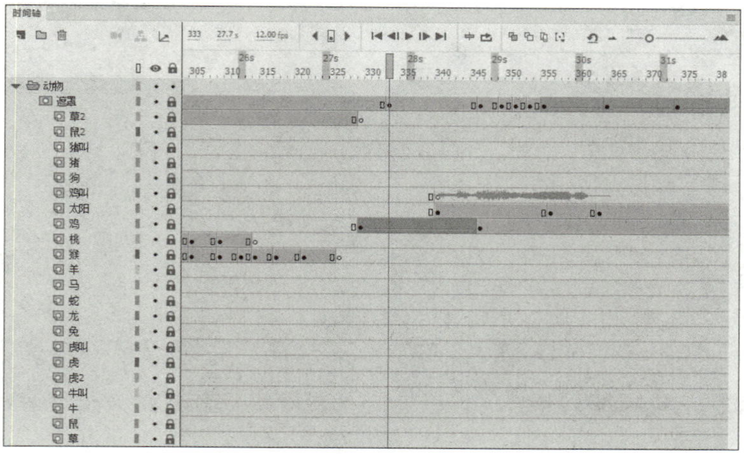

图 10-71

步骤67 使用相同的方法，在“光圈2”图层的上方新建遮罩层，绘制椭圆并创建遮罩，如图10-72所示。

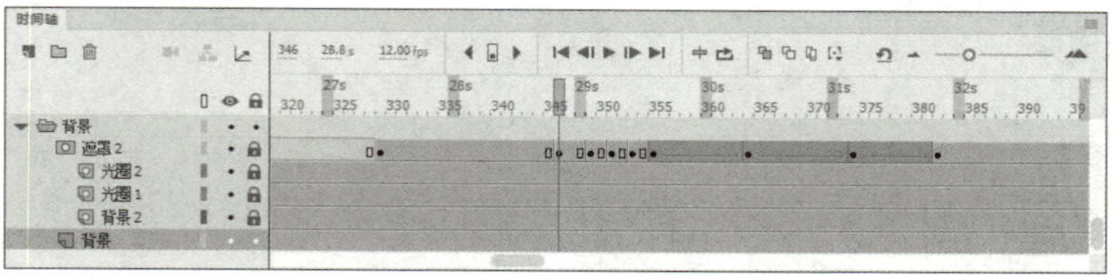

图 10-72

步骤68 在“动物”图层文件夹的上方新建“歌词底”图层，在第90帧插入关键帧，并绘制渐变矩形，如图10-73所示。

步骤69 在“歌词底”图层的上方新建“歌词”图层，在第90帧插入关键帧，从“库”面板中拖动“歌词”元件至舞台中的合适位置，如图10-74所示。

图 10-73

图 10-74

步骤70 在“歌词”图层的第150帧、第208帧、第236帧、第297帧、第355帧、第385帧、第442帧、第501帧插入关键帧并修改歌词的内容，如图10-75和图10-76所示为第208帧和第501帧的效果。

图 10-75

图 10-76

步骤71 新建“歌”图层，选择第1帧，在“属性”面板中添加音乐并进行调整，如图10-77和图10-78所示。

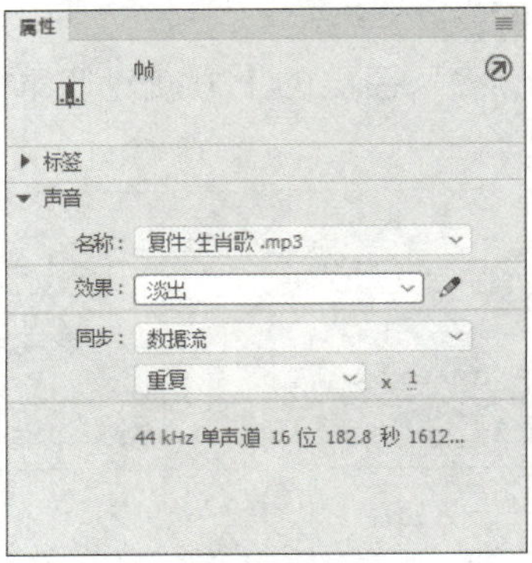

图 10-77

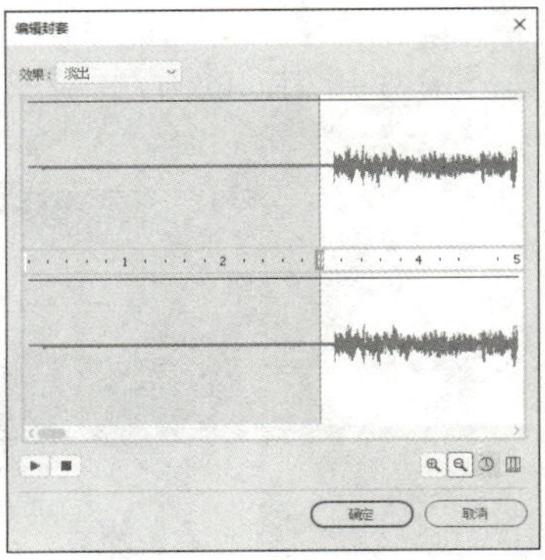

图 10-78

步骤72 选择“牛”图层的第472帧，插入关键帧并置入“niu1”元件，如图10-79所示。使用相同的方法，在各动物图层置入相应的动物，如图10-80所示。

图 10-79

图 10-80

步骤73 在“歌”图层的上方新建“装饰”图层，在第570帧插入关键帧并置入“button”元件，调整其Alpha值为3%，如图10-81所示。

步骤74 在第600帧插入关键帧，调整其色彩效果样式为无，如图10-82所示。在第570帧和第600帧之间创建传统补间动画。

图 10-81

图 10-82

步骤75 在“装饰”图层的上方新建“动作”图层，在第600帧插入关键帧并编写脚本，如图10-83所示。

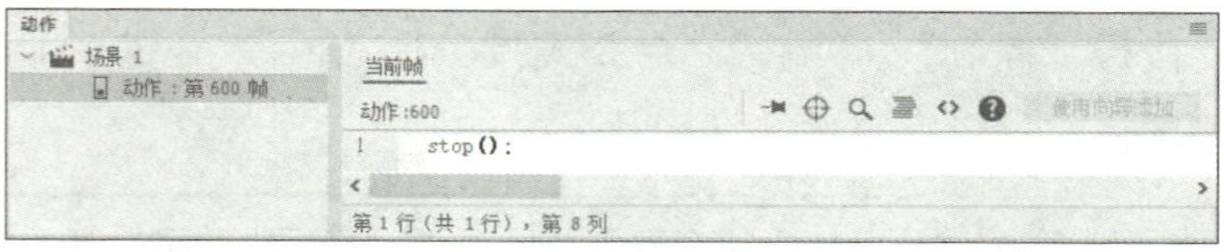

图 10-83

步骤76 按Ctrl+Enter组合键测试影片，如图10-84和图10-85所示。

图 10-84

图 10-85

步骤77 执行“文件”→“导出”→“导出视频”命令，在弹出的“导出视频”对话框中进行设置，如图10-86所示，单击“导出”按钮，即可导出动画文件，如图10-87所示。

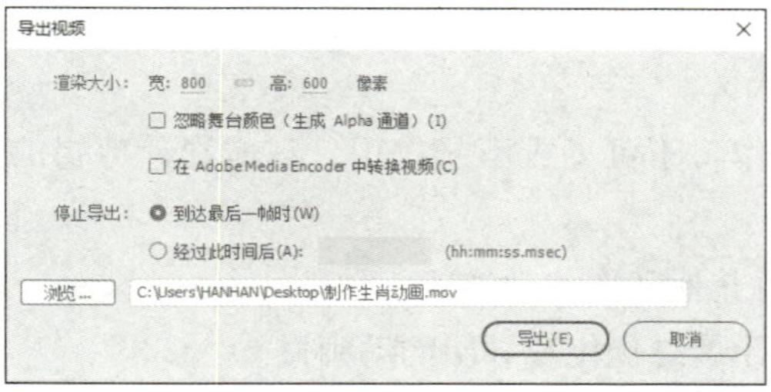

图 10-86

图 10-87

至此，完成生肖歌曲动画的制作。

边用边学

10.1 测试影片

在Animate中，可以通过在测试环境中测试和在编辑模式中测试两种方式测试影片。本小节将针对这两种不同的测试方式进行介绍。

■10.1.1 在测试环境中测试

要评估影片、动作脚本或其他重要的动画元素，必须在测试环境中进行测试。在测试环境中测试影片，可以更加直观地观看影片效果，体会动画的交互性，检测动画是否达到了设计的要求。

执行“控制”→“测试”命令或按Ctrl+Enter组合键，即可打开导出的SWF影片进行测试。该测试方式可以完整地测试影片。

❶ **提示**：在测试环境中只能完整地播放测试，不可单独选择某一段进行测试。

■10.1.2 在编辑模式中测试

在编辑模式中的测试是有限的，但是在进行一些简单的测试时，在测试环境中测试比较浪费时间，此时就可以选择在编辑模式中进行测试。下面将针对在编辑模式中可测试和不可测试的内容进行介绍。

1. 可测试的内容

在Animate的编辑模式中可以测试以下4项内容。

- **按钮状态**：可以测试按钮在弹起、指针经过、按下和点击状态下的外观。
- **主时间轴中的声音**：在播放时间轴时，可以试听放置在主时间轴中的声音（包括与舞台动画同步的声音）。
- **主时间轴中的帧动作**：任何附着在帧或按钮上的goto、Play和Stop动作都将在主时间轴中起作用。
- **主时间轴中的动画**：这里说的是主时间轴，不包括影片剪辑或按钮元件所对应的时间轴。

2. 不可测试的内容

在Animate的编辑模式中不可以测试以下4项内容。

- **影片剪辑**：影片剪辑中的声音、动画和动作将不可见或不起作用。只有影片剪辑的第1帧会出现在编辑模式中。
- **动作**：无法测试交互作用、鼠标事件或依赖其他动作的功能。
- **动画速度**：Animate编辑模式中的重放速度比最终优化和导出的动画慢。
- **下载性能**：无法在编辑模式中测试动画在网页上的流动或下载性能。

❶ **提示**：与在测试环境中测试相比，在编辑模式中测试更方便、快捷，可以单独测试一段影片，但是该测试方式有不可测试的内容。

10.2 优化影片

在Animate中，设计人员可以在发布文档的过程中对其进行优化，以使下载或播放更流畅。

10.2.1 优化元素和线条

在Animate中，优化元素和线条需要注意以下4点。

- 使用矢量线代替矢量色块图形，前者的数据量要少于后者。
- 限制特殊线条类型的数量，如点线、虚线和波浪线等。使用实线可以减小文件的内存。用“铅笔工具”创建的线条比用笔触创建的线条所需的内存更少。
- 减少矢量图形的形状复杂程度，如减少矢量色块图形的边数或矢量曲线的折线数量。
- 避免过多地使用位图等外部导入对象，动画中的位图素材会使文件增大。

10.2.2 优化文本

在Animate中，优化文本时需要注意以下两点。

- 限制字体和字体样式的使用，使用字体或字体样式过多，会增大文件的内存。
- 在“嵌入字体”选项中，不要选择嵌入整个字体，只选择嵌入所需的字符。

10.2.3 优化色彩

在Animate中，优化色彩时需要注意以下两点。

- 减少渐变色的使用，渐变色会占用更多的存储空间。
- 减少Alpha（透明度）的使用，它会降低影片的播放速度。

10.2.4 优化图形和动画

在Animate中，优化图形和动画时需要注意以下5点。

- 避免使用渐变，以减少计算机处理器的工作量。
- 减少Alpha（透明度）的数量，使其保持最低限度。
- 不过度压缩位图，以免损害图像的质量。
- 将visible属性设置为false，以减少占用的处理器资源。
- 避免在SWF文件中使用过多的线条和点，以提高SWF文件的性能。

10.3 发布影片

在Animate 中包含丰富的影片发布功能，可以根据需要将其发布为不同格式的文件。本小节将针对如何发布影片进行介绍。

10.3.1 发布为Animate文件

执行“文件”→“发布设置”命令或按Ctrl+Shift+F12组合键，打开“发布设置”对话框，切换至“Flash（.swf）”选项卡，如图10-88所示。

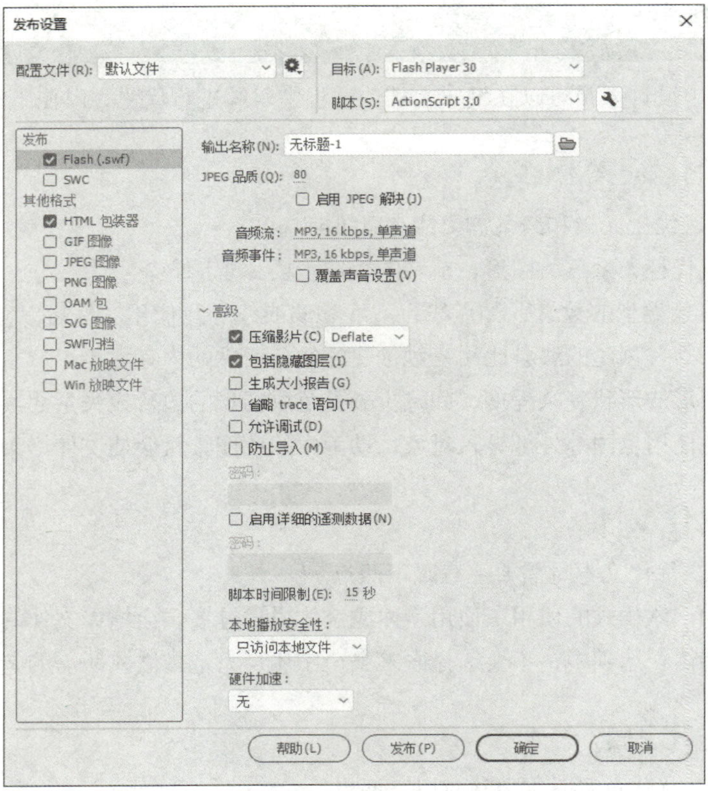

图 10-88

该选项卡中主要选项的作用如下。

- **目标：**在其下拉列表中可以选择播放器的版本。
- **脚本：**在其下拉列表中可以选择ActionScript版本。
- **JPEG品质：**用于控制位图的压缩。图像的品质越低，生成的文件越小；图像的品质越高，生成的文件越大。数值为100时，图像品质最佳，压缩比最小。
- **启用JPEG解决：**用于使高度压缩的JPEG图像显得更加平滑，可减少由于JPEG压缩导致的典型失真。
- **音频流、音频事件：**用于为SWF文件中的所有音频流或事件声音设置采样率和压缩。单击“音频流”或“音频事件”右侧的链接，即可打开“声音设置”对话框进行设置，如图10-89所示。

图 10-89

- **覆盖声音设置：** 勾选该复选框后，将覆盖在“属性”面板的“声音”区域中为个别声音指定的设置。
- **压缩影片：** 压缩SWF文件以减小文件大小和缩短下载时间。当文件包含大量文本或ActionScript时，使用此选项十分有益。经过压缩的文件只能在Flash Player 6或更高版本的播放器中播放。
- **包括隐藏图层：** 导出Animate文档中所有隐藏的图层。取消勾选该复选框，则阻止将生成的SWF文件中标记为隐藏的所有图层（包括嵌套在影片剪辑内的图层）导出，这样就可以通过使图层不可见来轻松测试不同版本的Animate文档。
- **生成大小报告：** 生成一个报告，按文件列出最终Animate内容中的数据量。
- **省略trace语句：** 使Animate忽略当前SWF文件中的ActionScript trace语句。如果勾选此复选框，则trace语句的信息将不会显示在“输出”面板中。
- **允许调试：** 激活调试器并允许远程调试Animate SWF文件，可使用密码来保护SWF文件。
- **防止导入：** 防止其他人导入SWF文件并将其转换回FLA文档，可使用密码来保护Animate SWF文件。
- **脚本时间限制：** 用于设置脚本在SWF文件中执行时可占用的最大时间量。Flash Player将取消执行超出此限制的任何脚本。
- **本地播放安全性：** 用于选择要使用的Animate安全模型，指定是授予已发布的SWF文件本地安全性访问权还是网络安全性访问权。“只访问本地文件”选项用于使已发布的SWF文件与本地系统中的文件和资源交互，但不能与网络上的文件和资源交互；“只访问网络”选项用于使已发布的SWF文件与网络上的文件和资源交互，但不能与本地系统中的文件和资源交互。
- **硬件加速：** 用于使SWF文件能够使用硬件加速，包括“无”“第1级-直接”“第2级-GPU”。“第1级-直接”模式允许Flash Player在屏幕中直接绘制，而不是让浏览器进行绘制，从而改善了播放性能；而在“第2级-GPU”模式中，Flash Player可以利用图形卡的可用计算能力执行视频播放并对图层化图形进行复合。根据图形硬件的不同，将提供更高一级的性能优势。如果播放系统的硬件能力不足以启用加速，则Flash Player会自动恢复为正常绘制模式。若要使包含多个SWF文件的网页发挥最佳性能，可只对其中的一个SWF文件启用硬件加速，在编辑模式下不使用硬件加速。在发布SWF文件时，嵌入该文件的HTML文件包含一个wmode HTML参数。选择“第1级-直接”或“第2级-GPU”模式，硬件加速会将wmode HTML L参数分别设置为“direct”或“gpu”。打开硬件加速会覆盖在“发布设置”对话框的“HTML包装器”选项卡中选择的“窗口模式”设置，因为该设置也存储在HTML文件的wmode参数中。

10.3.2 发布为HTML文件

若想在网页浏览器中播放Animate内容，需要一个HTML文档来激活SWF文件并指定浏览器设置，“发布”命令会根据模板文档中的HTML参数自动生成此文档。

模板文档可以是包含适当模板变量的任意文本文件，包括纯HTML文件、含有特殊解释程序代码的文件或是Animate附带的模板。可以使用HTML编辑器手动输入Animate的HTML参数或自定义内置模板。HTML参数可用于确定内容出现在窗口中的位置、背景颜色、SWF文件大小等，并设置object和embed标记的属性。可以在“发布设置”对话框的“HTML包装器”选项卡中更改这些设置，更改后的设置会覆盖已在SWF文件中进行的设置。

执行“文件”→“发布设置”命令，在打开的对话框中单击“其他格式”选项中的“HTML包装器”选项，默认情况下选中HTML文件类型，如图10-90所示。

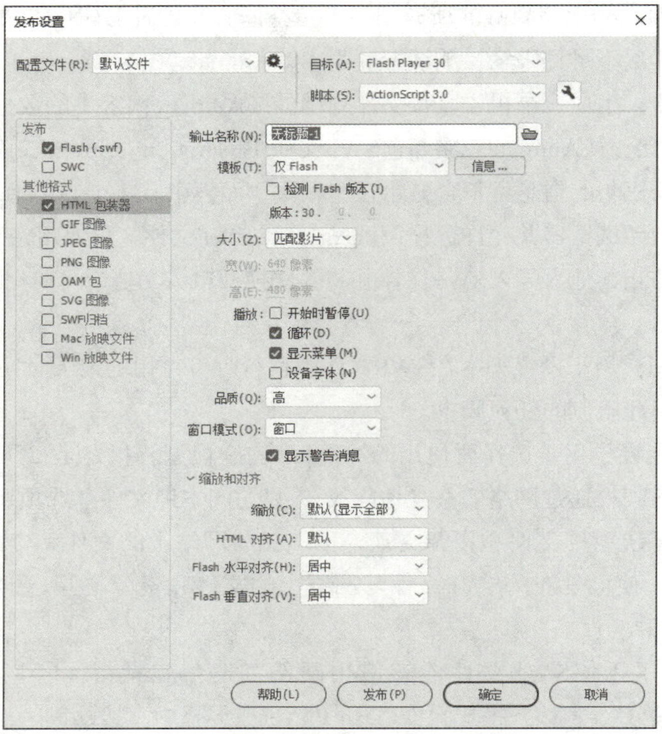

图 10-90

该选项卡中各部分选项的作用如下。

1. 大小

用于设置发布文件的大小，包括“匹配影片”“像素”“百分比”3种类型。

- **匹配影片：** 使用SWF文件的大小。
- **宽、高：** 用于输入宽度和高度的像素数量。

在“播放”选项区中，默认勾选“循环”和“显示菜单”复选框。

2. 播放

用于设置播放选项，其中各复选框的作用如下。

- **开始时暂停：** 一直暂停播放SWF文件，直到单击按钮或从快捷菜单中选择“播放”命令后才开始播放。默认不勾选此复选框，即加载内容后就立即开始播放（PLAY参数设置为true）。
- **循环：** 内容到达最后一帧后再重复播放。取消勾选此复选框，会使内容在到达最后一帧后停止播放。默认情况下处于勾选状态。

- **显示菜单：** 右击SWF文件时会显示一个快捷菜单。若要在快捷菜单中只显示“关于Animate”命令，则取消勾选此复选框。默认情况下处于勾选状态（MENU参数设置为true）。
- **设备字体：** 勾选该复选框，会使用消除锯齿（边缘平滑）的系统字体替换用户系统中未安装的字体。使用设备字体可使小号字体清晰、易辨，并能减小SWF文件的大小。此复选框只影响那些包含静态文本（创作SWF文件时创建并且在内容显示时不会发生更改的文本）并且文本设置为用设备字体显示的SWF文件。

3. 品质

用于设置发布影片的品质，包括“低”“自动降低”“自动升高”“中”“高”“最佳”6种，作用分别如下所示。

- **低：** 使回放速度优先于外观，并且不使用消除锯齿功能。
- **自动降低：** 优先考虑速度，但是也会尽可能改善外观。回放开始时，消除锯齿功能处于关闭状态。如果Animate播放器检测到处理器可以处理消除锯齿功能，则会自动打开该功能。
- **自动升高：** 在开始时是回放速度和外观两者并重，但在必要时会牺牲外观来保证回放速度。回放开始时，消除锯齿功能处于打开状态。如果实际帧频降到指定帧频之下，就会关闭消除锯齿功能以提高回放速度。如果要模拟“视图”→“消除锯齿”设置，则使用此设置。
- **中：** 会应用一些消除锯齿功能，但不会平滑位图。“中”设置生成的图像品质要高于“低”设置生成的图像品质，但低于“高”设置生成的图像品质。
- **高：** 使外观优先于回放速度，并始终使用消除锯齿功能。如果SWF文件不包含动画，则会对位图进行平滑处理；如果SWF文件包含动画，则不会对位图进行平滑处理。
- **最佳：** 提供最佳的显示品质，而不考虑回放速度。所有的输出都已消除锯齿，而且始终对位图进行平滑处理。

4. 窗口模式

用于设置窗口模式，包括“窗口”“不透明无窗口”“透明无窗口”“直接”4种。常用的几种作用如下所示。

- **窗口：** 默认情况下，不会在object和embed标签中嵌入任何窗口相关的属性。内容的背景不透明并使用HTML背景颜色。HTML代码无法呈现在Animate内容的上方或下方。
- **不透明无窗口：** 将Animate内容的背景设置为不透明，并遮蔽该内容下面的所有内容，使HTML内容显示在该内容的上方。
- **透明无窗口：** 将Animate内容的背景设置为透明，使HTML内容显示在该内容的上方和下方。

5. 缩放

用于设置缩放，包括“默认（显示全部）”“无边框”“精确匹配”“无缩放”4种。

- **默认（显示全部）：** 在指定的区域显示整个文档，并且保持SWF文件的原始宽高比，而不发生扭曲。应用程序的两侧可能会显示边框。
- **无边框：** 对文档进行缩放以填充指定的区域，并保持SWF文件的原始宽高比，同时不会发生扭曲，并根据需要裁剪SWF文件的边缘。

- **精确匹配：** 在指定区域显示整个文档，但不保持原始宽高比，可能会发生扭曲。
- **无缩放：** 禁止文档在调整Animate播放器窗口的大小时进行缩放。

6. HTML对齐

用于设置对齐参数，包括“默认”“左”“右”“顶部”“底部”5种，作用如下所示。

- **默认：** 使内容在浏览器窗口内居中显示。如果浏览器窗口小于应用程序窗口，则会裁剪边缘。
- **左、右、顶部、底部：** 将SWF文件与浏览器窗口的相应边缘对齐，并根据需要裁剪其余的三边。

10.4 导出Animate动画

除了可以将Animate文档发布为各种格式的文件外，还可以将文档中的内容导出，使用相关软件编辑或打开导出的文件。

■10.4.1 导出图像文件

使用Animate可以导出SVG、JPEG、PNG和GIF这4种图像格式。在Animate中，有两种导出图像的方法。

1. “导出图像”命令

完成Animate文档的制作后，执行“文件”→“导出”→“导出图像”命令，打开“导出图像”对话框，如图10-91所示。在该对话框中设置导出类型、大小等，单击“保存”按钮，打开“另存为”对话框，如图10-92所示。在该对话框中设置保存类型、文件名称及位置，单击“保存”按钮即可导出图像。

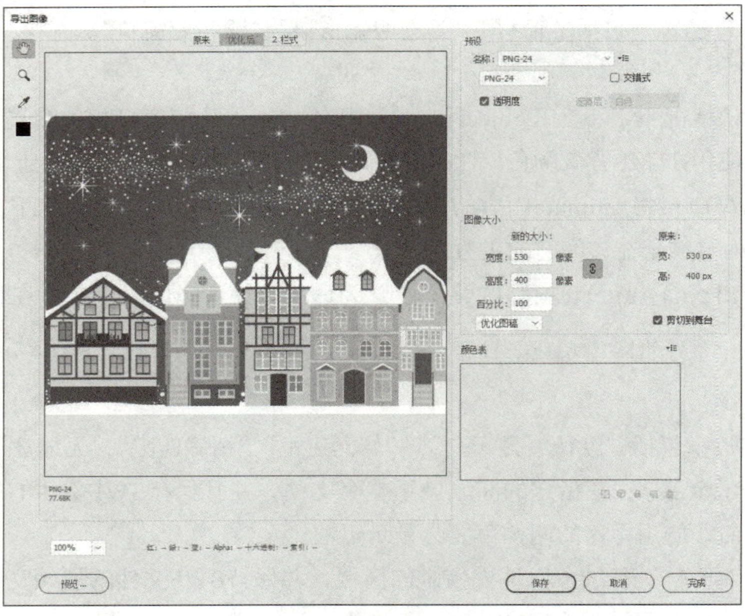

图 10-91

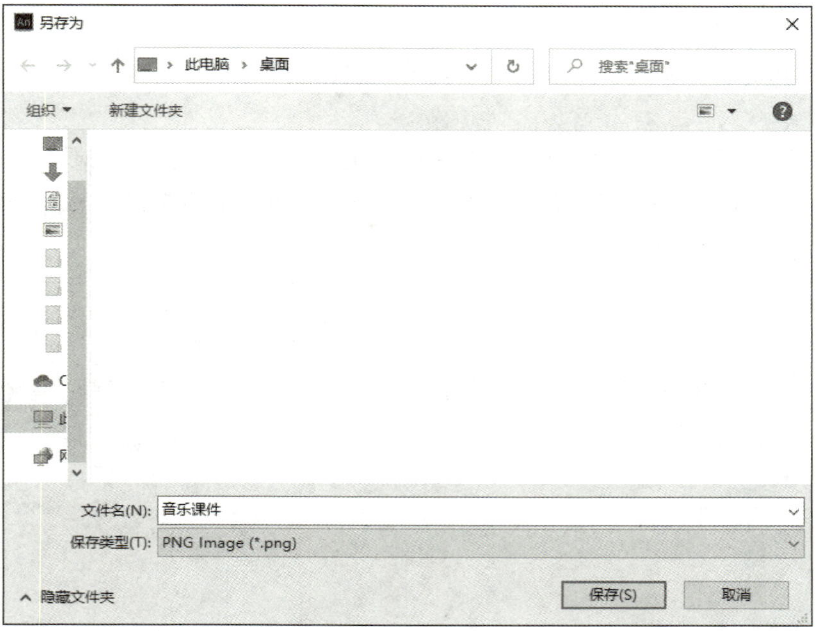

图 10-92

2.“导出图像（旧版）”命令

除了使用“导出图像”命令导出图像外，还可以使用“导出图像（旧版）”命令导出图像。

完成Animate文档的制作后，执行“文件”→“导出”→“导出图像（旧版）”命令，打开“导出图像（旧版）”对话框，如图10-93所示。在该对话框中设置文件位置、保存类型及文件名称等，单击“保存”按钮即可导出图像。

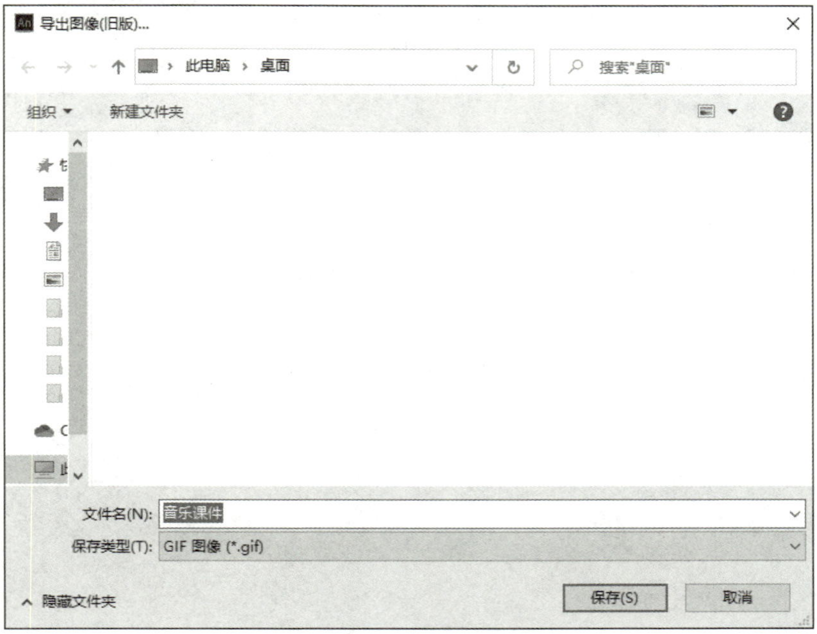

图 10-93

■10.4.2　导出影片文件

除了导出图像，在Animate中还可以将动画输出为包含动作和声音等全部内容的动画文件。

执行“文件”→“导出”→“导出影片”命令，在打开的“导出影片”对话框中选择“保存类型”为“SWF影片（.*swf）”，并设置文件名和位置，如图10-94所示，单击“保存”按钮，即可导出动画文件，如图10-95所示。

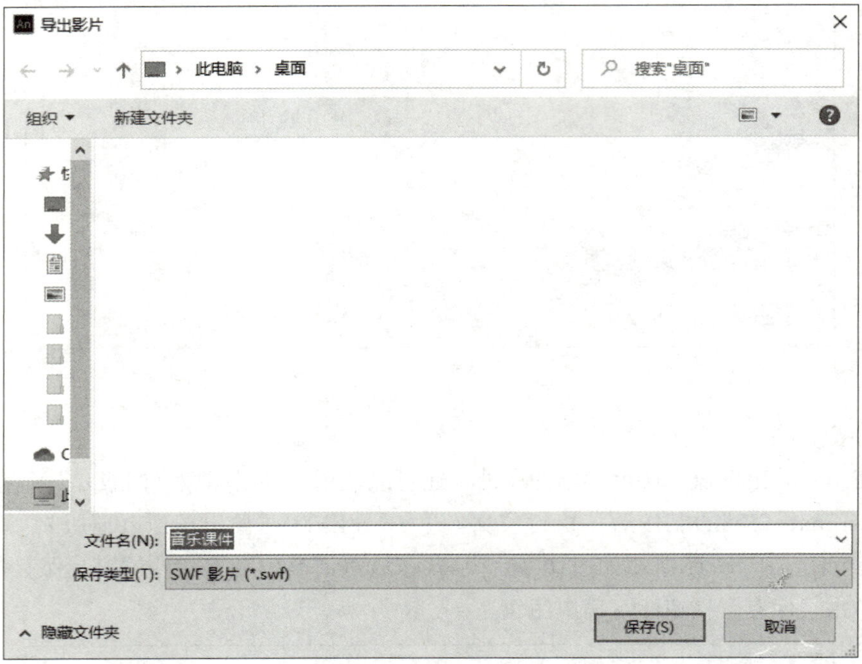

图 10-94

图 10-95

经验之谈 怎么导出放映文件

放映文件可以像普通应用程序一样播放，而无需通过网页浏览器、Flash Player插件、Adobe AIR或任何其他平台。在Animate中可以针对Windows操作系统和Mac操作系统发布放映文件。

执行“文件”→“发布设置”命令，打开“发布设置”对话框，如图10-96所示。选择放映文件选项，设置输出名称及存储位置，单击“发布”按钮即可导出放映文件。

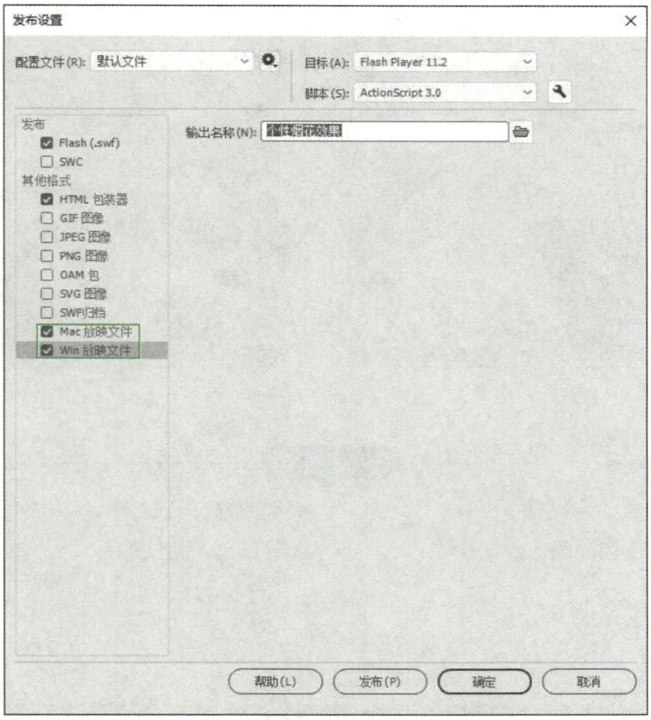

图 10-96

在“发布设置”对话框中，放映文件分为以下两种。

- **Mac放映文件：** 创建一个可以在Mac操作系统中运行的APP文件。
- **Win放映文件：** 创建一个可以在Windows操作系统中运行的EXE文件。

上手实操

实操一：输出SWF格式影片

本案例将练习制作并输出SWF格式的影片，主要绘制的动画内容为花的生长，如图10-97和图10-98所示为制作效果。本案例涉及的知识点包括图形的绘制、逐帧动画的制作及文件的导出。

图 10-97

图 10-98

设计要领

- 新建文档，绘制图案。
- 导入素材对象。
- 添加关键帧，制作逐帧动画。
- 导出SWF格式的影片。

实操二：输出GIF格式动画

本案例将练习制作并输出GIF格式的动画，动画的主要内容为旋转的风车，如图10-99和图10-100所示为制作效果。本案例涉及的知识点包括图形的绘制、元件的创建及文件的输出。

图 10-99

图 10-100

设计要领

- 新建文档，绘制图形并将其转换成元件。
- 制作动画效果。
- 导出GIF动画。

附录 Adobe Animate CC常用快捷键汇总

在使用Animate CC应用程序时，可以使用其（默认）快捷键。如果默认快捷键与其他软件发生冲突，也可以对其进行自定义设置。

（1）工具。

功能描述	组合键
选择工具	V
部分选取工具	A
任意变形工具	Q
渐变变形工具	F
3D旋转工具	Shift+W
3D平移工具	G
套索工具/多边形工具/魔术棒	L
钢笔工具	P
添加锚点工具	=
删除锚点工具	–
转换锚点工具	Shift+C
文本工具	T
线条工具	N
矩形工具/基本矩形工具	R
椭圆工具/基本椭圆工具	O
铅笔工具	Shift+Y
画笔工具（Y）	Y
画笔工具（B）	B
骨骼工具/绑定工具	M
颜料桶工具	K
墨水瓶工具	S
滴管工具	I
橡皮擦工具	E
宽度工具	U
资源变形工具	W
摄像头	C
手形工具	H
旋转工具	Shift+H
时间划动工具	Shift+Alt+H
缩放工具	Z

（2）文件。

功能描述	组合键
导入图像/声音……	Ctrl+R
导出影片	Ctrl+Shift+Alt+S
打开为库	Ctrl+Shift+O

（3）视图。

功能描述	组合键
以 100% 尺寸查看影片	Ctrl+1
显示帧	Ctrl+2
显示全部	Ctrl+3

（4）Windows。

功能描述	组合键
显示/隐藏库	Ctrl+L
注释选区	Ctrl+M
在编辑影片和编辑元件模式之间切换	Ctrl+E
显示/隐藏时间轴	Ctrl+Alt+T

（5）编辑和修改。

功能描述	组合键
编组	Ctrl+G
取消编组	Ctrl+Shift+G
分离	Ctrl+B
就地粘贴	Ctrl+Shift+V
复制	Ctrl+D
全部选定	Ctrl+A
全部取消选择	Ctrl+Shift+A
导入库	Ctrl+Shift+O
对齐窗口	Ctrl+K
存储为	Ctrl+Shift+S
缩放和旋转	Ctrl+Alt+S
移除变形	Ctrl+Shift+Z
前进	Ctrl+ ↑
后退	Ctrl+ ↓
置于顶层	Ctrl+Shift+ ↑
置于底层	Ctrl+ Shift+ ↓
显示或隐藏“变换”面板	Ctrl+T
缩小字符间距（字距微调）	Ctrl+Alt+←
扩大字符间距（字距微调）	Ctrl+Alt+→

（6）其他操作。

功能描述	组合键
取消所选对象的旋转或缩放	Ctrl+Shift+Z
将选区向左旋转 90°	Ctrl+Shift+7
使用数值缩放和/或旋转所选内容	Ctrl+Alt+S
自动设置编辑器代码格式	Ctrl+Shift+F
显示或隐藏字符	Ctrl+Shift+8
取消突出显示所选项目	Ctrl+Shift+E
显示或隐藏标尺	Ctrl+Shift+Alt+R
显示帧脚本导航器	Ctrl+Alt+[
显示或隐藏补间形状提示	Ctrl+Alt+I
显示绘画中的较小区域（包含较多的细节）	Ctrl+=
显示绘画中的较大区域（包含较少的细节）	Ctrl+-
显示或隐藏“对齐”面板	Ctrl+K
显示或隐藏“颜色”面板	Ctrl+Shift+F9
显示或隐藏“编译器错误”面板	Alt+F2

功能描述	组合键
在最前端模拟中打开一个新窗口，它是活动窗口的副本	Ctrl+Alt+K
显示或隐藏“历史记录”面板	Ctrl+F10
显示或隐藏“信息”面板	Ctrl+I
为该文档显示或隐藏“库”面板	Ctrl+L
显示或隐藏属性检查器	Ctrl+F3
显示或更改当前影片中的场景列表	Shift+F2
从色板中选择颜色并管理色板	Ctrl+F9
显示或隐藏动画时间轴和图层控件	Ctrl+Alt+T
显示或隐藏绘画工具栏	Ctrl+F2
将绘图纸外观标记在两个方向增加相等的大小	Ctrl+ 向右/左拖动
将整个绘图纸外观标记分别向右/左移动	Shift+向右/左拖动